Écoutez-moi !

Approche contemporaine du cheval

Psycho - logiques

Collection fondée par Philippe Brenot
et dirigée par Joël Bernat

Sans exclusives ni frontières, les logiques président au fonctionnement psychique comme à la vie relationnelle. Toutes les pratiques, toutes les écoles ont leur place dans Psycho - logiques.

Dernières parutions

Jean-Curt KELLER, *Intersubjectivité. Une conception interactionnelle du psychisme*, 2024.
Fabrice BAK, *Le haut potentiel intellectuel réalisé. Vivre enfin et ne plus sur-vivre*, 2024.
Michel MANAVELLA, *L'animal métaphysique, Petit manifeste de psychologie existentialiste*, 2023.
Alain DENIS, *L'enfance, et alors ! Chronique pédiatrique*, 2023.
Gérard NETTER, *La haine de l'autre, exutoire de la haine de soi. Approche clinique*, 2023.
Matthieu JULIAN, *L'insomnie chronique à l'adolescence. Genèse, fonctions et facteurs de chronicisation*, 2023.
Claude BERGHMANS, *Spiritualité et santé mentale. Approches thérapeutiques émergeantes*, 2023.
Nicolas SAJUS, *Souffrance sans influence. Pour une éthique de la relation d'aide*, 2023.
Marie Claude BARBIN, *Briser les silences, Témoignage d'une psychologue*, 2023.
Liviu POENARU, *Inconscient économique*, 2023.
Sonya ZADIG, *Traitement de la maladie psychique en terre d'Islam. Étude de la dépression chez des femmes tunisiennes post-Printemps arabe*, 2023.
Marie LORCHER, *La perversion narcissique dans son lien à l'autre*, 2023.
Patrick Ange RAOULT, *Le doctorat professionnel des psychologues. Une aporie face au pouvoir médical* ? 2023.
Gilles MARCELLOT, *Psychothérapie de l'invisible. Le sens et la preuve*, 2023.
Paul MARCIANO, *Dictionnaire de 52 concepts concernant l'enfant et l'élève a l'école. Approches pluridisciplinaires*, 2023.

Germán Herrero

Écoutez-moi !

Approche contemporaine du cheval

L'Harmattan

5-7, rue de l'École-Polytechnique – 75005 Paris
www.editions-harmattan.fr

ISBN : 978-2-336-44663-9
EAN : 9782336446639

REMERCIEMENTS

Je tiens tout particulièrement à exprimer ma profonde reconnaissance et mon indéfectible amour à ma sœur Susana, pour ces heures passées à la lecture du texte, ses corrections, ses suggestions, ses questions toujours pertinentes dans le seul but de mieux comprendre et de rendre le contenu plus clair et plus accessible.

Je remercie également toutes les personnes qui m'ont encouragé à écrire ce livre et soutenu pendant les périodes de doute.

Finalement, exprimer mon amour profond et inconditionnel à tous ces chevaux qui m'ont guidé et ont illuminé mon chemin jusqu'ici.

SOMMAIRE

PRÉFACE

Quand j'entre dans une librairie et que j'observe le rayon concernant les chevaux, deux choses me frappent à chaque fois.

La première, c'est qu'une très grande majorité de la littérature actuelle est écrite par des femmes. Par « *très grande majorité* », j'entends ici un très fort pourcentage, dépassant largement les deux tiers. Si au moment où vous lisez ces lignes, vous vous trouvez dans une librairie, observez les ouvrages autour de vous et vérifiez par vous-même, ou alors faites-le la prochaine fois, vous verrez : c'est étonnant. Le cheval est passé des mains de l'homme à celles de la femme en moins de quarante ans. Dès que le cheval n'a plus été d'utilité militaire, rurale ou essentielle au déplacement des personnes, l'homme l'a assez rapidement et sans état d'âme laissé de côté. Cantonné alors dans un rôle essentiellement de loisir, les femmes se le sont approprié. Il est possible que ce phénomène, associé à l'inquiétude très répandue de nos jours du « *politiquement correct* » dans une société en pleine mutation et en recherche d'identité, la tendance naissante du tout écologique, la quête de développement personnel, du bio, d'un besoin de redécouverte et de reconnexion à la nature, ait contribué à la demande croissante et plus que nécessaire d'un rapport moins brutal avec le cheval. Pour autant, après une observation attentive, je ne pense pas qu'il soit mieux compris aujourd'hui que par le passé.

La deuxième chose frappante est la multitude de livres expliquant la « *méthode* » d'un tel ou la « *technique* » de tel autre, le débourrage selon celui-ci ou l'équitation selon celui-là, la dissociation des genres, des approches et leurs différentes spécificités, tels types d'exercices, de supposés jeux, de trucs et d'astuces pour obtenir ceci ou cela du cheval, les nouveaux ceci, les anciens cela… de quoi s'y perdre. Chacun y va de sa « *méthode* » ou de sa « *technique* ». Pourtant, en prenant un peu de recul et en étalant quelques éléments d'Histoire, nous savons que le cheval est présent sur la planète sous diverses formes primitives depuis plusieurs millions d'années ; on estime à 30 000 ans les premières représentations artistiques du cheval dans des grottes, à 5000 ans les débuts de sa domestication, à 2500 ans la généralisation de l'utilisation du cheval domestique, et à 1600 ans l'apparition des premiers textes d'hippologie. Tout ceci avant notre ère, évidemment. Ainsi, après plus de 9000 ans de contacts rapprochés et plus de 4000 ans d'utilisation intensive sous diverses formes, nous n'avons toujours pas résolu l'équation relationnelle humain/équidé, et nous en sommes toujours à publier une surabondance de manuels vantant « *techniques* » et « *méthodes* » diverses et variées, sans prendre le temps d'une profonde réflexion sur les raisons de notre échec, et sans remettre en question l'orientation adoptée tout au long de notre histoire commune avec le cheval, à savoir notre irrépressible besoin de le soumettre.

Ce livre ne parlera donc pas d'une nouvelle méthode miraculeuse ou de techniques fantastiques pour éduquer les chevaux. Si c'est absolument et uniquement le genre d'ouvrage que vous recherchez, reposez celui-ci et passez votre chemin, vous allez perdre votre temps, ou alors lisez-le, et peut-être vous fera-t-il changer de point de vue. Il n'y aura rien de surnaturel, de magique, il ne sera pas question de longueurs de cordes, de chambrières ou de bâtons de longueurs ou de couleurs spécifiques. En revanche, si vous désirez en savoir plus sur vous et sur les chevaux, apprendre à les côtoyer, les aborder, comment vous comporter, tenter d'établir une communication interactive saine et durable avec eux, ce livre vous concerne.

Ici, nous parlerons d'architecture cérébrale, de neurosciences, de mémoire et de création de mémoire, de plasticité tant neuronale que comportementale, d'attitude, d'empathie, de compassion, de flexibilité, de communication interactive verbale et non verbale, d'énergie physique et mentale, de connaissance de notre mode de fonctionnement et de celui du cheval ; de comment essayer de conjuguer les deux mondes en nous adaptant chacun à celui de l'autre, dans la mesure des moyens et capacités des deux protagonistes.

En ce qui concerne ma prise de conscience de la nécessité d'une irrévocable remise en question, je dois beaucoup, presque tout en fait, à un cheval en particulier. Ce cheval était complexe et difficile, et moi, inexpérimenté et enfermé dans une logique de domination coercitive, sans violence physique, mais néanmoins de soumission psychologique, ce qui est également une forme de violence. Lui devenait de plus en plus rétif et exprimait sa désapprobation de manière de plus en plus ostentatoire, jusqu'à en devenir dangereux pour moi et pour toute personne qui l'approchait. Un jour, dans un instant de lucidité, il m'a semblé l'entendre me dire : « mon cher... soit tu apprends et vite, soit ta vie est très clairement en danger ». Le soir en y repensant, j'ai compris que ce cheval était devenu une sorte de miroir, un reflet de mon propre comportement en résonance profonde avec un dysfonctionnement interne dont je commençais à voir les prémisses. L'image qu'il me renvoyait de moi-même n'était pas très glorieuse, mais plutôt assez dégradante. Je remercie néanmoins la force, la ténacité, la volonté de comprendre et de changer qui m'ont permis de surmonter cette épreuve et m'ont poussé à ne pas abandonner, à me remettre en question, et chercher des réponses, de l'aide et apprendre sérieusement. Pendant mes premières années d'études, ce cheval a toujours été mon examinateur, mon expert. C'est lui qui me montrait par ses changements d'attitude, quand j'étais sur la bonne voie et quand je m'égarais à nouveau, jusqu'à devenir un collaborateur insoupçonné et faire preuve l'un envers l'autre d'une grande confiance. Je me plais à dire qu'il m'a payé mes études, à sa manière. Ce qui est une certitude, c'est qu'il est indiscutablement à l'origine du profond changement opéré en moi tout au long de ces années.

L'homme est responsable de la domestication du cheval. Au fil des siècles, il lui a imposé des conditions de détention, un mode de communication unilatéral en lui imposant sa volonté de façon coercitive, il l'a simplement utilisé. Aujourd'hui, s'il veut aller plus loin et améliorer sa relation avec l'animal et indirectement avec tout ce qui l'entoure, c'est à l'homme de s'adapter, d'apprendre, de comprendre et de s'armer de patience. Comme nous les humains, certains chevaux sont plus lents, d'autres plus vifs, certains apprennent plus vite et d'autres ont besoin de plus de temps, il y en a encore qui sont plus agressifs, réactifs ou plus émotifs. Au contact de l'homme, tous les chevaux deviennent des cas différents, ont des vécus différents et des expériences différentes qui conditionnent leurs comportements. Comment alors, peut-on expliquer et soutenir l'existence d'une « *méthode* » ou d'une « *technique* » unique et universelle qui ne tiendrait pas compte de l'individu, de son vécu, de sa personnalité et de ses caractéristiques intrinsèques ?

Entrés de plain-pied dans le XXIe siècle et au vu de la littérature abondante, des recherches scientifiques, de la publication de travaux et de leurs résultats, l'essor de l'éthologie et l'ensemble des connaissances acquises sur le comportement animal, en tenant compte de tout ceci, l'ignorance aujourd'hui ne peut plus être une excuse. L'ignorance aujourd'hui est inacceptable.

J'ai tenu à diviser ce livre en quatre parties différentes. Une première sur nous, Homo sapiens : quelques réflexions sur certains traits comportementaux qui nous caractérisent d'une manière un peu arbitraire et peut-être réductrice, je le conçois, mais qui me semblent importants d'être mis en lumière. Ces traits sont à mon avis une donnée essentielle de notre façon d'appréhender le monde ou tout ce qui nous entoure d'une manière générale. L'animal en fait partie. Une deuxième sur le cheval : ses codes éthologiques, certaines particularités anatomiques, biologiques et neurologiques qui me paraissent indispensables pour interagir avec lui de manière juste et cohérente. Une troisième sur l'application des connaissances au travers de récits vécus et commentés, de trois cas rencontrés permettant d'illustrer comment mettre en perspective le contenu de la partie précédente. Des encadrés cisèlent les histoires au rythme des moments clés afin d'expliquer du mieux possible ce qui est fait, pourquoi et comment. Une quatrième partie enfin sur la façon d'aborder certaines situations habituelles, et comment éviter les difficultés souvent rencontrées, toujours en relation avec les thématiques abordées tout au long de ce livre.

Des parties du texte pourront paraître par moment pamphlétaires à quelques-uns, et elles le sont, j'en conviens. Secouer des habitudes anciennes ancrées dans les mœurs dépassées ou de nouvelles qui s'installent sans arguments objectifs est une condition sine qua non si l'on veut faire évoluer les mentalités. Le cheval est un sujet sensible, souvent interprété comme une atteinte personnelle quand on parle d'eux avec certains propriétaires. Il peut être la source de discussions passionnées et passionnelles pouvant engendrer de fortes inimitiés selon les cas. Mais trop de mauvais comportements me semblent encore récurrents aujourd'hui, trop d'interprétations erronées et inacceptables. Il est obligatoire, indispensable et nécessaire de les dénoncer et de tenter d'expliquer pourquoi. Je veux garder présente cette citation attribuée à Georges Clemenceau : « *Ne craignez jamais de vous faire des ennemis ; si vous n'en avez pas, c'est que vous n'avez rien fait* ». Concernant les idées, je tiens le même discours basé sur l'importance capitale de l'architecture cérébrale propre au cheval, des ondes et champs électromagnétiques émis depuis des années. Je n'ai pas la prétention de changer l'ordre du monde avec ces lignes, je me contenterai juste d'éveiller peut-être quelques consciences et d'apporter quelques réponses permettant une meilleure lecture de ce magnifique animal à ceux qui se posent des questions, qui désirent apprendre et le comprendre. Disons que comme dans cette fable amérindienne rapportée par l'agroécologiste Pierre Rabhi, à l'instar du colibri : « *je fais ma part* ».

Comme toujours, prendre position c'est inévitablement s'exposer à la critique, à toutes les critiques, sur le contenu ou personnelles, objectives ou subjectives, je le sais. Mais tant que cette critique est intelligente, argumentée et constructive, elle est la bienvenue. C'est une thématique sensible, mais passionnante qui mérite d'être revisitée, pour le bien du cheval et le nôtre également.

Le cheval vit dans un monde de silence, souffre en silence ; alors, sachons l'écouter, ce qu'il a à nous dire est captivant, précieux et riche d'enseignements.

PREMIÈRE PARTIE
– QUELQUE CHOSE SUR NOUS

Lors de séminaires d'introduction à l'éthologie équine appliquée donnés à des jeunes, principalement à des jeunes filles, la question la plus fréquente, celle qui revient systématiquement à la fin est : « *pourquoi on ne nous enseigne pas tout ceci dans les manèges ?* ». Il y a plusieurs raisons à cela et la première, irréfutable, est qu'il est impossible d'enseigner quelque chose qu'on ignore, volontairement ou non. Ensuite, il faut comprendre quel rôle tient aujourd'hui le cheval dans notre société, quelles ont été les mutations importantes de notre histoire avec le cheval durant le dernier demi-siècle, dans quelles mains se trouve aujourd'hui le monde du cheval, et quelles sont les demandes réelles de la masse des cavaliers d'aujourd'hui.

Actuellement, dans le monde occidental, il est clair que le cheval ne fait plus partie de nos besoins quotidiens. Il ne fait plus partie de nos besoins militaires ni ruraux et certainement plus de déplacement. Depuis toujours, l'homme cherche à se déplacer plus vite et plus loin, c'est dans ce but qu'il est monté sur son dos il y a plus de 3000 ans. D'abord domestiqué pour sa viande, l'homme a remarqué sa force et sa vitesse. Il a donc remplacé le bœuf par le cheval pour tracter dans un premier temps des chars de guerre plus légers, puis pour finalement devenir monture.

Après plus d'une trentaine de siècles de bons et loyaux services, le glas a sonné pour le cheval dès l'avènement de la révolution industrielle et son accélération du milieu du XIXe siècle jusqu'à la fin de la Première Guerre mondiale. Le train, puis l'automobile ont progressivement remplacé le cheval comme moyen de transport. Il s'est fait déplacer de la scène pour les mêmes raisons qu'il en avait écarté le bœuf : plus loin, plus vite... sans les inconvénients de son inévitable fatigue. L'entre-deux-guerres marquera sa disparition définitive des champs de bataille. Le type de guerre et la révolution de l'armement moderne l'ont condamné à un rôle de survivant, de relique romantique de siècles d'histoire, témoin désuet du passé glorieux d'une élite aristocratique nostalgique, confiné dans les quelques académies militaires équestres se résistant à disparaître et s'illustrant dans les quelques parades et défilés académiques annuels.

Si sa présence s'est étendue dans le temps par nécessité dans le monde rural, sa disparition s'est faite d'autant plus brutalement dès la fin de la Seconde Guerre mondiale. L'urgence des besoins de reconstruction d'un continent dévasté a accéléré l'industrialisation des campagnes, sa mécanisation et la massification de sa production. L'avènement du tracteur et d'autres machines agricoles l'ont repoussé au-delà des frontières campagnardes. Le plus triste aujourd'hui est le manque de mémoire d'une très grande majorité de nos agriculteurs, qui considèrent le cheval comme un objet encombrant ou comme une source de désagréments. Nombreux sont les conflits quotidiens avec les cavaliers sur le droit de passage ou leur simple présence à tel ou tel endroit. Il est surprenant de constater la vitesse à laquelle la corporation des fermiers a oublié les services rendus par cet animal. Il les a nourris durant des siècles en tirant leurs charrues, en labourant leurs champs, en servant de monture, il était un bien précieux des exploitations et synonyme de subsistance. L'ingratitude et le manque de mémoire collective du monde paysan à l'égard du cheval ne peuvent s'expliquer uniquement par le fait que la génération actuelle n'a, dans sa grande majorité, pas connu l'époque où il était omniprésent et indispensable. Ce phénomène s'intègre parfaitement dans un comportement récurrent de l'homme face à la nature, qu'il utilise à bien plaire et jette sans aucun état d'âme quand il n'en veut plus, se considérant comme l'unique ayant-droit, classant telle ou telle espèce comme « *animal de rente* », c'est-à-dire que sa place dans le monde de l'homme dépend uniquement de son rendement ou de sa rentabilité.

L'homme est un prédateur, certainement le plus terrible, de ceux qui s'entretuent même au sein de sa propre espèce. Il a un besoin viscéral d'expansion territoriale et de domination sur tout ce qui l'entoure, faune et flore confondues. Il s'octroie des droits sur la nature, joue à l'apprenti sorcier au mépris des conséquences à court, moyen ou long terme, qu'il provoque au point d'en devenir dangereux pour lui-même. Il a un regard sur le monde absolument égocentrique et ethnocentrique. Son histoire est construite sur des conflits sanglants, où invasion rime souvent avec destruction. Il ne s'intéresse, d'une manière générale, aux autres cultures, croyances ou modes de vie que dans le but de les utiliser à son profit et d'imposer son point de vue. Il s'adjuge un droit de vie et de mort sur toute autre espèce qu'il classe selon un ordre hiérarchique arbitraire, se considérant un être à part, avec des caractéristiques uniques qui font de lui l'être vivant supérieur, celui qui se trouve au sommet de la pyramide de l'évolution. La domestication animale n'est finalement que l'expression caractérisée de son besoin outrancier de domination et de contrôle sur tout ce qui l'entoure.

Comme beaucoup de prédateurs, l'homme est particulièrement dangereux en groupe.

PSYCHOLOGIE DES MASSES

Ceci peut être extrapolé au monde du cheval de nos jours, car en ce qui concerne l'état de l'équitation actuelle et de la difficile tâche de la transmission et de l'évolution des connaissances, il faut se pencher sur le mode de fonctionnement de l'homme en groupe. Ce que les sociologues ou psychologues appellent dans les différents traités existants : la psychologie des masses ou psychologie des foules, selon leur interprétation du genre. La notion de *foule* comprenant la réunion d'un nombre important de personnes dans un même endroit, il me semble plus judicieux, dans le cas qui nous occupe, d'utiliser le terme de masse, dans le sens d'un courant de pensée collective, corporative, c'est-à-dire d'un ensemble de personnes reliées par l'exercice de la même activité, de manière consciente ou inconsciente, sans distinction de nationalité, race, sexe ou religion.

D'après l'essai de Gustave Le Bon[1] paru à la fin du XIXe siècle et réédité depuis, les foules se distinguent non par l'intelligence, mais par la médiocrité due au manque de stimulation intellectuelle. Elles donnent à l'individu une identité de groupe et un sentiment de pouvoir. La foule étant irresponsable et anonyme fait que le sentiment de responsabilité qui peut retenir l'individu disparaît. Il peut alors céder à ses instincts qu'il aurait réfrénés s'il avait été seul. Si la personne est peut-être cultivée, une fois noyée dans la foule elle devient primaire et se laisse impressionner par des mots, des images et des conduites qui vont à l'encontre de son véritable intérêt. Les traits dominants des foules, qui accompagnent généralement ceux qui pensent détenir la vérité et qui se retrouvent dans toute idéologie de masse, sont l'intolérance, l'autoritarisme et le conservatisme.

Le Bon souligne également que les foules se nourrissent d'un petit nombre d'idées rarement renouvelées. Il constate la force que ces idées y exercent une fois installées dans l'esprit, et l'extrême difficulté qu'elles ont à évoluer ou changer. Toute modification d'idée rendue accessible à la foule sera le fruit d'un long processus qui ne sera accepté qu'une fois qu'il pénètre l'inconscient et devient sentiment. Les foules, qui ne fonctionnent qu'à l'affect, ne raisonnent pas ou raisonnent faux et sont imperméables à tout raisonnement rigoureux. L'impuissance des foules à raisonner les prive de tout esprit critique, d'aptitude à discerner la vérité de l'erreur. La remise en question de jugements imposés, rarement discutés, et des valeurs primaires transmises sans une réflexion approfondie par les générations successives sera irrémédiablement écartée du processus de fonctionnement, car déstabilisante.

De son côté, Sigmund Freud[2] fait ressortir l'importance de la suggestion qu'il considère un fait fondamental de la vie d'âmes humaines, comme l'une des causes importantes de la modification de l'individu dans la masse. Il souligne également, dans son analyse de 1921 du texte de Le Bon, que la masse ne connaît ni doute, ni

---

[1] Gustave Le Bon, *Psychologie des foules*, PUF, 1963

[2] Sigmund Freud, *Psychologie des masses et analyse du moi, Œuvres Complètes Vol. 16,* PUF, 1991

incertitude. Il va même plus loin en affirmant qu'elle va tout de suite à la dernière extrémité, le soupçon exprimé se transforme aussitôt en certitude. Il accepte l'idée que la masse est tout à fait conservatrice, qu'elle a une profonde aversion pour toute innovation, tout progrès, et un respect illimité pour la tradition.

André Joussain[1] rejoint Le Bon et Freud sur la prédominance de l'instinct sur la réflexion, caractéristique première de la psychologie des masses. Il affirme que la foule ne peut croire qu'à des idées simples, parce qu'elle est impuissante à réagir aux idées complexes, et que les sentiments nuancés et subtils que fait naître la représentation des diverses faces d'une question sont un obstacle à l'assentiment unanime. Il pense également que la raison de l'incapacité des foules à accepter une idée contraire à leurs convictions est qu'elle est davantage perçue comme un fait pouvant bouleverser le mode opératoire établi, que comme une idée incitant à une réflexion constructive.

Bien que les textes de Le Bon, Freud ou Joussain datent de près d'un siècle, je suis toujours étonné de leur pertinence et à quel point ils restent d'actualité. Nous, Homo sapiens, l'homme « *moderne* », sommes finalement qui nous sommes depuis plus de 300 000 ans, et certains comportements profondément ancrés en nous se retrouvent tout au long de notre histoire. Les exemples pouvant illustrer les propos tenus dans ces textes ne manquent malheureusement pas.

TRANSMISSION DES CONNAISSANCES

Après une observation attentive et objective, force est de constater que le niveau des connaissances du cheval est, d'une manière générale, en totale régression. Depuis qu'il est sorti des mains d'hommes de chevaux, vétérinaires, hippologues et autres professionnels à vocation spécialisée, toutes époques et civilisations confondues, depuis que l'accès au cheval s'est démocratisé, non seulement l'ensemble des connaissances de la masse n'avance plus, mais au contraire, elle recule. Je ne dis pas ici que tout temps passé était meilleur, loin s'en faut, mais

[1] André Joussain, *Psychologie des masses,* Flammarion, 1937

je regrette la disparition de professions entièrement vouées à l'étude, l'entretien et l'amélioration des connaissances du cheval d'une manière générale.

Aujourd'hui, l'équitation est devenue populaire. Il y a une forte demande, et il est de bon ton d'inscrire ses enfants à des cours d'équitation. Cette demande a généré une profusion de manèges et de clubs équestres de tous genres. L'acquisition et la détention sont facilitées par l'offre et la possibilité de pensions offertes aux privés dans certains centres, dans des écuries privées ou chez certains agriculteurs. Dans tous les cas de figure, le profit et la rentabilité sont les maîtres mots. Comme toujours, quand l'argent est le seul moteur de décision, c'est inévitablement au détriment d'autre chose, en l'occurrence du cheval. Considéré comme un objet, source de revenus, ses réels besoins nécessaires à son équilibre tant mental que physique sont souvent ignorés ou simplement écartés au mépris du plus élémentaire bon sens. La plupart des centres à vocation populaire sont tenus par des amateurs, éclairés ou non, mais avec une formation et des connaissances sommaires. Ils peuvent être bons cavaliers, pétris de bonnes intentions, mais ont une vue d'ensemble absolument limitée et superficielle bien malgré eux. Rares sont ceux qui désirent en savoir plus. Ils se satisfont de ce qu'ils sont.

Je suis incapable de compter le nombre d'aberrations, de croyances de toutes sortes, de mythes et de théories farfelues entendues depuis tant d'années sans aucune base d'études ou de connaissances avérées en la matière. La plupart des gens aujourd'hui, se permettent d'émettre une opinion sur le cheval, comment se comporter ou le manipuler, avec comme unique base de référence, le bouche-à-oreille et la lecture de livres aux titres aussi évocateurs que « *Le cheval, mon ami* », « *Tout sur le pansage et les brosses* » ou « *L'équipement du parfait cavalier* ». Le niveau intellectuel et d'ignorance des blogs sur le cheval est affligeant. Les membres de ces échanges se permettent, sous la couverture d'un pseudonyme, d'émettre une opinion sur tel ou tel maréchal, vétérinaire, éleveur ou autre professionnel sérieux sans se poser la question de savoir s'ils ont les connaissances suffisantes et les compétences nécessaires dans le domaine leur permettant de se faire une réelle opinion et de l'exprimer.

En ce sens, les cavaliers sont devenus une masse et se comportent exactement comme une masse. Cette masse des cavaliers, toutes disciplines confondues, pense que le seul fait d'avoir été en présence du cheval depuis un certain nombre d'années, la plupart du temps sur son dos, fait d'eux des experts. Pourtant, la quasi-totalité est incapable de remettre un clou, d'enlever un fer, d'administrer un vermifuge correctement, d'observer une légère boiterie et d'en déceler la cause, sans parler d'effectuer une injection intramusculaire en cas d'urgence.

J'utilise souvent en introduction, comme première tentative de prise de conscience, un échange de propos tenus avec une femme d'un certain âge qui se présentait à moi :

– *Vous savez, je connais très bien les chevaux, j'ai monté en manège une quinzaine d'années, mais j'ai dû arrêter quand j'ai eu mon premier enfant.*

– *Ah, très bien. Depuis quand avez-vous le permis de conduire ?*

– *Depuis une vingtaine d'années, pourquoi ?*

– *Vous devez donc être capable de déterminer les causes d'une panne de moteur, et même peut-être de la réparer, non ?*

– *Absolument pas, je sais conduire, mais je n'y connais rien en mécanique.*

– *Dans ce cas, pourquoi en serait-il autrement avec les chevaux, alors que vous avez passé plus d'heures au volant de votre voiture qu'en leur présence ?*

– *(...)*

– *Vous savez, c'est un peu comme en sport automobile, il y a des pilotes et des mécaniciens. Le pilote conduit certainement mieux que le mécanicien, c'est son travail, mais celui du mécanicien est de connaître la voiture et comment elle fonctionne, c'est lui qui sait démonter et remonter le moteur. Pour cela, il faut étudier au moins la mécanique et le moteur à explosion, cela ne vient que très rarement tout seul, à moins d'un bon nombre d'erreurs et de catastrophes. Vous, madame, vous êtes le pilote. Durant les heures passées sur le dos du cheval, à le monter, on vous a appris à piloter, mais certainement pas de quoi est fait le cheval, comment il pense, perçoit, ressent, ni comment il fonctionne naturellement.*

C'est une attitude généralisée, les gens osent avec le cheval, un être vivant, ce qu'ils n'oseraient jamais avec leur voiture. Ils pensent être capables de résoudre un problème, sans pouvoir en déterminer les causes réelles, ces dernières étant la plupart du temps liées à la relation qu'ils entretiennent avec le cheval, et comment ils se comportent avec lui. Mais ceci demande de l'humilité, une remise en question, un effort de réflexion doublé d'un exercice d'autocritique, ce qui n'est pas la qualité reconnue des masses.

Bien qu'il existe toujours des exceptions, l'énorme majorité des gens de chevaux, c'est-à-dire des cavaliers de loisir, de concours, instructeurs ou en relation avec le cheval, forment une masse et se comporte comme telle. Pris individuellement, ils se sentent sous la protection des idées de groupe et agissent avec la certitude d'être reliés par une connaissance légitime, sans jamais en avoir recherché les origines. Ils prennent pour argent comptant tout ce que la personne de référence dit ou fait, et se satisfont d'explications et de théories aberrantes, d'abord parce que cela leur convient, et ensuite parce que cela évite la nécessaire remise en question des compétences. Dans la majorité des cas, ce qui les anime réellement n'est pas l'amour sans compromis de l'animal lui-même, bien qu'ils essaient de s'en convaincre, mais de le monter et son utilisation pour satisfaire l'inextinguible soif de revalorisation personnelle et de paraître.

Ceci n'est pas une caractéristique de notre époque, ce n'est qu'un héritage de plus du passé, d'une volonté séculaire de distinction des classes sociales. Déjà au Moyen Âge, le cheval participait à la valorisation du chevalier, du roi ou du héros populaire, et vers la fin du Moyen Âge il devient définitivement un emblème des privilèges réservés à la noblesse, un symbole du pouvoir. Naissent alors deux courants opposés, celui du cheval de selle, de l'aristocratie, et celui du cheval rural, auxiliaire du paysan, ou plus tard, de l'ouvrier.

MANÈGES ET CENTRES ÉQUESTRES

Les centres équestres, manèges ou autres clubs hippiques à vocation classique, labellisés comme centres de formation à l'équitation des jeunes cavaliers, se revendiquent tous héritiers des académies de Vienne, Naples ou Paris, celles des grands écuyers du XVI et XVIIe siècle, des Grisone, Pluvinel, De La Guérinière et plus tard, au XIXe siècle, des Baucher ou encore L'Hotte. Pourtant, peu d'instructeurs, d'enseignants ou de praticiens formateurs d'aujourd'hui ont lu les traités équestres de ces écuyers, étudié leurs travaux. Ils ignorent pratiquement tout des écrits orientaux ou même occidentaux, plus hippologiques et moins académiques, antérieurs à cette période. Ils ignorent même l'état des connaissances et des travaux actuels, état provisoire que les études futures se chargeront de compléter ou faire avancer. Soyons clairs, d'une manière générale, le monde du cheval d'aujourd'hui n'est pas un milieu de studieux.

Il est important de savoir que ces célèbres académies étaient responsables de la formation des combattants à cheval, et avaient également pour but d'affiner la technique d'équitation afin d'améliorer la légèreté des déplacements du cheval sur un champ de bataille. Elles avaient toutes une vocation d'académie militaire aux méthodes d'éducation des chevaux coercitives plus ou moins fortes, influencées plus tard par les idées de Descartes. Elles considéraient le cheval plus comme une machine, comme un être sans âme, insensible à la douleur.

L'équitation dite de haute école, l'art équestre ou le dressage actuel sont issus de ces académies qui ont développé une équitation de parade afin d'occuper les militaires pendant les périodes de paix, entre deux guerres, dans le but également de divertir la cour et sa noblesse.

L'équitation classique actuelle ignore ou dénigre toute autre forme, et ne s'y intéresse pas. L'enseignement du dressage prétend être la seule manière correcte d'éduquer et de monter un cheval. Pourtant, il ne répond uniquement et exclusivement qu'à des critères d'esthétique humaine, mais aucunement équine. Une connaissance élémentaire de l'anatomie du cheval éviterait bien des dérives et des dommages irréversibles causés aux chevaux par des cavaliers ignorants qui ne comprennent l'équitation que par une course sans fin à la superposition d'instruments coercitifs. Comme le souligne Philippe Karl[1], ancien écuyer du Cadre noir de Saumur, la compétence réside en davantage de connaissances du cheval et moins de palliatifs autoritaires, plus d'intelligence équestre et moins de force.

« *Il faut lui montrer qui commande !* » Combien de fois ai-je entendu cette phrase pour expliquer le rapport de force établi avec le cheval ? Cette simple phrase, sous-jacente dans tout rapport entre l'homme et l'animal, résume à elle seule toute l'ignorance dans laquelle se trouvent les gens de chevaux. Un principe à l'opposé de la nature même du cheval, qu'ils ont érigé en principe de base, aux conséquences dramatiques.

COMPORTEMENT MASCULIN ET FÉMININ

Il existe une différence de comportement et d'attitude dans le rapport avec le cheval, entre l'homme et la femme. Si celui de l'homme est plus élémentaire, plus primitif, celui de la femme est comme souvent, plus complexe.

L'homme, c'est-à-dire la gent masculine, se comporte avec le cheval comme il se comporte avec tout ce qui l'entoure. En bon prédateur, il pense que tout se règle par le rapport de force et l'établissement d'une domination hiérarchisée. Lui en haut de la pyramide et le reste plus bas. Il croit que tout être vivant fonctionne sur le principe de la loi du plus fort, du plus grand, du plus puissant, et surtout du plus violent ; que le respect sera obtenu par la peur, par la crainte de la douleur. Comme ceci fonctionne avec le chien, prédateur et animal domestique le plus proche de lui, il ne se pose, d'une manière générale, pas la question de savoir si cette règle est juste et vérifiable aux autres espèces. Tant qu'elle l'est pour lui, les autres devront s'en accommoder. Il fonctionne comme ceci depuis des millénaires et ne voit pas de raisons de changer, bien qu'il n'ait finalement obtenu aucun résultat probant, de manière définitive, sauf en cas d'extinction d'une espèce.

---

[1] Philippe Karl, *Dérives du dressage moderne*, Belin, 2006

Ceci est valable tout particulièrement avec le cheval. Des milliers d'années plus tard, il en est toujours à inventer d'autres instruments coercitifs qui lui permettront de dominer et de résoudre ses difficultés avec le cheval qui continue à lui résister et lui créer des problèmes, tout comme le chien, d'ailleurs.

Le cas féminin est plus complexe et peut se diviser en plusieurs catégories. Tout d'abord, il y a la femme adulte, qui par imitation se comporte comme un homme. Je ne veux pas réfléchir ici aux motivations d'un tel comportement, ceci relève d'une étude psychologique précise qui doit être effectuée par les psychologues ou les sociologues. Il est probable, comme le pense le psychiatre Bruno Bettelheim, qu'en contrôlant cet animal puissant, certaines femmes parviennent au sentiment qu'elles contrôlent le mâle ou l'animalité qui est en elles[1]. Il est possible également que le cheval serve d'exutoire aux rapports difficiles que certaines femmes entretiennent avec les hommes. Le fait est que ce comportement, variante féminisée du comportement masculin, existe bel et bien et qu'il est même souvent plus agressif que celui de l'homme.

Ensuite, il y a le cas des jeunes filles prépubères. Dans ce cas, le cheval est également un outil de socialisation, un prétexte de réunions et de retrouvailles périodiques, répétant en cela le schéma de la réunion de jeunes mamans au parc. On constate qu'en général, les petites filles grandissent ou mûrissent plus tôt que les petits garçons. On retrouve assez rapidement un comportement maternel envers l'animal, besoin naturel ou emprunté à la mère. Elles se comportent comme ce que j'appelle « *la bonne copine à la carotte* ». Elles passent le plus clair du temps à les brosser, les coiffer, les doucher, les enduire d'onguents de toutes sortes, les nourrir jusqu'à en faire des omnivores. Elles s'adressent au cheval comme à un enfant, lui collent des diminutifs de tous genres, les humanisent et les infantilisent à outrance. Elles expriment de manière ostentatoire à travers le cheval, toute l'affection et l'amour qu'elles ont envie de donner et de recevoir, confondant fréquemment avec maladresse, par un besoin d'obéissance copié au modèle parent/enfant, leur interprétation d'un comportement

---

[1] Bruno Bettelheim, *Psychanalyse des contes de fées*, Pocket, 1999

autoritaire maternel avec une version plus agressive, tel qu'il est enseigné dans les clubs hippiques. Sans oublier l'incontournable et inutile friandise ou bonbon, récompense empruntée, et pourtant si mal comprise, à la théorie du réflexe conditionnel mise en place par le physiologiste russe Ivan Pavlov au tournant des XIXe et XXe siècles. Ce comportement souligne une fois de plus l'ignorance de ceux qui l'appliquent, et trahit une vision totalement primaire et réductrice du monde animal. Comme si un modèle basé sur les réactions à un stimulus donné d'un chien, prédateur, pouvait également être la règle avec un cheval, proie.

Un changement peut s'opérer vers l'adolescence, dès la découverte du sentiment amoureux. Beaucoup délaissent alors le cheval, l'amoureux prend sa place et l'éveil au besoin de rapprochement physique, tout naturel à cet âge, reprend le dessus et son cours normal. Certaines peuvent aller jusqu'à l'abandon total du cheval, d'autres continueront à lui rendre des visites simplement plus espacées. Beaucoup continuent, parce que l'animal est devenu partie intégrante de leur quotidien. Il y a aussi les concours en tout genre, les TREC (*Techniques de Randonnée Équestre de Compétition*), les gymkhanas, les randonnées, qui remplissent toujours leur rôle de moteur et leur fonction de socialisation.

Il faut se rendre à l'évidence, en Europe et particulièrement en Europe centrale et du Nord, le monde du cheval s'est féminisé dès que l'homme l'a laissé tomber. Les femmes se sont engouffrées dans la brèche et se le sont approprié. Les manèges, les poney-clubs, les centres équestres sont pris d'assaut par les jeunes filles, et il est très rare d'y croiser un garçon adolescent. Aujourd'hui, l'équitation est considérée par la majorité comme une activité féminine. Pourtant, les compétitions officielles sont dominées par les hommes, comme si une distinction se faisait entre le monde équestre amateur et sa version professionnelle.

Que le cheval soit passé des mains de l'homme plus agressives, à celles des femmes plus maternelles, ne me semble pas une réussite en soi. Le constat d'échec reste le même. Le matériel coercitif est toujours là, les erreurs de comportement récurrentes aussi, les conflits avec les chevaux rétifs également, symptômes que le problème de fond persiste et que les femmes, souvent plus sensibles, ne l'ont pas mieux compris que les hommes. Elles laissent de mauvaises habitudes s'installer, peut-être par réaction aux méthodes violentes utilisées par le passé, mais cela ne change finalement pas grand-chose.

DÉRIVES DE L'ÉQUITATION ACTUELLE

Une observation de l'équitation occidentale actuelle, toutes tendances confondues, nous amène au même résultat : c'est un constat d'échec. Il semble non seulement que les préceptes du passé et leur évolution aient été déformés, mal compris ou simplement oubliés, mais que la seule chose retenue soit la multitude de moyens coercitifs à disposition et le perpétuel rapport de force. Car finalement, ne nous voilons pas la face, l'objectif final est toujours le même, c'est la soumission qui est recherchée et non la collaboration. L'orientation de l'enseignement reste invariablement la même. Des jeunes cavaliers aux plus expérimentés, l'objectif est l'obéissance servile à un ordre donné, sous la menace plus ou moins évidente, mais toujours présente et implicite, d'outils de contrainte.

Ceci est particulièrement évident dans la phase d'entraînement des chevaux aux disciplines de dressage et de saut, où les variantes d'enrênements, éperons, cravaches et autres chambrières sont omniprésentes. Cette base d'éducation du cheval et surtout du cavalier dès son plus jeune âge est la plus répandue, celle que les gens gardent en mémoire et tiennent comme référence pour résoudre tout problème ou conflit qui, inéluctablement, finit par arriver à un moment ou à un autre dans leur relation avec le cheval. Ce mode opératoire n'est pas l'apanage uniquement des disciplines d'origine classique, on le retrouve à travers le monde, là où le cheval est utilisé pour le travail, la compétition et également la randonnée. Que ce soit en Amérique du Sud, en Amérique du Nord, en Afrique, en Europe ou en Asie, chez les gauchos, les cow-boys, les Zaïanes, les écuyers ou les cavaliers des steppes, les différentes variantes de rodéos, le polo, le reining, la fantasia, le dressage ou le bouzkachi, pratiquement partout dans le monde et dans pratiquement toutes les cultures, la manière utilisée pour maîtriser, éduquer ou dresser les chevaux est basée sur la contrainte, la domination et la soumission par l'emploi de moyens oppressifs variés, propres à chaque tradition et chaque culture.

L'homme enseigne à l'homme de la technique, sans se poser la question de savoir pourquoi malgré toute cette technique enseignée depuis tant de siècles, nous n'avons toujours pas résolu l'énigme, et que le cheval résiste toujours et encore. Présente chez tous les prédateurs, la technique l'est également dans la culture de l'homme, parce qu'elle lui a été nécessaire pour survivre, chasser et se défendre. Sa recherche de techniques pour soumettre le cheval n'est que l'expression atavique d'un mode opératoire millénaire intrinsèque à la nature humaine. Le problème ici vient du fait que l'homme ne se pose pas la question de savoir si le cheval fonctionne sur le même modèle, ou si la technique fait également partie de sa culture. Cela va au-delà des légendes romantiques présentes dans l'inconscient collectif. Prenons l'exemple des Indiens d'Amérique du Nord, perçus par les Occidentaux comme un des peuples cavaliers par excellence, aux méthodes douces d'éducation. Pourtant, le cheval avait disparu du continent depuis des milliers d'années et était inconnu et inexistant dans les cultures indiennes avant l'arrivée des Espagnols à la fin du XVe siècle. En langue des Sioux Lakotas, par exemple, le cheval est appelé « *sunkawakhan* », ce qui signifie littéralement « *grand chien* ». D'abord identifié comme un grand chien et apprécié pour sa viande, ce n'est qu'une fois monté que les Indiens ont pris conscience des possibilités d'utilisation. Comme chez les autres peuples du monde des siècles auparavant, il a eu un profond impact sur les sociétés tribales, transformant les individus à pied en guerriers et chasseurs à cheval. Néanmoins, l'héritage culturel équin est d'origine espagnole. Ce sont les Espagnols qui ont enseigné aux Mexicains comment dresser les chevaux. Les Mexicains ont transmis leurs connaissances aux Indiens de la frontière, qui à leur tour, les ont passées aux tribus du Nord. En fait, les Indiens ont reçu le cheval avec le mode d'emploi des Espagnols et les moyens de l'époque utilisés pour le soumettre. L'une des raisons, et non des moindres, de la relation qu'entretiennent les Indiens d'Amérique avec le cheval réside dans la vénération qu'ils ont de la nature en tant qu'entité supérieure, englobant tout ce qui les entoure, et donnant une importance égale à tous les êtres vivants qui composent cette nature, eux compris. Ce qui ne les empêchait pas d'être également violents avec le cheval si nécessaire, de l'utiliser comme outil de revalorisation du chef ou du guerrier, et comme objet de toutes les convoitises. Les Apaches, par exemple, allumaient un feu sous le ventre d'un cheval épuisé pour le faire se relever et continuer de courir. Une fois mort, ils en prenaient ou volaient un autre et repartaient. Toute la méthodologie, la terminologie ainsi que tout l'équipement utilisé dans les continents sud et nord-américains sont d'origine espagnole, sans acception de race ou de culture.

ÉMERGENCE D'UNE PRISE DE CONSCIENCE

Depuis quelques années, on observe l'apparition d'ouvrages beaucoup plus critiques sur l'état actuel de l'équitation, sur la connaissance du cheval de la part des cavaliers en général, ainsi que sur les méthodes employées. Le fait que ces critiques proviennent de l'intérieur même du monde fermé, conservateur et réactionnaire de l'équitation classique mérite d'être souligné. Un ouvrage comme celui déjà mentionné de Philippe Karl[1] est particulièrement digne d'intérêt et devrait être lu par toute personne s'intéressant à l'équitation classique, au dressage, au saut ou au concours complet. Karl y dénonce l'ignorance et l'hypocrisie de cette équitation qui se revendique la descendance de celle préconisée par La Guérinière, quand celui-ci, dans ses écrits, condamnait déjà toute solution matérielle abusive du type mors ou éperons, et où les termes de muserolle et enrênements étaient totalement absents. Karl réprouve également le recours à la force et aux instruments coercitifs, l'abus de principes équestres fabriqués sans liens avec la nature du cheval et érigés en dogmes, ainsi que la position du cavalier et le mauvais usage des mains.

De son côté, le vétérinaire praticien et cavalier expérimenté Gerd Heuschmann[2], explique scientifiquement, tant sur le plan anatomique que physiologique, les répercussions négatives sur la santé du cheval d'une monte incorrecte. Il condamne également l'ignorance

---

[1] Philippe Karl, *Dérives du dressage moderne*, Belin, 2006

[2] Gerd Heuschmann, *Dressage moderne : Un jeu de massacre ?* Belin, 2009

généralisée du public, l'utilisation et l'existence même des rênes allemandes, cause de tant de pathologies articulaires et de boiteries. Il souligne également l'importance capitale d'une amélioration des connaissances du cheval par les cavaliers professionnels ou amateurs.

Depuis quelques années est arrivée en Europe la nouvelle mode de la monte labellisée « *western* », inspirée des clichés tirés de l'imagerie cinématographique du cow-boy, assez distante de la réalité historique, apportant avec elle tout l'appareil commercial de matériel, d'équipement et de mode vestimentaire. Se rapprochant plus d'une interprétation romantique et folklorique de l'histoire de la conquête de l'Ouest que de l'authentique monte de travail, toujours existante aux États-Unis, elle a permis de dissocier les genres dans l'équitation amateur. En effet, l'équitation western a accueilli, outre les nostalgiques des grands espaces et d'une certaine liberté perdue, tous ceux qui ne trouvaient pas leur place dans le monde classique et son éducation autoritaire. Pourtant, les fondements mêmes de cette monte américaine restent méconnus ou mal compris. Il n'est pas rare d'observer chez les cavaliers qui la pratiquent, une adaptation de l'éducation de manège reçue dans leur jeunesse, ainsi qu'une mauvaise formation des chevaux, sans parler de la mauvaise qualité du matériel employé.

Cette mode de la monte « *western* » a également amené avec elle celle des « *chuchoteurs* », des « *nouveaux maîtres* », de « *l'équitation éthologique* » et bien d'autres encore qui ne sont que des appellations souvent prétentieuses et volontairement ésotériques d'une approche du cheval qui va à contre-courant de celle pratiquée depuis la nuit des temps par l'équitation traditionnelle enseignée en Occident et dans d'autres parties du monde. Si aujourd'hui cette nouvelle philosophie d'orientation plus « *éthologique* » est devenue si populaire, c'est d'une part grâce au succès du film de Robert Redford « *L'homme qui murmurait à l'oreille des chevaux* », et d'autre part parce que le rôle du cheval dans notre société a changé ; l'urgence et les besoins ont cédé la place à plus de temps, aux loisirs, aux cavaliers amateurs, ayant comme conséquence une plus que nécessaire remise en question de la qualité de nos rapports avec l'animal.

Tout au long de l'histoire et sur tous les continents, une minorité d'hommes et de femmes ont remis en cause les méthodes traditionnelles et ont recherché une alternative aux techniques souvent violentes et toujours brutales utilisées pour éduquer les chevaux. Bien que des spécialistes européens travaillent également avec de nouvelles méthodes depuis des décennies, ces techniques plus *naturelles* nous arrivent aujourd'hui des États-Unis, pays où il existe encore de nos jours des professions liées au cheval. Ce n'est pas pour autant qu'elles y sont mieux perçues qu'ailleurs, au contraire. Comme dans tant d'autres pays avec une profonde tradition équine, les gens les regardent avec suspicion et ont de la peine à reconnaître les succès qu'elles obtiennent. Malheureusement, la demande croissante et l'ignorance restent comme souvent, un cocktail dangereux et la porte ouverte aux opportunistes et aux charlatans. Bon nombre de ces supposés « *nouveaux maîtres* » ont profité de cette nouvelle tendance pour s'affubler d'étiquettes et se déclarer détenteurs de connaissances en suivant quelques jours de formation dans le meilleur des cas. Il suffit d'observer la quantité de cours, de stages, la vente de matériel, de produits dérivés et la tournure commerciale généralisée qu'a pris ce phénomène, pour constater que finalement, on retrouve les mêmes dérives, les mêmes travers et le même constat d'échec. C'est un éternel recommencement. Chacun y va de sa méthode et de sa technique, les cordes de longueurs diverses y sont omniprésentes, sans parler des célèbres « *sticks* » de couleurs variées. La plupart de ces intervenants sont des intuitifs, plus ou moins sensibles, mais n'ont aucune formation scientifique académique équine, ni vétérinaire et encore moins comportementale. Ils emploient, sans les reconnaître comme tels, des outils de pression comme la corde, et même si les contraintes psychologiques ont pris le dessus sur les exactions physiques, les moyens coercitifs restent omniprésents. Ils font certainement moins de mal que par le passé, mais sont souvent dans l'incapacité d'expliquer de manière cohérente les réactions de l'animal à telle ou telle demande. Finalement, ils vendent également de la technique, de la méthode, couvrant les échecs occasionnels par la résolution de certains problèmes sous d'obscures explications souvent scientifiquement irrationnelles et incohérentes. En fait, ils ont mis en place une multitude de méthodologies, dont le but principal est davantage d'occuper les gens que d'éveiller leur intérêt pour le cheval qui devient par la force des choses, l'acteur secondaire de son propre film.

L'immense majorité des autoproclamés « *chuchoteurs* » ou « *nouveaux maîtres* » ignore jusqu'à l'origine même du mouvement et des méthodes qu'ils emploient. Il semble que le terme de « *Horse Whisperer* », littéralement « *chuchoteur de cheval* », ait été le surnom donné à un Irlandais, mort en 1810, du nom de Daniel Sullivan. Il était reconnu au tournant du XIXe siècle comme un spécialiste des chevaux dits vicieux et classés comme irrécupérables. N'ayant laissé aucun écrit, on ne sait pas grand-chose de ses méthodes qu'il maintenait, par ailleurs, dans le plus grand des secrets. Les rares témoignages de gens qui l'ont vu travailler racontent qu'il se tenait si près des chevaux qu'il semblait leur murmurer quelque chose, ce qui lui valut ce surnom. Le nom de Sullivan apparaît dans l'ouvrage de Willis J. Powell[1] édité vers la fin du XIXe siècle. Powell se considérait lui-même comme le détenteur d'un nouveau secret, le même que celui de Sullivan, qu'il gardait jalousement. Moins enclin à s'étendre sur sa manière de faire que sur ses exploits, il n'acceptait la présence de personne pendant son travail, ni même celle du propriétaire du cheval. Powell voyageait beaucoup et avait concentré l'essentiel de ses activités dans le premier tiers du XIXe siècle, au Mexique où il jouissait d'une solide réputation et de bon nombre de lettres de recommandation de la haute bourgeoisie locale faisant l'éloge de ses mérites et de ses réussites. Il se vantait d'avoir écourté les temps de débourrage ou de correction de vices de comportement au maximum pour l'époque. Il avait compris l'importance de la patience, de la persévérance, des effets positifs du travail en liberté, de la désensibilisation du cheval aux contacts et objets divers. Powell avait remarqué qu'éviter la confrontation directe en n'imposant pas sa volonté de force, augmentait la confiance que le cheval lui accordait.

La base solide du mouvement repose néanmoins sur le livre de John Solomon Rarey[2] publié en 1858, qui semble être la première source sérieuse et détaillée sur laquelle repose l'approche contemporaine. Il

---

[1] Powell, Willis J., *Tachyhippodamia,* Charter, 1872

[2] Rarey, John Solomon, *The modern art of taming wild horses,* Routledge, 1858

est bon de souligner l'importance de Rarey déjà à son époque, sa réputation ayant largement dépassé le cadre des frontières nord-américaines. Il fut invité à Londres et causa une forte impression lors d'une démonstration devant la famille royale ; reçu par la Reine, son livre fut réédité à Londres, traduit à l'espagnol dès 1861, et diffusé dans toute l'Amérique du Sud. La scène finale du film « *L'homme qui murmurait à l'oreille des chevaux* » dans laquelle Redford couche le cheval est directement inspirée de la méthode préconisée par Rarey. Son ouvrage est structuré, divisé en chapitres clairement définis et abondamment illustrés. Son approche est basée sur sa tentative d'adaptation à la psychologie du cheval et à l'envie de comprendre son mode de raisonnement. Elle est néanmoins oppressive puisqu'elle repose essentiellement sur l'entrave de l'animal et son immobilisation, particulièrement du membre antérieur gauche. Ses trois principes fondamentaux sont la demande dans un langage que le cheval comprend, l'ignorance de sa propre force et l'exposition d'objets ou actions en accord avec sa nature basée sur la peur et la crainte de la douleur. Il pose un regard critique sur les remarques de Powell qu'il juge bonnes, mais insuffisantes, et qu'il complète par ses propres idées.

La première édition du livre de Powell semble dater de 1838, mais lors de sa première réédition en 1872, on y ajoute en deuxième partie l'ouvrage de Rarey. Le succès rencontré par le texte de Rarey lui valut par la suite d'être réédité seul, faisant de lui la référence pionnière du genre.

UN HÉRITAGE MAL COMPRIS OU IGNORÉ

Aussi loin que l'on puisse remonter dans le temps, de nombreux traités à orientation plus hippologique préconisent ponctuellement un adoucissement des méthodes utilisées au vu des avantages obtenus par une approche moins coercitive. Évidemment, il convient de remettre les conseils donnés dans le contexte, les besoins, l'usage et les connaissances de l'époque concernée.

Bien que considérant le cheval comme une machine de guerre, la méthode d'entraînement détaillée sur des tablettes hittites par le maître-écuyer mitannien Kikkuli[1], plus de quinze siècles avant notre ère, est exempte de toute violence physique. Fondamentalement axée sur l'entraînement des chevaux à l'attelage de combat, la pression sur le cheval est essentiellement psychologique et exercée par une gestion implacable de la faim et de la soif. Outre une sélection rigoureuse des chevaux, se détache un traitement minutieux de la nourriture, de son dosage, ainsi que de celui de l'eau. Ce texte est d'une étonnante précision dans l'entraînement physique et psychologique des chevaux, de jour comme de nuit. Un traité aride et implacable, basé sur une bonne connaissance pratique et théorique du cheval, d'une riche expérience de la guerre, uniquement écrit dans ce but précis et dénué de toute empathie.

Au-delà de l'austérité et la rigueur du texte de Kikkuli, parfaitement en accord avec l'écriture cunéiforme, syllabique, moins malléable qu'un alphabet, donnant à l'ensemble une certaine froideur télégraphique, malgré l'orientation de l'entraînement dans le seul but d'une utilisation militaire, il est étonnant de constater qu'à aucun moment il ne préconise l'usage de la force physique, l'utilisation d'instruments contraignants ou le recours à la punition. Ici, la faim et particulièrement la soif sont abordées comme des outils de manipulation psychologique indirecte. En effet, le caractère aléatoire, mais toujours contrôlé qu'il donne à l'action, sans aucun rapport de force physique ni brutalité, est utilisé pour asservir plus que pour soumettre ou récompenser une réponse positive à une demande.

Le plus surprenant et commenté des ouvrages antiques est certainement celui de Xénophon[2]. Bien que la date de parution du texte soit plutôt floue, les experts la situent aux alentours de 380 avant notre ère. Il est divisé en trois sections, dont la principale décrit l'observation des différentes parties du corps de l'animal en vue de son achat, la relation entre le cavalier et le cheval dans sa préparation à une bonne équitation, l'entraînement et la résolution de problèmes rencontrés sur le terrain, ainsi qu'un appendice sur le matériel. Bien que la guerre y soit mentionnée, elle n'en est pas le thème central, le souci principal du

---

[1] Kikkuli, *L'art de soigner et d'entraîner les chevaux,* Favre, 1998

[2] Xénophon, *De l'art équestre,* Les Belles Lettres, 2002

discours étant l'harmonie et la collaboration entre la monture et le cavalier. Contrairement au texte de Kikkuli, il se dégage de celui de Xénophon un certain humanisme, et le besoin de transmettre aux jeunes générations son amour du cheval ainsi que les connaissances accumulées durant toute une vie consacrée à son étude. Ce texte est d'un étonnant modernisme, et les questions qu'il soulève sont encore d'actualité. Il est à l'avant-garde de son époque et en avance sur bien des siècles à venir, pouvant même être considéré, en ce qui concerne l'attitude et le comportement à adopter, totalement contemporain. Xénophon condamne déjà toute colère ou violence dans l'approche des chevaux, et souligne l'importance d'une bonne éducation du poulain afin d'éviter des problèmes plus difficiles à résoudre survenant à l'âge adulte. Il fait remarquer que la colère ne fait qu'amplifier le sentiment de peur, et amènera le cavalier à commettre des actes ou des gestes qu'il regrettera certainement par la suite. Il propose, de manière récurrente, le calme, la douceur en opposition à la force, et une bonne compréhension de chaque situation pour en dégager les solutions adéquates et définitives. Xénophon ne fait uniquement recours à la force que par la cravache, utilisée avec discernement et parcimonie, jamais sous l'emprise de la colère, à de très rares occasions, et toujours dans le but d'aider le cheval à surmonter une situation donnée. Une fois le résultat obtenu, il conseille l'abandon immédiat de l'outil pour revenir à la douceur.

Outre l'empathie dont il fait preuve à l'égard du cheval, le premier conseil que Xénophon donne à toute personne désireuse d'éduquer correctement un poulain est de le confier aux mains d'une personne experte. Cette règle apparaît au début de son texte, comme indispensable à la réussite du processus éducatif. Il est, en bien des points, un précurseur de l'éthologie. Il essaie de se mettre à la place du cheval pour mieux comprendre ses craintes, et interprète la peur et les refus comme une expression de la crainte et non comme une réaction caractérielle négative et capricieuse.

CHANGEMENT DE PARADIGME

Sans une forte volonté populaire, le changement de paradigme semble aujourd'hui aussi compromis que par le passé. Les institutions qui régissent le monde du cheval, tant fédératives qu'agricoles, toutes officielles et omnipotentes, sont entre les mains de personnes formées à l'ancienne école. Ces mêmes personnes érigent les lois de détention en fonction de leurs expériences, leurs connaissances, de leurs croyances et habitudes. On en arrive au point, comme c'est le cas en Suisse, où une réglementation interdit les remorques sans rampe, sans aucune argumentation à l'appui. Pourquoi ? Personne ne le sait vraiment, mais il semble que quelqu'un les ait jugées dangereuses. Une étude qui le prouve ? Non ! On est en droit de se demander alors qui se trouve à la tête d'une commission officielle, capable d'imposer de manière arbitraire une loi, sans une étude à l'appui apportant les explications nécessaires à la compréhension d'une décision totalement absurde. Parce que n'importe quelle étude sérieuse serait incapable d'appuyer une telle décision. Au contraire, elle soulignerait les avantages indéniables des remorques sans rampe. Alors à qui profite le crime ? Qui a été consulté ? Certainement pas les fabricants, ni les importateurs, et encore moins les utilisateurs ou les professionnels.

Ce phénomène se retrouve à tous les niveaux. Le manque de cohérence et de communication entre les différents milieux nationaux et internationaux pour statuer d'une réglementation précise respectant les besoins fondamentaux des chevaux est affligeant. Chacun y va de sa loi selon ses propres intérêts, ce qu'il sait, ce qu'il croit savoir, et évidemment la pression qu'exercent les différents lobbys du monde équestre, tous obsédés par les résultats et l'économie d'un marché très alléchant. L'argent, toujours l'argent, le monde du cheval fait circuler énormément d'argent. Beaucoup de métiers et d'entreprises sont liés au monde du cheval : vétérinaires, maréchaux, dentistes, ostéopathes, entraîneurs, jockeys, drivers, comportementalistes, éthologues, palefreniers, écuyers, transporteurs, fabricants de remorques, de produits alimentaires, de compléments alimentaires, de produits de soins, de matériel d'équitation, selliers, organisateurs d'événements, de concours, de spectacles, de courses hippiques, éleveurs, marchands, produits dérivés, mode vestimentaire, matériel d'écurie, pensions, écuries, clubs équestres, randonnées, guides, voyagistes... la liste est interminable. Entre les anciens métiers traditionnels, les nouveaux qui apparaissent au rythme des modes et des tendances, on ne sait plus où donner de la tête. Tout ceci représente beaucoup d'argent, et bien que les intérêts des uns et des autres puissent parfois diverger, ils se retrouvent néanmoins sur le versant économique de cette belle et grande montagne. Et que devient le cheval dans tout cela ? Le cheval, lui, subit cette vision utilitariste et mercantile au détriment de tout le reste, comme par exemple, des conditions de détention en accord avec sa nature et ses besoins fondamentaux, une cohabitation avec l'homme conditionnée par les connaissances des personnes sur l'animal qui s'amenuisent inéluctablement au fil des années. Dans certains domaines, ces connaissances deviennent spécialisées et plus pointues, motivées par les besoins et les résultats, tandis que dans d'autres, elles se réduisent pratiquement à peau de chagrin tant on leur accorde peu d'importance. Une approche sous le joug de la tradition totalitaire du « *Fais et tais-toi !* ».

Les instances officielles internationales, nationales, les fédérations, les départements de l'agriculture et autres ministères responsables de la gestion du territoire et de son attribution, ne sont pas les uniques responsables de l'état de connaissances superficielles dans lesquelles baigne l'univers du cheval d'aujourd'hui. Si d'un côté nous avons ce monde professionnel, de l'autre il y a le monde du loisir, des amateurs de chevaux, cavaliers ou non, ceux qui se le sont approprié, la masse ou la foule des gens de chevaux. Ce monde amateur dépend évidemment du monde professionnel, de ceux à qui certains ont donné le pouvoir et la légitimité d'établir les règles et les lois, qu'elles soient justes ou non. Le public de ce monde amateur est, pour la plupart, issu des manèges de tradition classique. C'est le serpent qui se mord la queue, bien que certains expriment de la volonté, de l'intérêt, une envie de l'étudier, de mieux comprendre le cheval ; d'une manière générale, le temps et l'argent nécessaires, mais avant tout, l'effort du don de soi à fournir se chargent du tri. À l'arrivée, ils ne sont plus très nombreux.

Le temps, cette notion omniprésente dans nos sociétés industrialisées, mais totalement absente du monde du cheval. Le temps, cette gangrène qui nous empêche de nous centrer sur l'essentiel, qui veut que tout soit acquis tout de suite. Le temps, père de la patience et mère de l'impatience en même temps. Prendre le temps est pourtant ce qui nous emmène vers le succès ; prendre le temps d'apprendre, d'étudier, d'observer, d'intégrer l'information pour ne plus devoir y penser. Prendre le temps de s'intéresser à l'autre, de le placer au centre du sujet, de l'aimer sans rien attendre en retour. Le cheval n'a pas de montre, ne compte ni les heures ni les jours. Outre la sincérité, il ne reconnaît que l'honnêteté de l'action et de l'intention de celui qui l'approche, dans sa culture évidemment.

Le changement de paradigme ne peut venir que d'une volonté farouche de le comprendre et de l'apprendre, de l'effort nécessaire à fournir tout en oubliant le temps que cela peut prendre. Faire cet effort d'aller vers le cheval, avec sincérité, compassion et empathie vous change en profondeur. Le cheval a cette capacité de transformer votre regard non seulement sur lui, mais également sur nous, sur les autres et sur le monde qui nous entoure. Je me souviens d'un échange avec une femme qui m'avait abordé à la fin d'un stage d'éthologie équine appliquée :

– Alors, si j'ai bien compris le message, c'est moi qui dois changer ?

– Absolument, vous avez compris, je suis ravi que le message soit passé.

– Mais cela va prendre du temps !

– Oui madame, une vie peut-être, mais quelle magnifique aventure, non ? Je vous félicite et vous encourage à poursuivre. Avoir compris ceci est déjà très important, l'accepter est le signe que vous êtes sur le bon chemin.

DEUXIÈME PARTIE
– L'INDISPENSABLE SUR EUX

D'une manière générale, au risque de porter un regard un peu réducteur, le monde animal est organisé autour de deux cultures dominantes et diamétralement opposées, comme les deux pôles d'une même pile. Cette bipolarité autour de laquelle s'articule la vie sauvage peut également s'extrapoler à notre monde moderne et civilisé qui, quotidiennement et sous différentes formes, adapte comme un conte ou une parabole cette maxime de la nature : manger ou être mangé.

Ces deux actions sont la manifestation de deux comportements bien définis : prédateur ou proie. Ce sont deux cultures totalement opposées, mais complémentaires qui sont à l'origine de la mésentente, de la méconnaissance, de l'incompréhension, de l'ignorance, en particulier quand on parle des rapports que l'homme entretient avec toutes les espèces qui l'entourent, dans sa tentative de domestication ou, d'une manière générale, de domination de l'autre, qu'il soit homme ou animal.

Ce concept binaire devrait pourtant être le plus naturel à comprendre pour l'homme puisqu'en effet, il est omniprésent dans la nature qui l'entoure : jour et nuit, été et hiver, marée haute et basse, son et silence, et bien d'autres encore. Même notre anatomie est binaire : deux yeux, deux bras, deux jambes, deux hémisphères cérébraux, deux oreilles. Nos battements de cœur sont binaires, notre respiration : inspirer et expirer. Nos mouvements locomoteurs : marcher ou courir. Quant à ceux qui voudraient objecter que nous n'avons qu'une seule bouche, j'aimerais leur répondre, sans tomber dans la trivialité, que nous avons un autre orifice directement relié et que tout aliment ingéré par la bouche ressort tout naturellement, bien que transformé, j'en conviens, par l'autre orifice en question.

Au niveau comportemental, la première différence, et certainement la plus importante, est la notion du temps. Plus précisément, la notion du « *moi* » spatio-temporelle. Le prédateur a la faculté de se projeter instinctivement, mentalement, dans le futur pour ainsi pouvoir adapter sa stratégie de chasse. Le choix de la proie, le terrain, sa position par rapport au vent et à sa proie potentielle, les possibilités de fuite ou de retraite sont quelques-uns des paramètres essentiels à la réussite de son action. Sa survie en dépend, s'il ne mange pas, il meurt. Au contraire, la culture de la proie est basée essentiellement sur la fuite et sa capacité à réagir au plus vite en cas d'attaque. Elle vit dans le présent, dans l'instant présent, sur un mode réactif d'analyse des signes extérieurs permanents. Sa survie en dépend, une erreur d'appréciation peut lui être fatale et définitive.

Bien qu'opposés, ces deux cultures ou comportements ont pourtant quelques points communs. Le premier est ce qui les motive avant tout : vivre !

Au cours des millions d'années d'évolution, l'homme est devenu un prédateur par nécessité, et bien qu'il ne soit au départ, doté d'aucune arme physique particulière, ni crocs, ni griffes, ni vitesse, ni force démesurée, il est pourvu d'un cerveau performant. Il a su, au cours de son évolution dans la lutte pour sa survie face aux autres espèces prédatrices, compenser ses carences physiques en développant son potentiel et ses capacités intellectuelles, se dotant ainsi d'un génie inventif unique et extraordinaire.

Le cheval, lui, est une proie. Pour mieux le comprendre, pouvoir interagir avec lui de manière la plus naturelle et harmonieuse possible, il faut étudier ses spécificités anatomiques, physiologiques, sa culture, son comportement, son environnement, ses besoins, sa manière de penser et de communiquer ; ce que nous comprenons aujourd'hui par : *éthologie*.

Le terme *éthologie* est très à la mode de nos jours, utilisé dans la plupart des cas à tort et à travers, sans en connaître son véritable sens. Il entre dans la récupération commerciale de cette mouvance très contemporaine et très occidentale qui puise ses sources non seulement dans les théories et les recherches de psychologues ou sociologues comme Gregory Bateson ou Paul Watzlawick, deux des fondateurs de l'École de Palo Alto et de ses courants de pensée dès le début des années 1950, mais également dans la quête de nouvelles valeurs, du bien-être, du développement personnel ou intérieur, des multiples formes de médecines parallèles ou douces, d'adoption de philosophies aux origines lointaines et autres nouvelles sources de spiritualité, comme si toute solution devait absolument venir d'ailleurs, et surtout de très loin.

Tout ceci entre parfaitement dans le cadre de l'ultra-féminisation du monde du cheval d'aujourd'hui et de ses dérives collatérales. D'un côté, les manèges et autres centres équestres sont pris d'assaut par les jeunes filles, avec toute la panoplie des accessoires traditionnels de l'équitation classique, elles s'affichent avec éperons, cravaches, chambrières, longues longes, sans parler des catalogues de mode équestre et autres produits dérivés directement issus d'un marketing sauvage et purement mercantile, à mille lieues du plus élémentaire respect des réels besoins et de la dignité du cheval qui ne devient finalement qu'un acteur secondaire ou un prétexte. Tout ceci, doublé d'un enseignement souvent mal appris, mal expliqué, mal compris et mal appliqué, faisant fréquemment preuve d'une autorité agressive déplacée à l'égard des chevaux. D'un autre côté, ces mêmes jeunes filles expriment également une sensiblerie extrême et tout aussi inappropriée, renforcée par un sentiment de culpabilité qui les pousse à croire, dans leur logique, que quelque chose de « *naturel* », comprenez « *éthologique* », est de laisser courir le cheval en liberté dans une carrière ou pratiquer quelques vagues exercices au sol appris lors de cours ou séminaires injustement libellés « *éthologiques* », sans en avoir vraiment compris leur origine et leur sens, ne répondant uniquement qu'à un besoin irrépressible de « *faire* » quelque chose comme alibi pour combler l'ennui.

On en arrive alors aux très modernes, actuelles, progressistes et politiquement correctes théories du « *cheval sans fers* », de la « *bride sans mors* » et de la « *selle sans arçon* ». Il ne manque alors, dans cet exercice d'autocritique, que le courage de mettre de côté notre égocentrisme pour aller au bout de l'idée et revendiquer une bonne fois pour toutes le « *cheval sans cavalier* ». Parce que si l'on cherche à revenir aux sources du cheval au naturel, il est effectivement sans fers, sans mors, sans selle et avant tout sans celui qui est à l'origine du problème, celui qui en est la cause, celui qui lui met les fers, le mors et la selle : le cavalier !

Il n'y a derrière tout ce qui précède aucune explication scientifique, aucune étude rationnelle, aucune réflexion profonde ni aucune connaissance spécifique.

LA PROBLÉMATIQUE DU MATÉRIEL

Le matériel utilisé est certainement l'un des sujets les plus discutés et controversés parmi les cavaliers. Les divergences d'opinions sont source de disputes et de clivages entre les mondes selon le groupe d'appartenance, particulièrement dans le monde amateur et de loisir. Intransigeants par nature, les cavaliers essaient d'imposer leurs points de vue non seulement au cheval, mais également aux autres, particulièrement à ceux qui débutent. Ceux qui ne partagent pas telle ou telle opinion sont jugés, condamnés et brûlés sur l'autel de l'intolérance, qu'importent les arguments, qu'ils soient fondés ou non. L'appartenance clanique ne se discute pas, un constat d'erreur de longue date serait bien trop douloureux à accepter. Alors, si la masse ou la foule des miens le pense, c'est que cela doit être vrai et que les autres ont tort. Même si le bon sens ou la réflexion objective suggère l'inverse.

De mon point de vue, les trois piliers de la discorde sont le fer, la selle et le mors. Vient ensuite l'utilisation d'accessoires divers et variés comme les couvertures, les cravaches, les éperons ou les enrênements entre autres, qui pourra être discutée par la suite.

- **LE FER**

Les fers sont souvent un mal obligatoire et nous n'avons malheureusement encore rien trouvé de mieux depuis plusieurs siècles. L'importance de préserver le pied du cheval lors d'une utilisation intensive était déjà comprise des Grecs, qui protégeaient le sabot d'une pièce de cuir lacée. Plus tard, les Romains ont introduit une pièce de métal à cette chaussure de cuir lacée, l'invention de la voie romaine usant en excès la corne des chevaux. La ferrure primitive est généralisée dès le VIe siècle. Elle apparaît dans un traité militaire byzantin *« de re strategica »* comme une plaque de fer placée sous le pied des chevaux pour les protéger, sans que le moyen de fixation y soit spécifié. À la même période, les Mongols fixaient déjà des fers circulaires sur les bords d'appuis externes. Beaucoup de centres de recherche sur la maréchalerie planchent depuis de nombreuses années sur un fer non invasif, c'est-à-dire sans clous, mais sans succès, tout en sachant que le premier qui trouvera l'idée fera fortune. Le problème n'est pas le fer en soi, qui est là pour s'user à la place du pied, bien que mal appliqué il peut comprimer les parois du pied ; le problème est la ferrure invasive, c'est-à-dire les clous qui perforent une structure hermétique, la couche cornée non vascularisée de la paroi externe du sabot, la fragilisant ; la perforation due au clou étant la porte ouverte aux bactéries, à l'humidité et aux possibles affections qui les accompagnent. Il existe la colle, produit chimique, qui elle aussi a un degré toxique pour la corne, sans parler des vapeurs dégagées lors de son application, nocives pour les voies respiratoires. Bien des maréchaux mettent des masques de protection, mais ne protègent jamais le cheval. Inspirées des anciens Grecs, il y a également les *chaussures*, *boots* ou *hipposandales*, selon l'envie que l'on ait de leur donner un nom. Elles ne conviennent pas à tous les chevaux, compriment le pied sur sa longueur, et les cas de lésions dues aux frottements sont fréquents, sans parler des corrections forcées d'aplombs qui certaines fois posent problème à la longue au niveau des tendons. Il est clair que dans la nature, les chevaux ne portent pas de fer, mais ils ne portent pas non plus de cavalier sur des terrains abrasifs, à des allures imposées, durant des heures et à répétition. Dans la nature, le cheval marche au pas la plupart du temps, il choisit son allure, son rythme, son terrain et n'a pas un poids supplémentaire sur le dos. Le fer permet de préserver l'usure de la corne du pied du cheval. Il est préférable que le fer s'use plutôt que le pied. Le fer peut être changé, l'usure excessive du pied peut générer des boiteries graves et l'arrêt obligatoire du cheval. Il est évident qu'un cheval qui passe l'essentiel de son temps en liberté, qui peut bouger suffisamment et sur des types de terrains différents, monté de temps en temps, sans pathologie particulière nécessitant une ferrure corrective et dans une hygiène irréprochable n'a pas besoin d'être ferré, et il vaut mieux le laisser pieds nus.

Ce sont les conditions de détention que nous lui imposons, ainsi que l'utilisation que nous faisons du cheval, qui nous obligent à la ferrure. La détention en box durant des heures, sur de la paille souillée d'urine et d'excréments, le manque de mouvement, les périodes d'entraînement ou les promenades sur des terrains abrasifs comme le sable, les routes, le gravier, les carrières, les parcs de détention trop petits et mal entretenus, une mauvaise hygiène des sabots, une alimentation inadaptée et bien d'autres exemples encore, sont autant d'arguments qui justifient la ferrure depuis tant de siècles ; sans oublier que laisser un cheval pieds nus et pouvoir le monter pendant des heures sans risquer une usure excessive dépend, avant tout, de la qualité de la corne du pied du cheval en question.

J'ai été moi-même un adepte de la première heure des sabots non ferrés. Malheureusement, j'ai dû me rendre à l'évidence et revenir en arrière. Malgré un soin attentif, un contrôle régulier et une bonne qualité de corne, sur moins de deux ans d'une utilisation modérée, mais régulière, le cheval a fini par chercher les bords de chemins, donnant des signes clairs d'inconfort et avant-coureurs de bleimes. Bien sûr, il existe des exceptions et chacun est libre de faire ses propres expériences, mais il faut savoir écouter le cheval, car c'est finalement lui qui donnera une réponse définitive sur le sujet. Le fanatisme rigide et aveugle n'est lui, par contre, jamais bon conseiller, ni dans un sens ni dans l'autre. Le cheval est un animal qui souffre en silence. Cela permet à certains de lui imposer leurs croyances et convictions personnelles sans qu'elles soient objectivement argumentées, au point qu'ils se voilent la face lorsque le cheval montre pourtant des signes évidents de douleur, sur terrains durs, caillouteux ou abrasifs.

- **LA SELLE**

En ce qui concerne la selle, il faut savoir qu'elle a un rôle à jouer non seulement pour le cavalier, mais également pour le cheval. Le siège de la selle, c'est-à-dire la partie supérieure et visible, est pour le cavalier ce que l'arçon, partie inférieure et recouverte, est pour le cheval. Le siège doit être à la bonne taille et convenir au cavalier, comme l'arçon doit s'adapter à la morphologie et au dos du cheval. Si les deux conditions ne sont pas réunies, ce n'est pas une selle adéquate pour le couple cavalier/cheval. Cela ne veut pas forcément dire que c'est une mauvaise selle, cela veut seulement dire que ce n'est pas la bonne selle dans ce cas de figure.

Le rôle de l'arçon est de répartir le poids sur une plus grande surface du dos, et surtout d'éviter le contact direct du poids avec la colonne vertébrale. Toute pression ou lésion due à une selle est un signe qu'elle est, soit de mauvaise qualité, soit inadaptée au dos du cheval. Le problème n'est certainement pas l'arçon, mais la qualité de la selle, des matériaux utilisés lors de sa fabrication et du savoir-faire du sellier. Tout ceci a un prix et généralement, une bonne selle faite à la main par un artisan compétent coûte cher. Je ne connais aucun professionnel du cheval qui travaille au quotidien avec du matériel de mauvaise qualité. Par contre, c'est une pratique très répandue dans le monde amateur et de loisir. Les gens paient cher le cheval, mais utilisent des selles de mauvaise qualité quand c'est justement là qu'il faut mettre le prix. En fait, de manière imagée et volontairement provocatrice, j'aime à dire que la selle devrait coûter plus cher que le cheval. Il va la porter pendant des heures, et elle peut être la cause de maux ou de blessures pouvant aller jusqu'à la boiterie ou l'arrêt du cheval pour une longue période.

Dans le choix de la selle entre également l'utilisation que l'on veut en faire. Une selle américaine de type « *western* » est construite de manière à ce que le poids soit réparti sur une longue et large surface du dos du cheval. Elles sont pensées pour l'extérieur et pour être utilisées sur un grand nombre d'heures journalières, tant pour le cheval que pour le cavalier. Les selles de type « *classique* » sont plus légères, plus petites et plus compactes. L'appui se fera sur une plus petite partie du dos et concentrera le poids du cavalier sur une surface plus réduite. Les deux boudins s'appuient très près de la colonne vertébrale, sur une zone particulièrement innervée. Si les selles western ne sont pas pensées dans leur conception pour faire du saut ou du dressage, les selles classiques de leur côté, ne sont pas conçues pour les voyages ou les longues journées de travail.

- **LE MORS**

Le cas du mors est une autre histoire. Dans une communication bien établie entre le cheval et le cavalier, comprenant le partenariat, la coopération et la confiance mutuelle, on doit pouvoir partir avec un cheval sans mors. Le problème ici est la capacité de jugement de certaines personnes qui n'arrivent pas à se rendre compte du danger potentiel encouru, par incompétence, inconscience et/ou ignorance. En cas de danger et utilisé correctement, le mors peut servir de frein d'urgence et de meilleur contrôle sur la tête du cheval si le travail n'a pas été correctement effectué et que le cavalier n'est pas expérimenté. Ensuite, le problème n'est certainement pas le même en carrière qu'en extérieur. En carrière, le cheval travaille dans un environnement sécurisé et connu. À l'extérieur, il faut tenir compte de l'impondérable. Le cheval est un être vivant, qui pense de manière autonome, associe et réagit aux événements selon sa propre logique. Il peut avoir des réactions qui, pour nous, sont imprévisibles. Quand on monte à cheval en extérieur, il faut être conscient que le risque zéro n'existe pas. Le manque de capacité objective de la personne à juger et anticiper une situation est la cause de la plus grande partie des accidents. De toute manière, comme pour l'arçon de la selle, ce n'est pas le mors qui est le problème, c'est l'action agissante de la main au bout des rênes qui en fait un mors dur ou non. Le constat est ici à nouveau le même : les gens imposent au cheval leurs croyances sans une réflexion objective, nourrie d'arguments intelligents, contrastés et sensés. Dans la culture classique, il est fréquent de croiser bon nombre de chevaux équipés de mors trop gros, durs, de double muserolle, avec des cavaliers qui s'accrochent, toujours au contact de la bouche, tirant sur les rênes trop fort, sur un cheval qui n'est plus à l'écoute, mais uniquement dans une dynamique de défense due à l'inconfort généré par la situation. Je souligne également que l'équitation western mal appliquée ne s'en sort pas mieux de ce côté-là.

• LE BON SENTIMENT D'UN MAUVAIS COMPROMIS

Une mauvaise information sur la ferrure, la selle ou le mors, associée à des a priori erronés et des convictions personnelles pétries de bonnes intentions, mais exemptes de toute étude argumentée sérieuse, poussent aujourd'hui bien des personnes à faire de mauvais compromis. Dans le but d'avoir bonne conscience et d'éviter tout jugement désapprobateur, le manque de connaissances fait commettre bien des erreurs. Ces gens-là veulent absolument monter sur le cheval, mais ne pas avoir l'impression de lui faire du mal. Pourtant, ils le maltraitent souvent sans le savoir.

Si nous observons un cheval marcher pieds nus et que nous observons ce même cheval ferré correctement, nous ne remarquons aucune différence dans son déplacement naturel. Ceci est même vérifiable lors du tout premier ferrage d'un cheval qui n'a jamais été ferré auparavant. Maintenant, prenons ce même cheval jamais ferré, et faisons-lui porter des hipposandales à la bonne taille, sur un pied correctement paré. Nous remarquerons que la démarche n'est plus du tout la même. Le cheval va nécessiter quelques minutes pour s'habituer. Malgré cela, l'ampleur des foulées ne sera pas la même pieds nus ou pieds ferrés. Sans compter l'entretien nécessaire du pied, dans des mains peu exercées à cet exercice, pour garder une taille régulière approximative compte tenu de la pousse de la corne. L'argument avancé est le fait de ne pas vouloir planter un clou dans le pied d'un cheval. Ceci part d'une bonne intention, mais pour faire tenir cette chaussure, il va falloir compresser le pied d'avant en arrière et latéralement, la pince et surtout les glomes vont être passablement sollicités. Il est souvent nécessaire de protéger les glomes avec des compléments en néoprène afin d'éviter les inévitables blessures dues aux frottements. Le problème du clou, comme dit précédemment, est la perforation d'une capsule hermétique ; en revanche, broché correctement, il est indolore. Toutes sortes de théories sont avancées sur les avantages de la chaussure par rapport au fer, sans jamais citer les gros inconvénients ; les fabricants ont flairé un marché juteux, et rares sont ceux qui vous déconseillent l'utilisation de leurs produits dans des cas de pathologies ou de conformation particulière du pied. L'hipposandale peut aider dans certains cas, mais en usage intensif, le risque de générer un problème est, me semble-t-il, bien supérieur qu'avec une ferrure correctement adaptée. Ce n'est pas une règle absolue évidemment ; le bon sens et l'étude de chaque cas particulier sont plus judicieux que l'imposition aveugle d'un dogme intégriste, comme c'est souvent le cas dans un sens comme dans l'autre. Personnellement, j'ai essayé avec plusieurs de mes chevaux les pieds nus, l'hipposandale et le fer, sur tous les terrains, par tous les temps, en toutes saisons, à toutes les allures et sur de longues périodes. Eh bien, je suis toujours revenu au fer. Le cheval vous dit ce qui lui convient le mieux en fonction de ce qui lui est demandé, à sa façon, mais clairement. À part dans les cas de pathologie avérée ou de convalescence, je n'utilise les hipposandales qu'avec de jeunes chevaux en formation, dans les premières sorties à l'extérieur, en main ou montés. Une fois prêts, le ferrage est essayé, et si pour une raison particulière, il ne devait pas convenir, alors la recherche d'une alternative adaptée et personnalisée serait discutée.

Nés de la même mouvance, nous trouvons également le tapis de monte à cru avec ou sans étriers, et la selle sans arçon. Dans le cas du tapis de monte à cru, il faut faire attention au système de sanglage qui appuie fortement sur la colonne vertébrale. L'inconfort de la compression d'une ou deux vertèbres de la colonne peut être particulièrement mal vécu par de jeunes chevaux, et les risques de blessure sont bien réels. Il faut savoir les sangler avec délicatesse, inutile de les serrer comme une selle afin d'éviter qu'ils tournent ; ils ne peuvent en aucun cas remplacer une selle. Sur certains modèles, on peut accrocher de petits étriers qui ne sont là que pour reposer les jambes, et non pour monter ou s'appuyer dedans comme dans une selle traditionnelle. Personnellement, je ne l'utilise qu'avec de jeunes chevaux dans la première étape d'initiation à la selle, de façon progressive, dans le cadre de l'introduction au sanglage puis aux étriers. Je ne monte jamais un cheval avec ce genre d'accessoire afin d'éviter que mon poids ne repose directement que sur deux vertèbres de la colonne vertébrale. Trop de gens oublient le rôle premier de la selle qui est celui d'éviter que le poids du cavalier ne repose sur la colonne et de répartir ce poids sur une plus grande surface du dos. Il en va de même pour les selles sans arçon. Sur des chevaux ronds, elles tournent inévitablement, ce qui peut mettre en danger le cavalier dans bien des situations. Pour qu'elles restent en place, il est nécessaire de les sangler fort, et un tapis particulier est censé remplacer l'arçon. En fait, on détourne le problème. Quand une selle est bonne, bien adaptée et choisie en fonction de l'activité exercée avec le cheval, il n'y a aucun risque de blessure. Au contraire, elle est l'accessoire qui supporte et distribue la charge correctement. Ces selles sans arçon ne conviennent pas à une utilisation intensive du cheval, particulièrement en extérieur sur différents terrains et dénivelés. Elles ne sont pas assez stables et s'écrasent avec le temps sur le dos du cheval. Éventuellement pour une équitation de loisir sporadique et de courte durée, mais c'est tout. Un cavalier trop lourd sur une selle sans arçon deviendra une gêne pour le cheval en peu de temps. Personnellement, je n'utilise une de ces selles sans arçon que dans la deuxième étape d'initiation progressive, pour leur enseigner le sanglage plus serré et le mouvement d'étriers plus conséquents. Je ne monte dessus que sur les premières très courtes séquences, je parle ici de minutes, et à l'aide d'un escabeau pour éviter tout risque de faire tourner la selle au moment de mettre du poids dans l'étrier. Ensuite, dans la troisième étape, j'utilise une selle américaine de type « *barrel racing* », plus courte et plus légère, mais stable malgré tout, plus proche de la selle définitive qui sera choisie une fois la croissance terminée, en fonction de la morphologie du cheval et de l'activité à laquelle on le destine.

Le dernier point, et non des moindres, est la volonté de certains à ne pas utiliser de mors. Cela suit le même processus : éviter les clous dans la corne, l'arçon sur le dos et le mors dans la bouche. Le manque d'information et de connaissance anatomique atteint ici son paroxysme. Ces gens ne veulent pas d'action dans la bouche du cheval, mais forcent sur son nez. La grande majorité des cavaliers que l'on croise avec ces accessoires ne savent pas mieux les utiliser que le mors. Ils s'accrochent de la même façon aux rênes et sont en conflit avec un cheval mal maîtrisé, mal travaillé, dans l'ignorance absolue des dégâts qu'ils provoquent. Les brides de type *side-pull* (traction latérale), *hackamore* à roulettes ou à branches, *bitless*, *bosal* ou d'autres encore, ont souvent une action dure sur le nez du cheval. Parce qu'il ne faut pas se mentir, on a déplacé la contrainte du mors de la bouche au nez, sur la partie haute du nez en particulier. La plupart de ces outils, équipés de muserolles pouvant être très dures, écrasent la partie supérieure du nez. Ils agissent sur l'os, les muscles, les cavités, les canaux du système respiratoire en général, pouvant provoquer à la longue une atrophie et de fortes douleurs. Comme dans le cas des fers et de la selle, mais tout particulièrement dans celui de la bride, c'est le bon sens qui doit prédominer. Quoi qu'on utilise, cela doit être avec parcimonie, et le cheval doit être travaillé, habitué, à l'écoute et collaborer. Si on ne peut maîtriser un cheval avec un mors, mieux vaut ne pas essayer sans le mors, surtout si l'on est inexpérimenté. Il serait préférable dans ce cas de travailler encore et encore, parce que cela veut dire que le couple n'est pas prêt. Se mettre en danger est une chose, mettre en danger la vie d'autrui et causer du mal à un animal qui est censé être un ami, un compagnon, en est une autre.

La vision si répandue et si mal comprise aujourd'hui, particulièrement parmi certaines jeunes filles et certaines femmes, d'un supposé « *cheval au naturel* », sans fer, sans arçon et sans mors, reste une vision romantique qui s'éloigne de plus en plus de la réalité concrète du terrain. Personnellement, j'utilise en extérieur et de façon alternée un mors américain très simple (e*ggbutt snaffle bit*), un bosal américain ou un petit bosal en corde de lasso des « *sabaneros* » (cow-boys) du Costa Rica. En ce qui concerne la formation des jeunes chevaux, je travaille dans un premier temps au licol plat auquel je fixe des rênes en corde. Puis, je les laisse s'habituer progressivement au mors dans la bouche sans rien demander. Petit à petit, la demande passe du licol plat au mors, et quand la cession d'encolure est bonne, je travaille avec une simple corde large autour de l'encolure. Une fois qu'ils répondent indifféremment avec la même légèreté et la même précision au licol, mors, corde ou aux différents bosals, alors je les travaille de la même façon en extérieur, en alternant l'accessoire et en choisissant celui qui lui convient le mieux. Parce qu'aussi étrange que cela puisse paraître aux ennemis du mors, certains chevaux sont plus à l'aise avec quelque chose dans la bouche que sur le nez.

Tout ceci part certainement d'une bonne intention, mais dans la plupart des cas, c'est une bonne intention mal appliquée, doublée d'une sensiblerie mal placée qui ne repose sur aucune argumentation recevable, que seules l'expérience et une information rigoureuse basée sur l'étude peuvent apporter. Chacun est libre de faire ce qu'il veut, mais savoir ce que l'on fait et l'assumer, c'est l'assurance de prendre en considération d'abord le bien du cheval. L'intolérance n'est jamais un signe d'ouverture ou d'écoute. Au contraire, c'est lui imposer et lui faire subir nos convictions à l'aveugle.

ÉTHOLOGIE FONDAMENTALE

L'éthologie, du grec « *éthos* », mœurs et « *logos* », science est dans un premier temps, l'étude scientifique du comportement animal dans son milieu naturel. Ce terme apparaît pour la première fois au XVIIIe siècle dans un texte du naturaliste français Étienne Geoffroy Saint-Hilaire, par sa volonté de dissocier l'étude du comportement animal à celui de l'homme, chapeauté lui par la sociologie et la psychologie. L'éthologie moderne et comparative, telle que nous l'entendons aujourd'hui, prend ses racines dans les travaux du milieu du XXe siècle du biologiste et zoologiste autrichien Konrad Lorenz, ainsi que dans ceux de son confrère néerlandais, Nikolaas Tinbergen et également du zoologiste allemand Karl Von Frisch ; en décernant le prix Nobel de physiologie ou médecine conjointement à Lorenz, Von Frisch et Tinbergen, l'éthologie obtient en 1973, ses lettres de noblesse et sa reconnaissance définitive.

Pour une meilleure compréhension du cheval, il faut élargir le champ d'études de l'éthologie au-delà du seul cadre naturel, et l'étendre également au comportement en captivité. C'est l'étude comparée de son comportement en liberté et son comportement en captivité, associée à des connaissances de biologie, de psychologie et d'anatomie équine, qui permettent de mieux déterminer les causes de déviances, névroses et autres pathologies du cheval dues à l'ingérence de l'homme dans son habitat et dans son mode de vie.

- **ORGANISATION SOCIALE ET DOMINANCE**

Le cheval est un animal grégaire, c'est-à-dire qu'il vit en groupe et qu'il a un besoin vital du groupe. Le groupe est pour lui source de rapports sociaux, de bien-être et de sécurité. Il vit sa séparation du groupe ou son isolement comme une véritable torture psychologique.

L'organisation interne du groupe est hiérarchisée et binaire. En haut de la pyramide se trouve l'étalon dominant, communément appelé « *alpha* ». Il règne sur son troupeau en parfait autocrate. C'est celui qui accepte ou rejette un membre du groupe, c'est lui qui se reproduit. Il défend ses juments en cas de tentative d'appropriation par un étalon extérieur au groupe, et défend également le troupeau en cas d'agression extérieure. Ce rôle de seigneur féodal a un prix. En effet, il vit dans un état d'anxiété permanent, et pendant que les autres membres du groupe vivent plus paisiblement sous sa protection, lui passe une grande partie de son temps à épier les signes, défendre son acquis et ses droits face aux menaces externes. Une fois son autorité acceptée, il communique ses demandes et ses ordres dans la très grande majorité des cas de façon non violente, dans un langage fait de signes corporels à intensité variable.

D'une manière graphique, l'étalon dominant se trouve au centre d'un cercle composé de plusieurs anneaux. Plus on s'éloigne du centre, plus on descend dans la hiérarchie. Près de lui se trouvent les favorites du « *harem* » et les poulains en bas âge. Au second plan, tous sexes confondus, se trouvent les membres en transition, plus âgés, mais encore liés au favoritisme hiérarchique. Plus loin, tous ceux qui acceptent sans discuter un rôle de subalternes, rassurés d'être acceptés et de faire partie d'un troupeau. Aux confins du cercle se trouvent les membres, particulièrement les jeunes mâles qui commencent à remettre en question l'autorité dominante et qui seront chassés du groupe ou partiront former leurs propres troupeaux. Ces luttes internes ne se produisent qu'avec les jeunes étalons ayant un tempérament trop dominant pour accepter un rôle d'inférieur. Ils seront expulsés du groupe, constituant alors des troupeaux de jeunes mâles à la recherche d'un nouveau groupe ou de juments à subtiliser à un autre dominant. C'est également une manière instinctive d'éviter la consanguinité, le dominant étant le reproducteur.

Contrairement à ce que les documentaires télévisés, avides de sensationnalisme et d'images spectaculaires nous montrent, le cheval de tête est une vieille jument, et non l'étalon dominant qui lui, tient son rôle de gardien et de régulateur. Cette vieille jument, respectée pour son expérience, acceptée démocratiquement, est la jument de tête, celle qui guide. Elle donne le départ, les arrêts, choisit les endroits où manger, boire ou encore se reposer. Jamais sa position sociale ne sera remise en question, et encore moins de manière violente.

Il est clair qu'en termes de documentaires animaliers et d'images télévisuelles, observer des chevaux brouter et se déplacer au pas pendant des heures n'a que peu d'intérêt. Comme dans un film, il faut un bon scénario avec une bonne dose de sentiments et de drames. Des images sorties de leur contexte réel, doublées d'un commentaire inadéquat, finissent par donner une idée erronée et aux antipodes de la réalité de la vie des chevaux dans la nature.

• LE CERVEAU (SYSTÈME NERVEUX CENTRAL)

Toute activité cérébrale est due avant tout à un type de cellules construites un peu comme des arbres que nous appelons *neurones*. Le corps cellulaire (*péricaryon*) contient un noyau (*soma*) en son centre. Le péricaryon est prolongé sur tout son périmètre de nombreuses ramifications (*dendrites*). Le tronc (*axone*) est prolongé à sa base par des milliers de racines (*synapses*). Pour communiquer, synapses et dendrites de deux neurones entrent en contact, et l'information circule alors via l'axone d'un neurone (*émetteur*) à un autre (*récepteur*). On estime à plus de cent milliards le nombre de neurones dans le cerveau humain, créant un réseau de communication extrêmement complexe.

Les neurones sont des informateurs qui communiquent et créent des liens entre eux. Leurs sujets de conversation favoris sont les sensations, les mouvements, la résolution de problèmes, la création de souvenirs, la production de pensées ou d'émotions. Ils ont pour rôle de faire circuler l'information dans l'organisme (*peau, tissus, muscles, glandes, organes vitaux*). Pour cela, la cellule sera stimulée, ce qui va entraîner la formation d'un signal bioélectrique (*influx nerveux*) qui sera transmis aux autres neurones ou autres cellules nerveuses contenues dans les tissus pour les activer via les neurotransmetteurs (*NT*). La différence de potentiel électrique entre l'intérieur et l'extérieur de la cellule est infime, comprise entre 60 et 90 millivolts (*mV*), mais suffisante pour générer des courants. Ce sont ces signaux électriques qui sont mesurables par l'électroencéphalogramme (*EEG*). Nombre de neurotransmetteurs et le rôle qu'ils jouent dans certains cas sont aujourd'hui bien connus du public : la *sérotonine* (dépression), la *dopamine* (plaisir), l'*adrénaline* (stress, anxiété, peur), l'*ocytocine* (instinct maternel, attachement).

Les neurones créent entre eux des liens biologiques profonds. Un peu comme des amis fidèles, ils prennent l'habitude de discuter des mêmes thèmes et d'échanger les mêmes types de propos, renforçant ainsi leurs liens et leurs convictions. Ce sont ces liens, véritables nœuds de marins difficiles à défaire, qui sont responsables de bien des réactions instinctives ou de troubles du comportement. Seuls des exercices répétés pourront amener le cerveau à modifier son mode de fonctionnement en créant de nouvelles connexions neuronales, ce que les neurosciences appellent neuroplasticité.

D'une manière schématique et dans le cas des grands mammifères qui élèvent et éduquent leur progéniture, l'architecture cérébrale se compose de trois couches distinctes et avec des fonctions bien précises. Ce modèle de cerveau à trois étages ou *triunique*, est une théorie du neurobiologiste américain Paul D. MacLean datant des années 1950-60. Bien qu'aujourd'hui qualifiée d'obsolète, cette vision neuroanatomique controversée permet dans un premier temps de comprendre la construction et les fonctions propres aux différentes zones cérébrales, avant d'en aborder les multiples interactions que chaque action ou pensée génère entre les différentes couches, zones ou lobes. Ces échanges permanents ou interactions entre les différentes parties cérébrales sont le nouveau paradigme, la révolution fondamentale que la technologie actuelle a justement mise en lumière.

Tout d'abord, le tronc cérébral ou cerveau primitif également appelé *cerveau reptilien.* Cette partie est celle qui régule les fonctions vitales et involontaires comme la respiration ou les battements du cœur. Elle est au niveau comportemental à l'origine des réponses instinctives du type « *se battre ou fuir* ». Dans l'interprétation d'un signal comme un danger potentiel et sans recevoir d'instruction consciente, le cerveau reptilien est celui qui ordonne la fuite, ou dans certains cas, le combat. Quand nous sentons quelque chose nous grimper sur la jambe et que nous sommes pris de panique avant toute analyse, c'est également le cerveau primitif qui s'active. Il est le moteur de l'instinct de survie.

La deuxième couche est appelée système limbique ou *cerveau émotionnel.* Cette partie du cerveau joue un rôle important dans le comportement et dans la formation de la mémoire. Elle permet également de percevoir une gamme d'émotions plus complexes, comme la peur, le plaisir ou l'agressivité. Le système limbique contient des connexions neuronales programmées qui stimulent l'instinct maternel, qui permettent de reconnaître son petit, ses cris et ce qu'expriment ces cris, d'élever sa progéniture, de la nourrir, de lui transmettre les informations essentielles à sa survie. Cette zone permet également de lire le langage corporel, les postures, les intentions et les odeurs. Elle est surtout un facteur essentiel dans l'apprentissage et la formation de la mémoire.

Deux éléments du système limbique ont un rôle particulièrement important. Le premier est *l'hippocampe*, qui permet la création de nouveaux souvenirs liés à des événements vécus et de les associer à nos réactions émotionnelles. La détérioration de l'hippocampe, facteur essentiel dans les maladies d'Alzheimer ou la schizophrénie, rend impossible la création de nouveaux souvenirs. On ne se souvient alors que des événements antérieurs à sa détérioration, mais oubliant instantanément toute personne rencontrée ou tout événement vécu postérieurement. Le second élément est *l'amygdale*, qui joue un rôle crucial dans la capacité à ressentir des émotions, reconnaître des stimuli sensoriels et créer des souvenirs associatifs, particulièrement ceux liés à la peur ou l'anxiété. Elle est directement reliée à la zone du système limbique qui décharge l'adrénaline dans le sang. Les souvenirs émotionnels engendrés par l'amygdale, liés à des réactions biochimiques importantes, seront particulièrement puissants. Dans ces cas, l'hippocampe enverra un signal au cerveau reptilien qui enregistrera l'information, positive ou négative sous forme de schéma. Ces souvenirs étant fortement ancrés dans le cerveau primitif, ils seront réactivés très facilement dès qu'un événement, geste, acte ou objet, sera identifié comme relié, même de loin à celui d'origine. Bien qu'utiles dans des cas de survie, ces événements peuvent également déformer la perception de la réalité ordinaire ou d'événements anodins, faisant remonter à la surface un grand nombre de réactions associées au souvenir d'origine pouvant être totalement démesurées.

La dernière couche est le *néocortex*, ce qu'on appelle communément la *matière grise*. C'est ce qui nous a sauvés et permis de survivre au cours des millions d'années d'évolution, car confrontés aux grands prédateurs, nous n'avons pas grand-chose pour nous : nous ne courons pas très vite, nous ne sommes pas particulièrement agiles, nous n'avons pas de griffes acérées ni de grandes canines tranchantes, mais nous avons un cerveau particulièrement performant. Chez l'humain, le néocortex est devenu la partie la plus volumineuse. C'est notre arme absolue, et quand on s'imagine le cerveau, c'est à cette zone pleine de sillons et de boursouflures que l'on pense. C'est elle qui permet de raisonner, d'organiser, de planifier. C'est une zone très complexe, bien plus développée chez les mammifères prédateurs que chez les proies. Le néocortex permet d'affiner la lecture des réactions émotionnelles. C'est la zone de création, de la compréhension, du langage verbal, de l'écriture, des mathématiques, de toute forme d'art, de l'invention et de l'utilisation de symboles. C'est le siège de l'imagination, de la recherche de solutions à un problème, de l'analyse et du jugement, du contrôle des impulsions. Elle est liée à toutes les fonctions cognitives supérieures, les perceptions sensorielles, à la motricité volontaire, à la conscience spatiale et à toute activité rationnelle. Finalement, le néocortex est ce qui nous permet la *conscience de soi*, la notion du temps, du « moi » *passé-présent-futur*, qui est à l'origine de toute technique ou de toute méthode. Il est simplement la zone qui nous permet d'imaginer et de comprendre le cerveau.

N'importe quelle pensée, sensation, expérience ou action fait appel à tout un ensemble de connexions neuronales et à un grand nombre d'interactions entre les trois parties cérébrales, sollicitant un transfert d'informations entre chacune des zones.

Il est clair maintenant qu'au cours de l'évolution et sans armes physiques particulières, c'est le développement du néocortex qui nous a dotés du génie inventif nécessaire à notre survie. Cette zone occupe près de la moitié de la totalité de notre cerveau dont le poids moyen est estimé à 1300 grammes, hommes et femmes confondus. Ce qui équivaut en moyenne à 2,33 pour cent de notre masse. Le poids du cerveau du cheval est estimé à environ 640 grammes et correspond à 0, 14 pour cent de la sienne. Par contre, la moelle épinière du système nerveux central du cheval, située au-dessous du tronc cérébral au niveau du bulbe rachidien, la partie la plus primitive du cerveau, pèse de 250 à 300 grammes. Ce qui représente 40 pour cent de son encéphale pour seulement 2 pour cent chez l'homme. Elle contient des connexions neuronales indépendantes et sa fonction est, comme nous l'avons vu, directement associée aux réflexes et à la transmission de messages nerveux entre le cerveau et le corps, particulièrement ceux liés à la survie.

Si malgré tous les moyens engagés dans la recherche depuis des décennies, nous n'avons qu'une vision incomplète du fonctionnement de notre propre cerveau, il est facile d'imaginer que nous en sachions encore moins sur celui du cheval.

Chez l'équidé, une importante scissure interhémisphérique et les résultats obtenus par les quelques chercheurs qui se sont penchés sur le sujet nous poussent à constater que les deux hémisphères ne semblent pas interconnectés. Comme si les zones corticales étaient séparées et ne communiquaient pas entre elles. Ce qui veut dire que les informations reçues à droite ne sont pas transmises directement à gauche et vice-versa. Nous avons donc deux chevaux en un, celui de gauche et celui de droite. Nous pouvons alors affirmer que le cheval est dichotomique, c'est-à-dire qu'il se divise en deux êtres opposés et complémentaires. Cette dichotomie peut également s'expliquer par la vision particulière du cheval et ses deux angles morts centraux, devant et derrière, qui l'obligent à analyser deux images dissociées et sans lien apparent entre elles, contrairement à la vision stéréoscopique de l'homme qui intègre la double vision dans un même espace unique.

Cette notion de dichotomie, à l'opposé du fonctionnement cérébral de l'homme, est à l'origine de nombreuses interprétations erronées de comportements qualifiés de notre point de vue d'irrationnels, observés chez le cheval. Si cette particularité lui permet de choisir ce qu'il broute d'un œil et de surveiller ce qui se passe au loin de l'autre, elle est également un des piliers fondamentaux de sa culture de la fuite. Par exemple, si un prédateur potentiel passe rapidement de gauche à droite, le cheval va penser qu'il y en a deux. C'est également pour cette raison qu'il peut parfaitement passer près d'un tas de bois sur son côté droit et ne pas réagir, mais exprimer une crainte au retour avec le même tas de bois sur son côté gauche. Il suffit qu'il ait eu peur une fois au retour à gauche et non pas à l'aller à droite pour qu'il mémorise deux informations distinctes. C'est une parfaite et fréquente expression de la dichotomie du cheval qui intègre, classe ou emmagasine des informations dissociées d'après son vécu et ses expériences, indépendamment du côté droit ou du côté gauche. Il est les deux êtres séparés, mais complémentaires du même corps. Cette dichotomie génère des comportements qui de notre point de vue peuvent être assimilés à de la paranoïa, de la schizophrénie ou à du dédoublement de la personnalité. Ces trois troubles mentaux, reconnus comme des pathologies en psychiatrie, sont chez le cheval des comportements qui s'inscrivent dans l'absolue normalité de sa nature spécifique.

Toute étude menée sur le cerveau du cheval est difficile à évaluer avec précision, surtout sous un regard purement scientifique. La collaboration de l'animal reste souvent problématique et difficile à obtenir. L'interprétation des résultats et des réponses du cheval est souvent fondée sur l'observation et l'expérience personnelle, et non sur une théorie établie.

D'autres études menées sur les ondes cérébrales émises par les chevaux semblent indiquer qu'en situation de vie courante, exempte de stress ou de tensions internes au groupe, son électroencéphalogramme dévoile un rythme de fréquences lent, qui va osciller entre 5 et 12 hertz

(*Hz, oscillations par seconde*). Dans notre classification des ondes cérébrales, ces chiffres comprennent l'ensemble des ondes Thêta et Alpha, alors que l'homme vit naturellement dans les fréquences Bêta et Gamma, comprises entre 13 et 30 Hz, voire supérieures. Le groupe de fréquences du cheval est celui, chez l'humain, assimilé au repos, à la relaxation et à la méditation. Le cheval est capable de passer instantanément de cet état de relaxation à un état de surexcitation, mais également de redescendre dans le cycle des fréquences très rapidement. Sa survie est directement liée à ses facultés d'hyperréactivité ainsi qu'a un retour à un état plus contemplatif. Il en va de sa capacité à réagir et fuir en situation estimée de danger, comme à celle de se nourrir calmement et de se reposer.

- **LE « DEUXIÈME » CERVEAU (SYSTÈME NERVEUX ENTÉRIQUE)**

Nous possédons un autre cerveau. Quand je dis « *nous* », je ne me réfère pas uniquement aux êtres humains ni aux grands mammifères. J'entends par nous tous les animaux, de la méduse à l'éléphant en passant par le pigeon et le cheval évidemment. Ce qui peut sembler être une découverte récente des neurosciences ne l'est en fait pas. Comme le souligne Michael Gershon, considéré comme le pionnier de la recherche contemporaine dans le domaine, ce n'est pas une découverte, mais plutôt une redécouverte. Cette remarque est particulièrement rare dans un monde scientifique où la compétitivité et la recherche d'une gloire posthume à travers l'attribution de son patronyme à une découverte sont monnaie courante.

Dans la deuxième moitié du XIXe siècle, un neurophysiologiste allemand du nom de Leopold Auerbach découvre à l'aide d'un microscope optique primitif que l'intestin contient un plexus, une structure complexe de ganglions, de cellules et de fibres nerveuses, localisé tout le long du tube digestif entre les muscles longitudinaux et circulaires. Sa découverte sera connue dans un premier temps, sous le nom de plexus d'Auerbach pour être renommé des années plus tard *plexus myentérique,* appellation plus descriptive et plus précise.

Quelque temps plus tard, c'est au tour d'un autre Allemand, le physiologiste Georg Meissner, de mettre à jour un second plexus situé au-delà de celui d'Auerbach, entre les muscles et la muqueuse intestinale. Il sera également nommé d'abord d'après son identificateur comme le plexus de Meissner, pour prendre ensuite le nom également plus adéquat de *plexus submuqueux*.

C'est dans l'Angleterre victorienne de la fin du XIXe siècle, au tournant du XXe, que deux chercheurs britanniques, William Bayliss et Ernest Starling, vont réaliser une expérience qui donnera sans le savoir, naissance à ce qui deviendra plus tard la neuro-gastro-entérologie. Bayliss et Starling isolent une boucle d'intestin d'un chien vivant, préalablement anesthésié, et exercent une pression sur les parois afin d'imiter l'effet produit par le contenu naturel intestinal, stimulant ainsi l'intestin de sa cavité intérieure. Ils observent alors qu'une fois sollicité, même par simulation, l'intestin entame de lui-même un mouvement de contraction et de relâchement vers l'anus. Surpris, ils coupent alors tous les liens nerveux vers d'autres organes et l'intestin réagit de nouveau de manière autonome, bien qu'ils pensent que le réflexe doive toujours être lié au cerveau ou à la moelle épinière. Une évidence s'impose, l'intestin a un complexe système nerveux interne. La *Loi de l'intestin* est née, phénomène qui sera ensuite connu sous le nom de *réflexe péristaltique*.

Il est facile d'imaginer, non sans une certaine inquiétude, les conditions de travail de l'époque ainsi que l'équipement des laboratoires, la maîtrise de l'anesthésie et de la vivisection. En 1903, reproduisant illégalement au sein de l'Université de Londres une expérience de vivisection devant un auditoire de soixante étudiants infiltrés par des activistes suédois, Bayliss se retrouva au centre d'une controverse et d'un scandale. Il affirma que l'animal avait été anesthésié de manière adéquate alors que les activistes soutenaient que le chien était conscient et se débattait. La polémique prit une telle ampleur qu'elle déboucha sur la création d'une Commission Royale chargée d'enquêter sur les conditions de l'expérimentation animale en laboratoire.

Ce n'est qu'un peu moins de vingt ans après la publication des travaux de Bayliss et Starling que Paul Trendelenburg, médecin et pharmacologue allemand, réalise une expérience déterminante. Il prélève un morceau d'intestin sur un cochon d'Inde, le baigne dans un liquide permettant de maintenir la coupe en vie quelques heures. Il le relie à un tube creux de la forme d'un « *J* » qu'il remplit d'un liquide tempéré alimenté en oxygène. Il souffle alors dans le tube, faisant remonter le liquide du tube dans la partie d'intestin prélevée. Il observe alors le même phénomène que celui décrit par Bayliss et Starling, c'est-à-dire que l'intestin se contracte et renvoie le liquide par ces contractions et relâchements vers le bas. La différence majeure réside dans le fait que cette fois, l'intestin n'a plus aucun lien avec le système nerveux central de l'animal puisqu'il a été prélevé et qu'il baigne seul dans un liquide. C'est à partir de cette expérience que le terme de *réflexe péristaltique* sera employé en lieu et place de la *Loi de l'intestin* de Bayliss et Starling. Ceci démontre un phénomène unique, l'intestin a un système nerveux qui lui est propre. Toute activité réflexe d'un organe du corps, que ce soit la vessie, les poumons, le cœur ou les muscles cesse une fois cet organe coupé du système nerveux central. L'intestin, non ! Le système nerveux intrinsèque du ventre peut alors être considéré, sans hésitation, comme un cerveau autonome. La dernière et définitive touche arrive en 1921 quand John Newport Langley, physiologiste et éditeur britannique, professeur à l'Université de Cambridge, publie son incontournable ouvrage, *Le Système Nerveux Autonome*. Ce livre sera durant des années la référence citée dans tous les textes abordant le sujet. Sa définition du système nerveux autonome consiste à affirmer qu'il existe un *moteur* de nerfs, autonome du cerveau et de la moelle épinière, qui contrôle le comportement des muscles viscéraux, vaisseaux sanguins et glandes. Il admettra avoir choisi le terme d'*autonome* pour souligner l'indépendance de système entérique par rapport au système nerveux central, sans en connaître l'ampleur exacte, mais qu'en science, pour la faire avancer, il faut savoir prendre des risques et introduire des termes novateurs même s'ils ne décrivent pas avec précision les phénomènes qu'ils représentent. Son œuvre restera le pilier fondateur sur lequel reposera toute la neuro-gastro-entérologie avant l'avènement de la recherche contemporaine dans les années 1980.

Que cette découverte majeure ait été rangée dans les tiroirs du monde scientifique, oubliée, méprisée ou mise de côté pendant plus d'un demi-siècle reste un de ces mystères que même cette science omnipotente, qui fait la pluie et le beau temps, qui s'érige en tribunal suprême détenteur de la vérité, ne peut expliquer. Il faudra attendre le dernier quart du XXe siècle avec les travaux de Michael Gershon, Marcello Costa ou John Furness, entre autres, de toute leur combativité et leur ténacité pour convaincre et imposer à un monde scientifique réactionnaire l'existence et l'importance de cet autre cerveau, celui du ventre, le cerveau entérique ou *Système Nerveux Entérique* (SNE).

Le système nerveux entérique est composé de près de deux cents millions de neurones. C'est l'équivalent du contenu du cerveau ou *Système Nerveux Central* (SNC) d'un chien. Si nous sommes d'accord pour reconnaître que les chiens sont doués d'intelligence, alors notre ventre l'est également. Ce n'est pas le même type d'intelligence que celle attribuée au SNC, mais une intelligence différente, qui lui est propre. Il est clair que le SNE n'écrira pas de poésie, ne jouera pas de piano, ne construira pas de cathédrale ou ne formulera aucune loi mathématique. Ceci reste en très grande partie l'œuvre du néocortex, bien que le système nerveux entérique y contribue malgré tout, à sa manière. Ne commettons pas l'erreur habituelle de tout résumer à ce néocortex et à le considérer comme la seule échelle de valeurs. Le SNE est doué d'un autre type d'intelligence, plus subtile, plus... émotionnelle. Ne dit-on pas d'un musicien qu'il *joue avec ses tripes*, avoir *la peur au ventre*, ou avoir *du cœur au ventre*, avoir *l'estomac noué*, le lâche *n'a pas de tripes*, quand on est amoureux on a *des papillons dans le ventre* ? Il semble que le système nerveux entérique perçoive les émotions avant le système nerveux central, particulièrement les émotions liées à la peur, au stress ou l'affect. Dans les cultures asiatiques, le ventre est un organe essentiel et très présent dans les esprits. Le Bouddha est toujours représenté avec un gros ventre. Dans le *yoga*, les *chakras* du ventre et la respiration du ventre sont des éléments essentiels. Le rite japonais du *Hara-kiri* donne la mort par le ventre. Dans les arts martiaux chinois ou japonais, le ventre est le commencement parce que notre centre de gravité du corps se trouve à la base du ventre. Le fœtus se trouve dans le ventre de la mère.

Les exemples sont nombreux et présents certainement dans toutes les cultures et civilisations.

On nomme le système nerveux entérique le *deuxième cerveau*. Le si mal nommé deuxième cerveau devrions-nous dire. Car comme l'explique Michel Neunlist, Professeur à l'Université de Nantes : « *le SNE s'est d'abord développé sur les organismes primitifs pluricellulaires qui n'étaient composés initialement que d'un tube digestif. C'est au sein de ce tube digestif que s'est développé le système nerveux entérique. Il peut donc être considéré comme le cerveau original* ». C'est d'ailleurs grâce à ce cerveau entérique qu'a pu se développer le système nerveux central qui s'est trouvé déchargé des fonctions motrices d'assimilation et de rejet des aliments. L'origine des neurones du système nerveux central et du système nerveux entérique est pourtant la même. Ils sont donc liés d'une manière ou d'une autre. Dans les premières semaines de formation du fœtus, certains neurones migrent vers le nord, le cerveau, et d'autres vers le sud, le ventre, ceci avant la sixième semaine de gestation puisque c'est à partir de ce moment que l'on remarque les premières manifestations intestinales. Plus d'une vingtaine de neurotransmetteurs ont été identifiés dans le SNE, certains sont communs aux deux systèmes nerveux. Les principaux NT du système entérique sont d'abord la *sérotonine*, puis l'*acétylcholine* et la *noradrénaline* ou *norépinéphrine*, mais encore l'*acide y-aminobutyrique*, ou encore l'*endorphine*. La sérotonine qui joue un rôle essentiel dans les désordres psychiques, le stress, la peur, l'anxiété, les états agressifs, les phobies et la dépression est produite au niveau global de l'organisme à près de quatre-vingt-quinze pour cent par le système nerveux entérique, et non par le système nerveux central vers lequel elle voyage à travers le sang. Les recherches ont démontré qu'une concentration trop faible de sérotonine dans le cerveau serait un des symptômes de certaines formes de dépressions ou de comportements agressifs. L'acétylcholine joue un rôle important dans la mémorisation et l'apprentissage. Il inhibe également la production d'adrénaline et est lié aux états somatiques comprenant la vasodilatation, la contraction des bronches, des pupilles, de l'estomac ou de l'intestin. La noradrénaline ou norépinéphrine est un précurseur de l'adrénaline, il est important dans le renforcement de certains circuits de mémoire impliquant le stress, la vigilance, l'attention sélective et toute émotion liée à la peur, l'anxiété ou au stress de manière générale.

Le système nerveux entérique est connecté au tronc cérébral et au système limbique via le *nerf parasympathique* ou *nerf vague* (NV) dans un courant de communication permanente d'aller-retour. Les informations transmises depuis le système nerveux entérique à travers le NV passeront d'abord par le tronc cérébral (reptilien) puis seront transmises au système limbique (émotionnel) avant d'arriver au néocortex. Au niveau du système limbique, les messages sont traités par l'hypothalamus, tellement important dans la coordination des comportements émotionnels, et l'amygdale, essentielle dans toute création de mémoire liée à un état corporel. Mais le nerf vague n'est pas simplement une autoroute qui va des viscères au cerveau, il a également de nombreuses ramifications au niveau de différents organes comme le cœur, les poumons, la trachée, la thyroïde, et il met donc en relation différentes informations, qu'elles soient motrices ou sensorielles. Tout événement extérieur entraînera une réaction au niveau du ventre, de l'intestin et des viscères qui sera interprétée par le système nerveux entérique sous forme d'une réaction émotionnelle transmise via le nerf vague au système limbique. Par exemple, une situation donnée entraîne une stimulation du NV, ceci déclenche la production d'acétylcholine, ce qui aura une conséquence immédiate sur l'intestin entraînant soit l'accélération du transit ou un ralentissement du rythme cardiaque en fonction de la situation vécue et de son interprétation. Soulignons encore l'hypersensibilité du tube digestif et que près de quatre-vingts pour cent des fibres du nerf vague sont des fibres sensibles, particulièrement à la douleur.

Comme nous pouvons le constater, le système nerveux entérique est un cerveau émotionnel lié directement à travers le nerf vague à l'autre cerveau émotionnel, celui du système nerveux central. Toutes les émotions vont avoir un impact sur l'activité motrice du SNE, pouvant aller de la détente ou relaxation à la douleur viscérale que pourra provoquer la contraction générée par toute situation d'anxiété, de peur ou de stress avant que l'information ne soit transmise et traitée par le SNC à travers le système limbique. Mais le dialogue entre le SNE et le SNC ne se fait pas que dans un sens, c'est un réseau neurologique complexe, qui vit dans une conversation permanente et bidirectionnelle. Si on reconnaît au cerveau une influence sur les activités motrices, sensitives et sensorielles du tube digestif, l'intestin quant à lui, agit indiscutablement sur les fonctions cérébrales. Notre esprit est influencé en permanence par les émissions chimiques de notre corps, non seulement en période d'éveil, mais également pendant les phases de sommeil, tout particulièrement sensibles aux émissions de sérotonine. Le SNE a une influence directe sur notre état d'esprit, il agit de manière inconsciente, c'est-à-dire sans atteindre notre conscience, en adressant des messages au cerveau qui auront un impact sur notre façon de percevoir la vie ou le monde, sur notre capacité à résister à la dépression ou à l'anxiété. C'est de cette manière qu'il agit sur notre inconscient. Alors, l'inconscient serait-il situé dans le ventre ?

Aujourd'hui, la recherche démontre qu'il existe un lien entre le système nerveux entérique et la dépression ou la maladie de Parkinson, que le syndrome du côlon irritable génère des syndromes anxieux et névrotiques, que le stress agit sur la muqueuse intestinale et que les ulcères ont une influence sur les états agressifs. L'intestin serait l'origine plus que probable de certaines maladies neurologiques ou névrotiques. Mais le système nerveux entérique ne se résume pas à ces deux plexus et auprès de deux cents millions de neurones présents. Un autre acteur essentiel est le microbiote, ces centaines de milliards de bactéries qui peuplent notre organisme. Les chercheurs ont découvert, par exemple, que chez les enfants autistes non seulement les connexions neurologiques au niveau du SNC sont différentes, mais que le microbiote est également modifié par rapport aux enfants non autistes. Une expérience menée au Canada par le Professeur Stephen Collins a démontré que le microbiote de souris anxieuses était modifié et qu'à la réception de microbiote sain il s'était équilibré, le comportement anxiogène disparaissant avec le rétablissement d'un microbiote normal. Ceci s'est également avéré sur des souris saines ayant reçu du microbiote de souris dépressives. Leur comportement s'est vu altéré à la réception de ce microbiote dans lequel on a constaté également la présence d'un neuromédiateur de stress inexistant dans le microbiote des souris saines avant réception.

Le cheval est un animal extrêmement émotionnel, particulièrement sensible, sujet au stress et à l'anxiété du fait de sa condition d'animal de proie, l'importance que tiennent le tronc cérébral et le système limbique dans son architecture cérébrale, la taille de son appareil digestif et la taille de son *cæcum* particulièrement important. Il est évident que le système nerveux entérique tient dans sa relation au monde, à ce qui l'entoure et dans son comportement, un premier rôle, un rôle de choix. Que les émotions aient un impact sur l'activité intestinale est particulièrement facile à vérifier chez le cheval. Qui n'a pas constaté l'accélération du transit quasi instantanément lorsqu'il est confronté à une situation de stress même léger ? Il perçoit les émotions à travers le SNE bien avant que celui-ci en informe le système nerveux central. L'expression extrême en est la colique sous toutes ses formes pouvant l'amener jusqu'à la mort. C'est un animal qui est incapable de régurgiter, donc tout doit se passer en direction de l'anus. En cas de blocage, sa vie est en danger. Il a un système intestinal particulièrement sensible à ce qu'il mange, très sélectif sur ce qu'il boit et avec une flore bactérienne intestinale bien plus riche, complexe, diversifiée et active que la nôtre. D'une part parce qu'il occupe une grande partie de la journée à s'alimenter et d'autre part parce que son appareil digestif est pratiquement en fonction en permanence.

Les conditions de détention ont un impact sur son système digestif. La pathologie première du cheval détenu en grande partie en box est l'ulcère gastrique. C'est un mal invisible à l'œil nu et silencieux, mais qui a une incidence directe sur son humeur, son agressivité et son comportement en général, pouvant être générateur de névroses. La qualité et la quantité des pâtures qui lui sont offertes, la présence d'excréments sur des surfaces restreintes, l'humidité des terrains sont un risque pour son équilibre intestinal et nous obligent à surveiller son infestation par tous types de vers saisonniers à longueur d'année, et à le vermifuger régulièrement sans nous poser la question de l'impact qu'ont ces produits chimiques sur son microbiote. D'un côté, ils le nettoient des parasites, mais d'un autre côté, que font-ils ?

De plus, il semble que le système nerveux entérique, comme notre système nerveux central, soit également doté de la capacité de mémoire et se souvienne particulièrement des situations mal… digérées.

- **LA MÉMOIRE**

Le cheval a une mémoire extraordinaire. Il apprend et mémorise plus vite et pour une durée infiniment plus longue que l'homme, pour la simple raison que de son expérience dépend sa survie. Cette mémoire fonctionne également de manière binaire, comme une commode à double rangée de tiroirs qui peuvent également être divisés en deux sous-tiroirs. Une sorte de commode-poupée russe en somme. Ces tiroirs peuvent être libellés de la manière suivante sur un système de dualité :

connu/inconnu
bon souvenir/mauvais souvenir
douloureux/pas douloureux
effrayant/pas effrayant
dangereux/pas dangereux
agréable/désagréable

... et ainsi de suite. Évidemment, le cheval étant dichotomique, cette commode à mémoire va s'appliquer sur ses deux faces, gauche et droite. Nous nous retrouvons alors avec deux commodes distinctes, remplies de souvenirs dissociés. Par exemple, si un cheval bouge lorsqu'il est monté à gauche, il suffit de le monter correctement sur son côté droit pour qu'il ne bouge plus. Ceci tant qu'il n'a pas fait le lien que ce qui se passe d'habitude à gauche est ce qui vient de se passer maintenant à droite. Parce que comme il n'a jamais été monté du côté droit, il n'a pas encore enregistré d'information sur le sujet. Dans le classement de sa mémoire, le tiroir activé et le type d'information qu'il va y enregistrer dépendent de sa perception de l'événement « *être monté du côté droit* ». Celle-ci peut être totalement différente de celle qu'il a « *du côté gauche* » ou identique. Cela ne veut pas dire que s'il n'a pas bougé la première fois qu'on l'a monté à droite, il ne le fera jamais. S'il finit par bouger également de ce côté, c'est certainement l'expression d'un inconfort ou d'une gêne associée au fait « *d'être monté* », quel que soit le côté choisi.

Cette mémoire fonctionne également de manière latente sur un système de stimuli inactifs ou endormis qui seront réactivés ou réveillés dans l'instant présent uniquement au moment où le cheval se retrouvera dans une situation qu'il associera, dans sa logique, à un événement du passé relié à un tiroir de sa mémoire. Par exemple, un cheval docile, affectueux, proche de l'homme, qui vient naturellement vers vous quand il vous voit entrer dans le pré, peut parfaitement fuir au moment où il se rend compte que vous tenez un licol dans la main. Il a simplement associé « *être pris au licol* » à un mauvais souvenir, et dans sa paranoïa égocentrique, bien que vous n'ayez aucune mauvaise intention, le stimulus associé à ce mauvais souvenir sera réactivé instantanément. Le mécanisme de fuite, synonyme de survie, prendra alors le dessus. Il suffit de sortir du pré, de poser le licol et de revenir pour que le comportement du cheval redevienne affectueux et proche. Qu'il ait été attrapé de force de manière réitérée, dans son jeune âge qui plus est, va engendrer une névrose qui demandera beaucoup de patience et de temps à guérir.

La mémoire est de la matière, de la matière vivante, jamais définitivement figée et toujours en mouvement. Toute expérience qu'elle soit bonne ou mauvaise laisse une trace, une trace mnésique indélébile faite de multiples connexions entre les neurones des différentes couches cérébrales. La répétition ou la réitération d'un geste, d'un acte ou d'un comportement ne fera que renforcer cette trace en créant de nouvelles connexions synaptiques qui viendront s'ajouter aux précédentes, en confirmant et en consolidant la perception du message initial.

Le cerveau n'est en aucun cas un organe figé. Au contraire, il est extrêmement dynamique, en relation permanente avec l'environnement, associé à l'instant et à la perception des expériences vécues. Cette perception des expériences et de l'instant peut laisser une trace et devenir matière mnésique. Le cerveau est donc capable durant toute sa vie, plus particulièrement pendant l'enfance et sa phase d'apprentissage, de défaire, créer ou modifier des connexions neurologiques. On appelle ce mécanisme : la *plasticité neuronale*. Cette neuroplasticité est l'une des découvertes majeures des neurosciences et montre à quel point le cerveau est en constante reconfiguration, malléable et non rigide. Ce mécanisme est particulièrement important dans les processus d'apprentissages et de création de matière mnésique, tout particulièrement ceux qui sont associés aux expériences faisant appel à la mémoire émotionnelle, ceci tout au long de la vie. Nous savons maintenant la place que prend le système limbique, le cerveau émotionnel, dans l'architecture cérébrale du cheval. Associé au cerveau reptilien, c'est la quasi-totalité de son encéphale. Tout souvenir relié à une émotion sera vécu de manière plus forte. Ceci est encore plus marquant chez le cheval qui est un animal éminemment émotionnel, qui donne une importance prépondérante aux souvenirs reliés à la sensation de peur activant les couches cérébrales reptiliennes et ses scénarios de survie.

Le corps contient une sorte de petit ordinateur de bord que l'on appelle : *homéostasie*. L'homéostasie contrôle que les niveaux physico-chimiques de l'organisme soient stables, la température, le taux de glycémie, l'équilibre hydrique, électrolytique ou acido-basique. La maintenance et régulation de ces niveaux peut se faire par variation cardiaque ou respiratoire, sudation ou contractions musculaires. Par exemple, la sensation de soif qui nous pousse à boire est un cas de régulation de l'homéostasie qui a détecté un niveau hydrique insuffisant dans le corps. Toute variation anormale sera automatiquement détectée et interprétée par notre petit ordinateur de bord comme un signal d'alerte. Comme nous allons le voir, l'homéostasie est également un acteur essentiel dans la construction de la mémoire. Elle est directement associée à un état somatique, c'est-à-dire relatif à un état corporel. Par exemple, un état de peur ou de stress va entraîner une accélération du rythme cardiaque, respiratoire et une hausse de la pression artérielle qui auront pour conséquence la production d'adrénaline. Cet état d'alerte sera détecté par l'homéostasie qui cherchera une solution pour rétablir les paramètres physiologiques permettant à l'organisme de fonctionner normalement.

- **PERCEPTION DE LA RÉALITÉ**

La matière de mémoire, ou trace mnésique, se construit au travers de la perception consciente et inconsciente que nous avons des choses et des événements, sur un système dual de réalité externe et interne. Tout stimulus interne ou externe provoque automatiquement une réponse qui sera associée à ce stimulus.

Dans un premier temps, la *réalité externe* avec ses stimuli active les sens élémentaires : vision, ouïe, toucher, odorat et goût qui envoient une information à la conscience en recourant aux processus cognitifs ; c'est ce qui nous aide à codifier la réalité factuelle. Ces processus cognitifs font appel à la *réalité interne consciente,* enregistrent et font circuler l'information au travers des connexions neuronales, créant ainsi une trace mnésique associée à la représentation physique de l'objet visuel ou sonore. Les neurones simultanément actifs à cet instant sont ceux qui établiront une association entre eux. Notons encore que la réalité interne se construit sur une interprétation de la réalité externe qui lui est propre, et répond à d'autres règles que celles de la réalité matérielle, physique ou biologique des choses à laquelle s'attache la réalité externe.

Entre en scène maintenant la *réalité interne inconsciente* qui est certainement la plus déterminante dans la création des traces mnésiques et de l'interprétation individuelle de la réalité externe. Elle est associée à un état somatique lié à un état émotionnel, génératrice de fantasmes, c'est-à-dire d'une représentation imaginaire de la réalité associée à une pulsion. Dans le cas du cheval, comme pour nous d'ailleurs, les fantasmes nés de cette réalité interne inconsciente sont les pères de toutes les névroses exprimées par les phobies ou les peurs paniques, entre autres. Voyons maintenant comment cette réalité interne inconsciente se construit.

Chaque individu a une capacité d'apprentissage associative consciente et inconsciente. Cette réalité interne inconsciente se construit précisément sur un système de chaîne associative, qui maillon après maillon, peut venir parasiter la situation pouvant s'écarter de plus en plus, à travers les associations qu'elle génère, de la réalité externe. Ces expériences, ces maillons, ces chaînes associatives sont tout autant de connexions synaptiques et d'inscriptions dans la mémoire qui viennent altérer l'interprétation de la réalité externe, jusqu'à en créer une nouvelle qui peut devenir aux yeux de l'individu sa réalité. Le fantasme généré par l'interprétation de l'instant peut aller jusqu'à rendre la connexion avec la situation réelle inaccessible ou extrêmement difficile à remonter. Soulignons à nouveau que les neurones actifs à cet instant seront ceux qui établiront des connexions entre eux. Par exemple, quelqu'un qui a peur des araignées admettra facilement, dans la majorité des cas, qu'il ne lui est jamais rien arrivé avec une araignée. Alors d'où vient cette peur ? Peut-être qu'étant enfant, sa mère pensant bien faire, lui a répété avec insistance de faire très attention aux araignées, qu'elles sont dangereuses, qu'elles peuvent mordre, voire tuer, projetant ainsi ses propres peurs ou phobies sur l'enfant. À chaque fois qu'il sera en présence d'une araignée, le fantasme et sa pulsion associée déclencheront chez l'enfant la fuite ou l'écrasement violent de l'insecte, renforçant ainsi, année après année, l'information profondément enregistrée transmise par la mère. Une fois adulte, il sera certainement bien incapable d'expliquer pourquoi il a peur ou n'aime pas les araignées, l'origine du phénomène s'étant perdu, parasité par la réalité interne inconsciente devenue année après année, expérience après expérience, trace après trace, sa propre réalité et non plus celle de sa mère.

Cette réalité interne inconsciente est intimement liée au cerveau émotionnel. Bien que l'hippocampe soit essentiel dans le processus de création de mémoire dans cette partie du système nerveux central, les traces inscrites au niveau de l'amygdale, glande reliée aux systèmes neurovégétatif et endocrinien responsables des états somatiques, seraient inconscientes. L'amygdale est à la croisée des chemins entre perception, inscription et déclenchement de réponse somatique. Sa position stratégique entre stimuli externes et états somatiques permet de réactiver les traces de la réalité interne inconsciente et des états somatiques associés. C'est par là que le fantasme pourrait être réactivé, déclenchant la pulsion qui l'accompagne. Cette pulsion exige de se décharger par une action précise dont le but est de se débarrasser de l'état somatique désagréable que le stimulus externe a réactivé, et ainsi retrouver une homéostasie stable. Dans les cas de névroses graves pouvant amener le cheval à l'autodestruction par un état d'angoisse ou de panique incontrôlable, il faut comprendre que le fantasme de la réalité interne inconsciente est devenu prépondérant et l'a éloigné de plus en plus des stimuli de la réalité externe, des traces conscientes et celles issues des processus cognitifs. Sa réalité interne inconsciente est devenue à la longue et par réitération la réalité du sujet, en parasitant sa perception de la réalité externe jusqu'à, dans sa logique, l'en couper totalement.

La réalité interne inconsciente est donc un assemblage de traces mnésiques qui ne sont en aucun cas le reflet de la réalité externe, mais plutôt une interprétation individuelle de cette réalité, vécue au travers du filtre des stimuli associés aux états somatiques pouvant la déformer. Les fantasmes qu'elle peut alors engendrer doivent être considérés comme des troubles de la mémoire. Dans le cas de notre cheval qui n'a pas la possibilité de se projeter dans le futur, manque de néocortex, mais vivant l'instant présent associé au réveil des souvenirs du passé, tout stimulus même lointain associé à un souvenir relié à un état somatique donné, réactivera instantanément le fantasme et la pulsion qui l'accompagnent ; la réponse sera alors exactement la même que celle qu'il a eue la première fois.

C'est justement cette réalité interne inconsciente qui fait de nous des êtres uniques. Chacun de nous perçoit la réalité externe de manière inconsciente et la vit à travers les émotions et les états somatiques qui lui sont propres. Nous générons des milliers de connexions formant un réseau de traces associatives auxquelles nous n'avons pas accès de manière consciente, et cette perception de la réalité devient alors notre réalité. Nous pourrions dire qu'il y a donc autant de réalités qu'il y a d'individus, ceci étant valable également pour les chevaux. C'est pour cela que les techniques ou les méthodes ne peuvent pas fonctionner, parce qu'elles ne tiennent en aucun cas compte de l'individu, de son vécu et de la perception personnelle des événements et des choses. Les techniques ou les méthodes sont réductrices et figent ceux qui les pratiquent. Ils sont alors incapables de s'en extraire puisqu'ils n'ont aucune idée de comment percevoir l'individu et comment adapter leur comportement. Ils interprètent toutes les réactions sur un schéma généraliste unique, souvent aveuglés par l'anthropomorphisme. L'homme n'a, à travers les siècles, utilisé que méthodes et techniques avec toutes les espèces y compris la sienne. Pourtant, nous savons qu'il n'existe aucune méthode standardisée pour éduquer les enfants, ceux qui en ont l'ont certainement compris. Deux frères de mêmes parents, du même milieu, vivant au même endroit et avec la même éducation auront certainement des comportements et caractères totalement différents pouvant même être diamétralement opposés. Ils se sont construits à partir des traces créées par leur propre perception de la réalité externe, filtrées par leurs émotions individuelles dans leur réalité interne inconsciente.

Ceci est également plus que valable avec les chevaux. C'est une vérité monumentale. Reprenons l'exemple du tas de bois cité dans la partie sur le cerveau pour illustrer la dichotomie, il peut nous aider à mieux comprendre tout ceci. En balade, le cheval passe à côté d'un tas de bois sur sa droite sans bouger et sursaute avec le même tas de bois au retour, sur son côté gauche. Tout d'abord, tenons compte de sa dichotomie pour comprendre ses réactions dissociées à droite et à gauche, déterminées par son inscription dans la mémoire de droite et celle de gauche, notre commode du type « poupée russe ». Le tas de bois est la réalité externe, elle fait appel à la vision, l'odorat et peut-être l'ouïe. S'il ne le connaît pas, il se peut qu'il se raidisse un peu à la vue du tas de bois qu'il estime suspect et qu'il l'interprète dans sa logique de proie comme un danger potentiel, son rythme respiratoire et cardiaque peut certainement avoir augmenté ainsi que ses fréquences cérébrales, c'est l'homéostasie qui détecte des variations certainement au niveau de l'adrénaline. Lui laisser le temps de l'observer, le laisser redescendre dans ses fréquences cardiaques et cérébrales l'aidera à la création d'une trace mnésique saine. Un passage neutre et sans surprises devant le tas de bois qui ne bouge pas fait appel aux processus cognitifs, il sera associé à un état somatique calme, une homéostasie stable et il enregistrera le tas de bois comme inoffensif et sans histoire en accord avec sa réalité interne inconsciente. Au retour, du côté gauche, il aura certainement un comportement plus calme qu'à l'aller, l'ayant sans doute observé avec les deux yeux la première fois. Il peut être moins attentif, mais en éveil néanmoins. Il suffit qu'au moment du passage un oiseau s'envole de derrière sans avoir signalé sa présence auparavant pour que l'effet de surprise génère de la peur, que son corps se mette en état d'alerte, que son taux d'adrénaline augmente de manière brutale, que l'homéostasie le détecte, que sa paranoïa naturelle lui annonce un danger potentiel, que la création du fantasme se mette en route et que la pulsion de fuite s'active. Il aura alors une réaction pouvant aller du sursaut au demi-tour de fuite, en fonction de l'individu et de son tempérament également associé à ses expériences passées. Sa réalité interne inconsciente vient de générer une trace associant le stimulus externe (le tas de bois) à un état somatique désagréable (peur ou panique). Le fantasme est créé, et sa pulsion générée (sursaut ou demi-tour). La prochaine fois qu'il passera près de ce tas de bois sur sa gauche (stimulus externe), le fantasme sera réactivé ainsi que le besoin de décharger la pulsion qui l'accompagne (sursaut ou demi-tour). La réaction sera donc la même que celle qu'il a eue la première fois, il sursautera même sans la présence de l'oiseau qui s'envole. Il se peut également qu'il associe, par un enchaînement de traces et la réitération du sursaut devant ce tas de bois, le fantasme et la pulsion à tout autre tas de bois qu'il rencontre sur son côté gauche, l'éloignant de plus en plus à l'événement d'origine jusqu'à le rendre inaccessible.

Toute expérience vécue laisse une trace, une trace déterminante. La plasticité neuronale démontre que tout s'inscrit dans le système nerveux central, et certainement dans le système nerveux entérique. Une trace synaptique peut s'associer à d'autres traces issues d'autres expériences, et devenir une perception de la réalité qui n'a plus rien à voir avec la source de l'inscription de départ. Le souvenir sera d'autant plus puissant si les traces mnésiques sont associées à un état somatique provoqué par un état émotionnel marqué. Toute expérience liée aux émotions laisse des traces et nourrit ce que l'on appelle la mémoire émotionnelle, qui n'est pas une zone précise du cerveau, mais plutôt un réseau complexe d'enregistrements d'informations liées au souvenir inconscient de ces émotions. C'est dans cette mémoire émotionnelle que se concentrent les traces de la réalité interne inconsciente, particulièrement celles liées à la peur, produites par tout échange entre le système nerveux entérique, le système limbique et particulièrement son amygdale, ces deux systèmes étant reliés par le nerf vague. Les traces de la réalité interne inconsciente, impliquées dans tous les troubles du comportement, sont infiniment plus importantes et puissantes que celles de la réalité interne consciente. À travers le fantasme généré et le besoin irrépressible de décharger sa pulsion associée, les traces mnésiques deviennent la nouvelle réalité façonnée à partir des mécanismes de la plasticité neuronale propre à chacun, pouvant s'éloigner du scénario original de la réalité externe jusqu'à ne plus avoir de relation directe avec elle et ses stimuli. Un état somatique donné sera alors associé à une perception de la réalité externe débouchant, à nos yeux, sur une réaction irrationnelle et démesurée sans lien évident avec la situation donnée. Stimulus externe, réveil du fantasme associé à un état somatique particulier, signal de rupture de l'homéostasie, action, décharge de la pulsion, rétablissement de l'homéostasie. Ainsi peut être schématiquement décrite la perception d'une situation donnée parasitée par la réalité interne inconsciente et sa résolution.

Cette interprétation de la réalité externe parasitée par le fantasme de la réalité interne inconsciente crée des névroses, c'est-à-dire des affections mentales du type panique, anxiété, phobie ou obsession, débouchant sur des troubles du comportement. Ces névroses peuvent devenir des psychoses, des altérations du fonctionnement mental devant être comprises comme une maladie mentale caractérisée par une perte de contact avec la réalité.

Dans le cas du cheval, nous sommes responsables de ces névroses ou psychoses en lui imposant certaines conditions de détention, par notre comportement souvent associé à la réitération de certaines demandes mal perçues et incomprises, entre autres faits. Mais surtout, le plus important, c'est l'obstination de l'homme à travers les âges de ne pas le reconnaître en tant qu'individu par l'application systématique de méthodes ou techniques de dressage stériles et coercitives qui n'obtiennent qu'un résultat forcé par abandon, souvent lié à la crainte de la douleur, mais pratiquement jamais par compréhension et acceptation coopérative.

- **L'OCYTOCINE**

L'adrénaline, protagoniste de tout état physiologique lié au stress, à la peur et à la panique, est certainement l'hormone et le neurotransmetteur le plus actif dans la vie intérieure du cheval. En effet, comme tout bon animal de proie à tendance paranoïaque, sa survie dépend essentiellement de sa capacité à anticiper et fuir toute situation anxiogène qu'il juge, consciemment ou inconsciemment, comme potentiellement dangereuse pour lui.

D'un autre côté, s'il est une autre hormone et un neuromédiateur qui joue un rôle tout aussi capital dans la vie émotionnelle et sociale de tous les mammifères, tout particulièrement chez ceux à fort instinct grégaire, c'est bien l'ocytocine. Son rôle est primordial dans la création et le développement des liens sociaux, en groupe ou individuels, dans l'attachement entre les membres du groupe, dans toute stimulation émotionnelle liée au bien-être, au plaisir, au calme, à la sérénité et à l'affection. Si l'adrénaline est déterminante dans le système « *fuir ou se battre* », l'ocytocine, elle, est déterminante dans le système antagoniste « *calme et contact* ». C'est l'étiquette que lui a donnée le Professeur Kerstin Unväs Moberg[1] et qui me semble actuellement le mieux en définir l'idée. Dans un organisme en bonne santé, les deux scénarios doivent être présents de manière équilibrée ; en cas de déséquilibre, nous savons aujourd'hui que le prolongement d'un état de stress sur du long terme est, indiscutablement, générateur de troubles du comportement.

Si l'ocytocine est produite principalement dans la région de l'hypothalamus du Système Nerveux Central (SNC), elle a un lien très fort également avec le Système Nerveux Entérique (SNE). En effet, les neurones contenant la sérotonine, produite à quatre-vingt-quinze pour cent dans le SNE, stimulent la production d'ocytocine, tout comme la dopamine liée au plaisir. On la retrouve également à travers le *nerf vague* et dans des zones du *système limbique*.

Bien que plus présente et agissant plus fortement chez la femelle, elle joue également un rôle majeur chez le mâle dans les relations sociales, les émotions et les cinq sens neurophysiologiques communs aux deux genres que sont la vue, le toucher, l'ouïe, le goût et l'odorat. À l'origine, la production d'ocytocine augmente tout au long de la gestation, et son hyperproduction dans sa phase terminale va provoquer la mise bas du poulain, modifiant la perception olfactive en sensibilisant la mère à l'odeur du petit et vice-versa. L'ocytocine est le déclencheur du comportement maternel, sécrétée lors de l'allaitement, des contacts visuels, du toucher et lors des stimulations auditives. Si

---

[1] Kerstin Uvnäs Moberg, *Ocytocine : l'hormone de l'amour*, Éditions le Souffle d'Or, 2015

elle joue un rôle crucial chez la mère, elle est évidemment capitale dans les premiers instants de vie du petit. L'ocytocine, également hyper sécrétée chez le poulain à la naissance, déclenche ce rapport fusionnel avec sa génitrice et crée ainsi un tout premier lien social fort qui sera petit à petit transféré de la mère vers le groupe, tissant une toile relationnelle qui sera déterminante dans la qualité des contacts sociaux à venir. Toute la période allant de la naissance au sevrage naturel joue un rôle majeur dans la construction de la personnalité du poulain, car elle potentialise la mise en place de connexions neuronales ocytocinergiques. Le retirer de sa mère, dans un sevrage précoce et arbitraire, sera interférer dans la création de ces connexions neurologiques capitales et aura une influence sur sa capacité future à gérer les situations de stress et à nouer des liens sociaux, deux troubles du comportement.

Les vertus de l'ocytocine ne se limitent pas uniquement aux contacts sociaux, elles vont bien au-delà, sécrétée lors de toute émotion liée au plaisir, aux états physiologiques calmes et sereins. Réduisant le stress, elle est particulièrement importante dans des états associés aux fréquences cérébrales basses, améliorant et favorisant la concentration et la création de bonnes traces mnésiques. Elle est alors un facteur important dans toute phase d'apprentissage saine. Une autre de ses particularités est que, contrairement à d'autres hormones qui ont une limite de sécrétion sécuritaire, une sorte de disjoncteur évitant l'overdose dangereuse pour l'organisme, l'ocytocine n'a pas de limites, la production stimule la production, ce qui renforce le souvenir et l'état somatique associé. Tout comme dans les cas de troubles liés à la peur avec leurs fantasmes et pulsions associées, le rappel d'une trace saine provoquera la sécrétion d'ocytocine et la potentialisera à travers la répétition.

- **LA VISION**

Si nous observons une tête de cheval, nous remarquerons tout d'abord son œil. Sa position latérale, sa taille, une des plus grandes du règne animal, et la forme rectangulaire de sa pupille.

Les prédateurs ont les yeux disposés sur la partie frontale du crâne, ils peuvent donc regarder la même chose avec les deux yeux, et cette utilisation stéréoscopique permet une vision tridimensionnelle nécessaire à l'appréciation précise des distances, outil indispensable pour une bonne stratégie de chasse.

La disposition latérale des yeux du cheval ne permet pas cette vision précise en relief, mais augmente la profondeur du champ. Le fait de ne pas pouvoir focaliser avec précision la scène regardée, associée à son hyperréactivité, nécessaire à sa survie, est un des générateurs de cet état paranoïaque dans lequel il semble vivre en permanence : dans le doute, il fuit. De manière statique, c'est-à-dire sans mouvement du bloc oculaire, cette disposition latérale lui offre un angle de vision monoculaire horizontal d'environ 130° et contient deux zones aveugles, une vers l'avant de 40° et une autre vers l'arrière de 60°. On peut estimer un angle vertical statique avoisinant également les 130°, ce qui lui laisse aussi deux angles morts que l'on peut estimer à 60° au-dessus de la tête et 40° au-dessous. En outre, si la forme rectangulaire de sa pupille lui offre une vision panoramique horizontale, elle semble limiter la netteté de sa vision verticale et l'oblige à incliner latéralement la tête pour distinguer et focaliser avec précision le sol sur un angle d'environ 60°. Pour ce qui est de sa réactivité visuelle, elle est estimée à 1/10 ème de seconde dans la vision horizontale et 1/25 ème de seconde dans celle verticale. Ce qui veut dire qu'il réagira beaucoup plus vite à tout mouvement de bas en haut ou vice-versa et à toute masse située dans un périmètre proche, placé plus bas ou plus haut que lui sans avoir eu le temps de l'analyser. Cela s'explique par le fait qu'à proximité, un prédateur peut bondir sur lui depuis le sol ou le surprendre depuis un rocher en hauteur. Mais à une certaine distance, le danger ne demande pas la même réactivité.

On peut donc dire que son œil est binaire, qu'il gère deux types de visions distinctes et que son comportement est directement associé à sa vue horizontale et/ou verticale. Ce qui s'inscrit parfaitement dans sa dichotomie naturelle.

Ces chiffres sont approximatifs. Inutile de préciser que les calculs d'angles sont difficiles à établir avec précision. Outre les complications inhérentes à la participation active du cheval dans le cadre de ce type d'expérience, la morphologie de l'animal et sa qualité visuelle sont également des facteurs à tenir en compte, chaque individu étant différent. Ce qu'il est important de retenir ici, c'est la double vision, verticale et horizontale, entraînant une analyse et une réactivité dissociée, ainsi que les angles morts à l'avant et à l'arrière.

Aujourd'hui apparaissent de nouvelles études affirmant l'existence d'une vision binoculaire de face. Il est difficile de le certifier tant la participation et les réponses de l'animal sont compliquées à obtenir et à interpréter. Si cela se confirme, il me semble que cette vision binoculaire doit se produire bien à l'avant du nez du cheval du fait de la disposition latérale des globes oculaires et leur capacité de mouvement. Elle serait associée de toute manière à une zone morte importante située devant la tête du cheval. Il est difficile qu'un cheval vous fixe de face à une distance proche. En général, il va décaler sa tête très légèrement d'un côté ou de l'autre pour ouvrir l'angle de vision. Il peut regarder face à lui quelque chose qui se situe à une plus grande distance et dans ce cas, il va élever la tête pour affiner l'acuité visuelle. Si vous vous approchez d'un cheval en arrivant à pied d'une longue distance, il soulèvera la tête pour regarder et analyser qui s'approche et avec quelles intentions. Puis il va se décaler d'un côté, légèrement ou complètement, d'abord la tête puis peut-être le corps, pour rechercher une fuite possible en cas de danger et préciser sa vision. Il n'abaissera la tête qu'une fois éliminée toute interprétation de danger potentiel sans vous perdre de vue d'un côté ou de l'autre.

Une autre particularité qu'il est important de souligner est sa capacité de vision nocturne, infiniment supérieure à la nôtre et quasiment proche de la diurne. Qui s'est retrouvé de nuit dans une forêt à cheval aura été étonné de son habilité à éviter les troncs, les branches, de ne pas trébucher et de retrouver son chemin à une allure pratiquement identique à celle adoptée de jour. Cette spécificité a également une incidence sur la sensibilité particulière que le cheval exprime aux couleurs claires et brillantes, elles semblent plus difficilement analysables et gênantes pour lui.

- **LE CŒUR**

Son rythme cardiaque est également lent. Il bat, en situation de calme, sur une fréquence comprise entre 35 et 45 battements/minute et peut monter en plein effort à plus de 200 battements/minute. Le cœur d'un cheval de prairie, fonctionnant normalement, retrouvera son rythme bas naturel en moins de 30 minutes après un effort violent et intensif.

L'apparition du SQUID (*Superconducting Quantum Interference Device*), une machine capable de mesurer à distance les champs électromagnétiques émis par le corps, a permis de démontrer que la force du champ électromagnétique émis par le cœur du cheval était 5000 fois supérieure à celle émise par le cerveau.

Les chercheurs du HearthMath Institute californien qui étudient la relation cœur-cerveau depuis quelques années, ont pu démontrer que non seulement le cœur émet un champ électromagnétique plus fort, mais qu'il pouvait également influencer les ondes cérébrales d'une autre personne. Il semble également que le champ cardiaque pourrait répondre ou résonner, comme un effet de miroir à un autre champ cardiaque. Il apparaît que le cœur perçoit ces champs électromagnétiques et influence d'autres organes quelques secondes avant que le cerveau ne soit impliqué.

Nous savons aujourd'hui que les ondes cérébrales alpha sont associées directement au rythme cardiaque. Une étude publiée par Lisa Walters de l'EquuSatori Center et le Dr Ann Baldwin a également montré que l'indice de cohérence physiologique est directement associé à l'augmentation de la synchronisation entre l'électrocardiogramme (ECG) et le rythme des ondes Alpha indiqué par électroencéphalogramme (EEG).

Ces recherches ont permis de démontrer que l'état de cohérence cardio-cérébral du cheval a un impact direct sur celui de l'humain. Ceci peut expliquer la sensation d'apaisement et de sérénité ressentie par toute personne en présence d'un cheval calme ou d'un troupeau de chevaux occupés à brouter dans un pré, ou au repos en liberté, ou même en boxes dans une écurie saine.

- **L'OUÏE**

Quand nous observons la tête du cheval, nous remarquons également la taille des oreilles, particulièrement grandes et mobiles, comme chez la plupart des animaux de proie herbivores. L'indépendance des mouvements est également l'expression de la dichotomie décrite plus haut. Le cheval est capable d'analyser deux sons dissociés et d'orienter ses oreilles dans des directions différentes simultanément. Comme ses yeux, ses oreilles haut perchées sur son crâne allongé lui permettent de rester à l'affût, à la verticale au-dessus des herbes si nécessaire, tout en broutant à ras le sol. Son ouïe particulièrement sensible est capable de détecter des sons à grande distance, qui pour nous sont insignifiants ou inexistants. Son tempérament paranoïaque s'inscrivant directement dans l'instinct de survie, il réagit instantanément au moindre bruit suspect, et dans le doute ou dans l'impossibilité de se faire une idée claire et précise sur l'origine du son, il fuit.

Il utilise également ses oreilles en complément de sa vision, et particulièrement pour combler ses angles morts. Ceci se vérifie facilement par le toucher. Si le cheval est en confiance, qu'il regarde vers l'avant et que l'on pose une main sur sa fesse gauche par exemple, son oreille gauche se tournera instantanément vers l'arrière, bien avant son œil gauche, surtout s'il a conscience de notre position.

Dans une lecture kinesthésique, ses oreilles peuvent également avoir une fonction démonstrative. Par exemple, plaquées vers l'arrière et souvent accompagnées du museau froncé, elles peuvent exprimer de l'agression, de la mauvaise humeur, de la douleur ou du refus ; dressées vers l'avant accompagnées d'un regard intéressé, exprimer de la curiosité, de l'interpellation. Tout comme le museau faisant office de main, les oreilles peuvent faire office de doigt pointé dans le cas d'une gêne ou d'une douleur dans le cadre d'une manipulation ostéopathique ou d'une palpation vétérinaire, particulièrement si elles sont accompagnées d'un mouvement de tête et du regard dans la même direction.

- **LE TOUCHER**

Nous devons dissocier, toucher et être touché. En cela, il n'est pas très différent de nous, et devant l'inconnu ou le doute d'un possible danger, son instinct de fuite sera activé, mais pourra être refréné par le balancement entre la curiosité et la crainte. Devant une bâche plastique bougée par le vent par exemple, sa tendance première sera la fuite, comme devant son interprétation de tout danger potentiel. Si sa curiosité est stimulée, il s'approchera petit à petit en alternance avec des mouvements de recul qui lui permettent de vérifier les intentions de l'inconnu. Sa crainte vient également du fait que pour toute vérification définitive, il va devoir approcher sa tête du danger pour renifler avec ses naseaux, ou toucher avec sa bouche qui lui tient également lieu de main. Avancer sa tête, c'est s'exposer à une attaque sans possibilité de fuite, et pour cela son instinct de survie est suractivé. Ce qui peut sembler ridicule à nos yeux, ne l'est absolument pas dans sa culture d'animal de proie et doit être connu, accepté et respecté, l'objectif étant avant tout de le comprendre. Sa culture de la fuite n'est que l'expression de son envie de vivre et la crainte de la douleur, ou peut-être de sa conscience instinctive de la mort.

Il en sera de même lors du passage de l'eau, d'un pont, d'un sol meuble ou de toute autre situation inconnue dans laquelle il n'a pas la certitude de l'absence de danger potentiel. Dans ces cas-là, son instinct le pousse soit à ne plus avancer, soit à reculer. Il alternera l'avant et l'arrière dans le but de vérifier petit à petit avec un membre antérieur, l'absence de danger et que le sol ne se dérobe pas. Par nature, il aime la fermeté du terrain, mais apprend et intègre l'information au travers de nouvelles expériences qu'il mémorise à très long terme. Il faut néanmoins garder à l'esprit que ce n'est pas parce qu'il a traversé un ruisseau à un endroit qu'il traversera tous les ruisseaux n'importe où. Il n'aura certainement pas résolu le problème définitivement. Cela veut seulement dire qu'il a résolu le problème de ce ruisseau à cet endroit. Seule la répétition d'expériences diverses avec d'autres points d'eau ou difficultés liées au passage de l'eau pourront résoudre totalement, ou partiellement dans certains cas, la problématique du passage de l'eau. Ceci est valable pour tout type de difficultés et dépend également du vécu de l'individu-cheval en question.

Au niveau corporel, il peut être divisé en trois parties. De la tête à l'épaule, la zone chaude. La partie de l'arrondi ventral, la zone tiède. De la fin de l'arrondi ventral à l'arrière de la croupe, ainsi que la pointe du museau (zone aveugle), la zone froide. Plus la zone est proche du cerveau et donc vascularisée, plus sa stimulation sera facilement interprétée et ses réactions maîtrisées. La sollicitation de la zone tiède doit lui être annoncée et effectuée avec plus de précautions que la zone chaude. La zone froide, plus éloignée du cerveau, est la plus dangereuse et imprévisible. Elle doit absolument être dépourvue de toute surprise et délicatement amenée sous peine de sanction pouvant aller de la fuite au coup. Dans le doute, il tape d'abord, puis analyse et réfléchit ensuite. En cela, il est également comme nous et sa réaction est comparable à celle que nous pouvons avoir lorsque nous nous baignons dans la mer, sans toucher le fond, et que quelque chose nous effleure les pieds sans que nous sachions quoi. Notre réaction sera d'exprimer plus ou moins ostensiblement notre crainte et nous éloigner de l'endroit au plus vite en battant fortement des pieds avant de nous apercevoir que ce n'est qu'un vulgaire et inoffensif sac plastique. Dans ce genre de situation, chez nous comme chez le cheval, c'est le cerveau reptilien qui prend le dessus.

- **CULTURE DE LA FUITE**

La culture de la fuite, associée aux spécificités anatomiques du cheval, est un paramètre essentiel qui doit absolument être compris et intégré si nous voulons améliorer notre compréhension de son comportement, de ses attitudes, et mieux appréhender ses réactions.

La culture de la fuite chez le cheval est plus qu'une défense, un réflexe ou un mode opératoire, c'est un *modus-vivendi*, c'est-à-dire qu'elle est génétiquement ou neurologiquement ancrée dans sa nature. Elle revient en surface en toutes circonstances, sous diverses formes et intensités, et à nos yeux, souvent sans réflexion, sans logique ni analyse. Simplement parce qu'au plus profond de son être son irrépressible envie de vivre, associée à son égocentrisme et sa paranoïa, est prédominante et que sa survie dépend de sa capacité à fuir au plus vite n'importe quoi ou n'importe qui pouvant représenter un danger potentiel à ses yeux. L'analyse, la réflexion et la mise en contexte dans sa logique propre ne viennent qu'ensuite.

Cette culture de la fuite peut revêtir plusieurs visages, plusieurs formes. Elle peut être violente ou quasi imperceptible, et notre incapacité à la reconnaître est dans bien des cas l'origine de la mauvaise interprétation que nous faisons de ses réactions, souvent associées à notre logique et non à la sienne. Un cheval qui détourne la tête quand on lui présente une bride est déjà dans la culture de la fuite ; un cheval qui s'éloigne quand on l'approche au pré est dans la culture de la fuite ; un cheval qui se détourne de nous ou qui se tourne complètement quand nous ouvrons la porte de son box est dans la culture de la fuite ; se planter devant une rivière, un obstacle, une bâche, un van de transport est une forme d'expression de culture de la fuite. Sans parler évidemment de celui qui se cabre et fait demi-tour au triple galop, ou qui embarque son cavalier à la moindre frayeur, ce sont les expressions de la culture de la fuite ; un cheval qui bouge au montoir ; un cheval qui bouge quand on lui tient un pied ; un cheval qui recule devant un vétérinaire ; un cheval qui relève l'encolure ou détourne la tête devant la main qui s'approche. Tous ces exemples entrent dans la culture de la fuite. Certains cas sont plus faciles à reconnaître, d'autres souvent associés à un manque de coopération, ce qui est une erreur. Certains mouvements sont souvent imperceptibles et souvent ignorés alors qu'ils sont déjà l'expression d'une envie de fuir et sont tellement importants dans notre volonté d'une construction relationnelle saine avec le cheval.

- **BESOINS FONDAMENTAUX**

Les besoins fondamentaux du cheval peuvent se résumer à quatre éléments : vivre en groupe, de l'espace, la liberté de mouvement, la nourriture. La plupart des névroses diagnostiquées chez le cheval trouvent leur origine dans la violation d'un ou plusieurs de ces éléments. Les conditions de détention qui lui sont imposées ne respectent pour la plupart, aucun de ces éléments. Elles sont en cela génératrices de troubles comportementaux profonds. Le *tic à l'ours* (balancement statique d'un pied sur l'autre) ou le *tic à l'appui* (tic aérophagique par appui des incisives sur une surface résistante permettant une traction) sont des troubles rencontrés en détention, mais inexistants dans des conditions de vie naturelles.

L'homme, qui pourtant a compris depuis longtemps en ce qui le concerne, les dégâts psychologiques potentiels que peut causer tout système carcéral basé sur l'isolement et la réduction d'espace forcés, continue de le reproduire et de l'adapter dans les conditions de détention des chevaux. Particulièrement dans les centres d'équitation orientés sur les performances, comme la course, le saut ou le dressage. Le premier argument avancé quand on aborde l'isolement de longue durée, qu'il soit en box ou dans un petit parc extérieur individuel, est le risque de blessure causé par un congénère. Le risque de blessure externe évidemment, car les dégâts psychologiques étant invisibles à l'œil sont ignorés ou inconnus pour ces gens-là. La crainte du coup de pied d'un cheval ferré à un autre équidé est souvent l'alibi utilisé pour isoler les chevaux les uns des autres. Pourtant, la blessure la plus importante qu'il m'ait été donné de voir a été faite par un pied non ferré. La corne cassée peut devenir une vraie lame de rasoir. Un coup de pied manqué a sectionné avec une pointe de corne le muscle d'une cuisse, causant une importante blessure ouverte nécessitant une opération. Un coup de pied, ferré ou non, reste un coup de pied ; s'il est donné sur une articulation en appui, le dégât pourra être de même gravité. Gardons à l'esprit qu'ils ont une constitution faite pour recevoir des coups et des morsures inhérentes à leur organisation sociale.

Accepterions-nous d'isoler nos enfants à l'école, de peur qu'ils se blessent en jouant ou en se battant dans la cour de récréation ?

Le second argument cité est qu'un cheval qui passe sa journée dehors à brouter devient fainéant et ne gagne pas une course ou un concours. Le résultat est que ce cheval va passer le plus clair de son temps dans un espace confiné et avec un peu de chance, une ou deux heures dans un marcheur automatique, à tourner en rond, lobotomisé, ou dans un vague espace en dur à regarder au loin un congénère inaccessible, à faire des allers-retours sans but. Les seules possibilités de sortie étant réduites à l'entraînement. Pourtant, plusieurs expériences faites en Angleterre ont prouvé qu'un cheval de course qui vit dehors vit plus heureux et que ses performances n'en sont pas réduites. Il suffit de gérer la quantité d'herbage à disposition et de l'entraîner correctement, comme tout sportif d'élite qui se respecte. À toute personne qui se retrouve en difficulté avec son cheval dans ce genre de structure, je pose la question suivante :

Comment appelle-t-on un individu qui passe vingt-deux heures sur vingt-quatre dans une pièce de trois mètres sur trois mètres, et qui sort deux heures par jour faire des tours dans la cour du bâtiment ?

La première pathologie de l'enfermement et l'isolement est l'ulcère gastrique. Il ne se voit pas, mais est douloureux et a un impact direct sur l'humeur et le comportement. Généralement, mon premier conseil est de changer les conditions de détention, de trouver un endroit dans lequel le cheval passe le plus clair de son temps dehors et en groupe. L'ulcère disparaît de lui-même en un mois, et certainement plus rapidement encore avec l'aide du calcium contenu dans une ration quotidienne de cet or vert méconnu ou ignoré qu'est la luzerne.

Le box n'est pas un problème s'il est expliqué au cheval correctement et associé à une sortie quotidienne en groupe dans un bel espace, libre de ses mouvements. Il permet de contrôler et de personnaliser la quantité de nourriture selon les individus et leur métabolisme, ainsi que de leur offrir un espace sécurisé, privatif, particulièrement utile pour les chevaux en bas de l'échelle hiérarchique, leur permettant de manger au calme, libérés du stress de la pression exercée par les congénères plus élevés dans l'échelle sociale. Toujours en contact visuel avec les autres membres du groupe, souvent tête contre tête avec les voisins, il suffit de lui faire comprendre que le box se ferme, mais s'ouvre également. Quand il est bien intégré, il n'est pas rare de voir des chevaux entrer volontiers seuls dans leur espace, voire même d'attendre devant un portail le moment du retour. Cela veut simplement dire qu'il l'a associé à quelque chose de positif.

Le groupe est l'expression de l'instinct grégaire. C'est un besoin vital pour le cheval. L'isoler de ses congénères est vécu comme une véritable torture psychologique. Penser que seul dans un pré, mais visuellement en contact avec d'autres suffit à son bonheur est une grave erreur, c'est juste un moindre mal. Il a non seulement besoin de contacts visuels, mais également physiques, et qu'importent les petites blessures du quotidien, elles font partie de sa culture et de l'établissement d'une hiérarchie en perpétuel mouvement. La société du cheval peut être parfois dure, agressive et impitoyable, mais très rares sont les accidents graves. Ils sont souvent dus au manque d'espace, à l'impossibilité de s'éloigner suffisamment en cas de conflit.

La tendance de nos jours est de penser que la stabulation est le bon compromis. Pourtant, je ne pense pas que ce soit la solution idéale dans la plupart des cas. Il y a souvent trop d'individus dans des espaces trop petits. L'accès à la nourriture en libre-service en un point donné est source de conflits et de prétexte à l'affirmation de la hiérarchie. Les plus bas de rang en subissent les frais inévitablement en se faisant chasser. C'est également ce qui se passe dans la nature, à la différence qu'en liberté, l'espace est suffisamment grand pour que tous y trouvent leur compte. Dans ces stabulations, la zone couverte est limitée et la partie extérieure ne revêt aucun intérêt autre que celui d'être à l'air libre, aucun moyen de s'occuper l'esprit à autre chose, les mouvements étant également réduits.

La problématique de la nourriture est également un souci de nos jours, particulièrement dans le monde du loisir. Dans le centre et le nord de l'Europe par exemple, les chevaux sont souvent trop gros, obèses même. Pourtant c'est un animal qui ne supporte pas le surpoids, il se repose sur une phalange d'un seul doigt entouré par la corne du sabot. Le rythme des saisons n'est absolument plus respecté, et l'idée que les chevaux doivent avoir un accès permanent à la nourriture est absolument mal comprise et mal interprétée en détention. D'une façon graphique, dans la nature, l'organisme du cheval stocke des graisses durant la belle saison, du printemps à l'automne. De la fin de l'automne au début du printemps et particulièrement en hiver, la pousse des pâturages cesse, sans parler de la neige et du froid, la nourriture manque. Le cheval brûle alors ses réserves de graisses complétées des maigres herbettes qu'il peut encore trouver, des arbres et des écorces diverses. Au début du printemps, quand la nature se réveille à nouveau, le cheval est souvent maigre sous son poil d'hiver, côtes et os du bassin souvent apparents, prêt à stocker les nouvelles graisses que les pâturages lui offrent à nouveau. C'est le cycle naturel de la vie sur cette Terre. En détention, les chevaux ont accès à la même quantité de nourriture toute l'année. Particulièrement dans les pensions avec un accès à l'herbe des prés durant la journée et au foin le soir, en box ou stabulation, du foin uniquement, mais en grande quantité en hiver. Ce qui fait que le cycle naturel n'est plus respecté. Il ne peut plus brûler ses graisses, et quand arrive le printemps, il est dans le même état qu'au début de l'hiver, mais son organisme n'est plus préparé à l'abondance. Résultat : il est en surpoids. Le cheval est un athlète, un sprinter, un coureur de fond ou un sauteur. Personnellement, je n'ai jamais vu un marathonien, un sauteur en hauteur ou un champion de sprint gros. Ce n'est pas leur rendre service que de les gaver de nourriture. Celle-ci devrait être étudiée, adaptée et distribuée en quantité réfléchie selon les cas, les saisons et les conditions de détention offertes. L'adaptation d'origine agricole du mode d'affouragement des bovins aux chevaux est la plus grande erreur que l'on puisse commettre, pourtant elle est de plus en plus répandue. Elle consiste à mettre dans un râtelier une balle ronde de foin de trois-cents kilos en libre accès, le jour, la nuit, voire pire encore, le jour et la nuit. À ce moment-là, à part la vie en groupe, toutes les erreurs possibles sont commises. On crée un point de conflit avec un accès statique unique à la nourriture, dans un espace confiné générateur de conflits et de blessures, avec un accès inférieur au nombre d'individus, tout en réduisant le mouvement. Les chevaux passent alors le plus clair de leur temps la tête dans le foin et ne bougent plus : l'obésité est inévitable. Dans certains endroits, on peut ajouter à cela les pieds dans les crottins, l'urine et la boue. Quel beau tableau !

L'erreur est d'extrapoler aux chevaux ce qui est mis en place pour les bovins dans le monde agricole. Les deux espèces sont antinomiques, sans parler des différences anatomiques et physiologiques. Le bovin est utilisé pour la production de lait et de viande, le cheval pour la performance et le loisir.

Dans le monde amateur, la crainte du cheval trop maigre, du regard des autres, du jugement, de la critique, mais surtout un manque de connaissances des besoins fondamentaux du cheval est l'origine de bien des méprises. La problématique de la nourriture est, dans bien des cas, issue de la volonté d'exprimer de l'affection au cheval. Il existe pourtant bien des façons de lui exprimer de l'amour autrement que par un geste qu'il ne peut pas interpréter comme tel dans sa culture. On lui donne du pain quand son système digestif n'est pas conçu pour ingurgiter des céréales cuites, on lui donne de supposés bonbons ou friandises bourrées de sucre, pour un tas de raisons qu'il ne peut associer correctement dans l'incapacité qu'ont certaines personnes de lui exprimer toute l'affection qu'elles ont pour lui, oubliant ou ignorant qu'une caresse, l'enlacer ou l'embrasser nous fait exprimer bien plus qu'un produit alimentaire industriel et surtout, qu'il le comprend et le perçoit bien mieux et plus intensément. On en a fait un omnivore, oubliant qu'il est simplement un herbivore. Outre des céréales de toutes sortes, beaucoup lui donnent des pommes, des carottes, du pain, des bananes, des supposés bonbons, du sucre et systématiquement à la main, geste qui n'a absolument rien d'éthologique. De ma vie, je n'ai jamais vu une jument nourrir un poulain avec son sabot ou un autre cheval offrir de la nourriture à un congénère avec son sabot ; le jour où j'assisterai à la scène, je reproduirai le geste.

Je me souviens souvent de cette jeune fille qui me demandait :

— *Je peux donner un bonbon à votre cheval ?*
— *Non.*
— *Pourquoi ?*
— *Il y a quoi là-dedans ?*
— *Je ne sais pas, des choses bonnes pour les chevaux ?*
— *Ah bon ? Qui a dit ça ?*
— *C'est écrit sur l'emballage.*
— *Mange-le, toi.*
— *Non, c'est pour les chevaux.*
— *Tu ne le manges pas ? Alors lui non plus.*
— *Et une pomme ?*

— Non plus. Pourquoi tiens-tu absolument à lui donner quelque chose à manger ?
— Parce que je l'aime bien.
— Alors, dis-le-lui autrement, caresse-le et embrasse-le, il le comprendra bien mieux qu'avec tous les bonbons du monde.

TROISIÈME PARTIE
– INTERACTION

Nous savons maintenant que l'être humain et le cheval appartiennent à deux mondes différents et opposés. Non seulement au niveau anatomique, mais également psychofonctionnel pour des raisons évidentes qui méritent d'être soulignées à nouveau avec plus de précisions.

Tout d'abord, la construction cérébrale : chez nous, le néocortex occupe près de quatre-vingts pour cent de notre cerveau tandis que cette partie est extrêmement réduite chez le cheval. Chez lui, c'est la partie primitive et le système limbique qui occupent la quasi-totalité de son encéphale. Chez nous, la partie primitive n'occupe que deux pour cent. Cette présence réduite de néocortex est ce qui fait que le cheval est incapable de s'adapter à notre monde et notre mode de fonctionnement. Il n'a ni langage articulé, ni capacité de technique, ni méthode, ni aptitude aux mathématiques ni à l'appréciation des arts, ni à la recherche de solutions ou la fabrication d'outils, ni notion du temps ou spatio-temporelle, ni capacité de projection du « *moi* » dans l'espace et le temps. Tout ceci entre dans le cadre du néocortex et des besoins spécifiques de notre espèce au cours de son évolution, besoins différents de ceux du cheval.

L'erreur récurrente de l'homme est qu'il ne juge les capacités cérébrales ou l'intelligence d'autres espèces qu'à travers son propre cerveau et ses propres aptitudes. Il commet également l'erreur avec ses propres congénères, comme en témoignent les célèbres tests de QI (Quotient Intellectuel), réduisant son appréciation à une intelligence spécifique, spécialisée et directionnelle. Ou encore, prenons le cas de l'autisme que l'homme a essayé de corriger ou de soigner par électrochocs entre autres méthodes violentes tout au long de l'histoire, et de celle de la psychiatrie en particulier. Il n'a pas hésité à qualifier les autistes d'idiots, demeurés ou simples d'esprit. Avec l'arrivée de l'IRM (Imagerie par Résonance Magnétique) et l'avènement des neurosciences depuis un peu plus d'une quarantaine d'années, nous avons découvert que dans les cas d'autisme, les connexions neurologiques se font différemment ou de manière erronée, au niveau fœtal, c'est-à-dire dans le ventre de la mère. Ce qui veut dire que les autistes naissent avec une perception des choses et de la réalité différente de la nôtre, nous qui ne sommes pas autistes. Pourquoi l'humain n'est-il pas capable de reconnaître une autre forme d'intelligence que la sienne et plus particulièrement à une partie de cette intelligence à laquelle il accorde plus d'importance ou de valeur, se focalisant principalement sur un hémisphère, sa rationalité et sa logique ? L'homme ne compare l'intelligence qu'à ce qu'il a placé au sommet de la pyramide, c'est-à-dire le néocortex. Quelqu'un m'a dit un jour, en parlant d'intelligence :

— *Ce ne sont quand même pas les termites qui ont construit la Cathédrale Notre-Dame de Paris !*

C'est vrai, pourtant si cette personne, citadine et architecte de son état, était lâchée au beau milieu de la forêt amazonienne, livrée à elle-même, combien de temps survivrait-elle ? Assurément pas longtemps. Le termite, par contre, s'en sortirait certainement beaucoup mieux. Alors de quelle intelligence parle-t-on ?

Comme dans le cas des autistes, par son architecture cérébrale particulière et opposée à la nôtre, le cheval a des connexions neurologiques différentes des nôtres. Il a donc une perception de la réalité et des choses différente de la nôtre. Est-il idiot pour cela ? Non, il a un autre type d'intelligence, et sur bien des domaines, il exprime une intelligence bien supérieure à la nôtre puisqu'elle lui est spécifique. À chacun sa spécificité. Pourquoi avons-nous tant de peine à reconnaître et accorder de la valeur à toute autre forme d'intelligence quand elle n'est pas empreinte d'anthropomorphisme ?

La différence quantitative au niveau du néocortex est également la raison pour laquelle les mots « *technique* » et « *méthode* » sont absolument absents du vocabulaire du cheval. Ce sont des termes de prédateurs. Le chat, le loup, la lionne ont besoin de techniques ou de méthodes pour chasser et survivre, l'herbivore non. Le monde de l'homme est rempli de techniques et de méthodes, et comme cela fait partie intégrante de sa culture depuis des centaines de milliers d'années d'évolution, il ne regarde et ne juge le monde qui l'entoure qu'à travers le prisme de ses propres aptitudes et capacités, sans chercher à en percevoir les différences. Reprenons la littérature équestre un instant : cela fait près de trois mille ans que l'homme cherche la technique et la méthode pour dompter les chevaux. Il ne comprend toujours pas pourquoi ils lui résistent, pourquoi ils ne collaborent que sous la contrainte et la crainte de la douleur. Encore aujourd'hui, les rayons des bibliothèques sont remplis de « *la méthode selon un tel ou un autre* » ou la « *technique selon celui-là ou celui-ci* ». Il y en a tellement qu'il est normal que l'on s'y perde. Il est temps de comprendre que ce sont deux termes absents de la culture du cheval et qu'il est incapable de comprendre « *techniques* » et « *méthodes* » tous genres confondus. Ceux qui vendent de la technique ou de la méthode pour éduquer, travailler, débourrer ou quoi que ce soit en lien à l'interaction avec les chevaux mentent et se mentent à eux-mêmes, soit par ignorance, soit par omission, mais c'est factuel. Ils trompent leur monde et se trompent eux-mêmes. Bien que pour se faire gruger il faut être deux : celui qui gruge et celui qui se laisse gruger, les deux ont leur part de responsabilité.

Le cheval est incapable de comprendre notre monde et surtout de s'y adapter pleinement ou de s'y épanouir tant il en est éloigné. L'homme divise, isole, cloisonne, restreint l'espace et le mouvement. Tout ceci est aux antipodes de la culture et des besoins élémentaires du cheval. Il n'a pas la notion du temps, la notion de futur, la capacité de se projeter dans le futur, cette représentation du « *moi* » conscient de l'ensemble de ce qui l'entoure, et encore moins associée à celle de la projection spatio-temporelle, qu'elle soit dans le passé ou dans le futur. Ceci est une des capacités propres au néocortex. Il ne peut dès lors comprendre le principe pavlovien du réflexe conditionnel, il ne peut associer une récompense à venir avec une demande spécifique du présent ou une carotte proposée en lien avec une action du passé. Dans sa logique, l'association d'idées se construit sur d'autres principes élémentaires liés à sa survie et son bien-être. L'homme utilise pour domestiquer ou dresser différentes espèces les mêmes « *méthodes* » et « *techniques* » depuis des lustres, toutes basées sur la nourriture rebaptisée arbitrairement « *récompense* », s'éloignant ainsi de la fonction réelle et première de la nourriture dans le monde animal, de celle liée à sa survie ou plus simplement au fait de vivre. Mêmes « *méthodes* » et mêmes « *techniques* » pour tous, que ce soient les dauphins, les lions, les chevaux ou les rapaces ! Ceci, sans se poser la question de la réelle intégration de l'information, de l'association correcte des demandes et des réponses qui en découlent, et ce, bien qu'il soit régulièrement confronté à des accidents plus ou moins graves, même mortels, sans remettre en question le bien-fondé desdites « *méthodes* » et « *techniques* ». Sa vision anthropocentrique du monde lui fait penser à tort que ce qui fonctionne pour lui fonctionne également pour toutes les autres espèces. Mais l'homme accepterait-il vraiment sans résistance ces méthodes ou techniques si elles étaient utilisées contre lui ? J'en doute fortement. Toutes les méthodologies d'origine pavloviennes, celles basées sur le réflexe conditionné, ne créent que des troubles du comportement ou des névroses plus ou moins fortes en fonction de l'individu et de l'intensité d'application. En aucun cas elles n'associent correctement une réponse volontaire à une demande spécifique clairement formulée et surtout comprise par le cheval. Elles ne génèrent que des doutes provoqués par la crainte de la douleur ou l'absorption d'une supposée et mal nommée « récompense » ingérée sans faim et mécaniquement. Que penseraient ces mêmes personnes si l'on éduquait leurs enfants en leur donnant un carré de chocolat à chaque réponse positive donnée à l'école ? Sans parler du coup de bâton si répandu dans les établissements scolaires du passé.

Nous avons, grâce à notre cerveau, à ce néocortex performant, la capacité d'étudier et de comprendre celui du cheval, son mode de fonctionnement et d'aller dans sa direction, de nous adapter. Cela demande un effort important de remise en question, d'abandon du « moi » anthropocentrique, de l'ego, que peu semblent avoir envie de fournir. Se réfugier et se cacher délibérément derrière de la méthode ou de la technique est un aveu d'impuissance, d'ignorance et certainement pas l'expression d'une intelligence prétendument supérieure.

LA RÉSONANCE DE SCHUMANN

Au niveau cérébral, il n'y a pas que sur le plan structurel que nous divergeons. Nous avons vu que le cheval vit naturellement dans des fréquences cérébrales comprises entre 5 et 12 Hz. Les nôtres sont plutôt situées dans des fréquences bien supérieures à 12 Hz, plus proches des 35 Hz, voire plus haut encore, près des 80 Hz.

Au début des années 1950, à l'Université de Munich, le Professeur Winifried Otto Schumann donne un cours de physique sur l'électricité. Il essaie de faire comprendre à sa classe qu'une sphère contenant une autre sphère crée une variation de tension électrique, donc une fréquence. Essayant de simplifier son discours et surtout de l'illustrer avec un exemple facile à comprendre, il demande à sa classe d'imaginer la terre comme la sphère contenue dans une autre sphère, l'ionosphère. Il demande alors à ses élèves de calculer la différence de tension contenue dans cet espace existant entre la terre et l'ionosphère.

N'en ayant aucune idée lui-même, il se met à faire ses propres calculs dans son laboratoire. Il découvre alors avec stupéfaction que notre planète émet une pulsation, une fréquence mesurable qui entoure la vie sur terre. Les résultats de ses recherches seront publiés dans plusieurs articles en août 1952, dans la revue scientifique allemande *Zeitschrift für Naturforschung*.

Il observe que la zone entre la terre et l'ionosphère est excitée par les décharges électriques émises lors des orages par les éclairs qui s'abattent sur le globe terrestre, et que la fréquence de la terre, de notre planète, celle de la vie est déterminée dans sa mesure à 7,83 Hz. C'est cette fréquence de 7,83 Hz que nous connaissons aujourd'hui sous le nom de « *Fréquence de Schumann* » ou « *Résonance de Schumann* ».

Vous l'avez peut-être déjà remarqué, cette fréquence de Schumann, de 7,83 Hz, fait partie des ondes Alpha. Elle fait surtout partie du groupe de celles du rythme cérébral naturel du cheval et non du nôtre. Les ondes Alpha sont pour nous, celles de la relaxation ou de la méditation. Les ondes hertziennes sont les ondes utilisées pour les transmissions radio ; s'il y a un émetteur (la terre), il y a obligatoirement un récepteur (nous, ou le cheval, entre autres). Se promener dans un lieu éloigné le plus possible de la pollution électromagnétique dans laquelle nous a plongé notre société ultra-industrialisée et informatisée, submergée par les ondes des antennes des émetteurs de télécommunications, des téléphones portables et autres sans-fils, permet de ressentir la force de cette fréquence de Schumann. La sensation d'apaisement que procure une balade en forêt est due à l'attraction qu'exerce l'environnement et à la synchronisation de nos fréquences cérébrales et corporelles à celles de la nature. La nature fait baisser nos fréquences, nous amène dans un état de relaxation pouvant aller jusqu'à un état méditatif ; ceci génère la production, entre autres, d'endorphines et de sérotonine responsables, pour différentes raisons, de cette sensation de bien-être.

Le cheval est donc un animal ancré dans la terre, tellurique pourrions-nous dire, vivant la plus grande partie de son temps en symbiose, en harmonie, avec la fréquence terrestre. Nous, non. Encore moins dans nos villes et dans cette société envahie par le stress et l'accélération technologique. Des études récentes montrent que dans les zones urbaines et périphériques surpeuplées, l'impact de cette pollution électromagnétique est frappant. La fréquence de Schumann est altérée et bien supérieure à la marque initiale de 7,83 Hz. Elle s'approcherait davantage des 12 à 14 Hz.

COMMUNICATION INTERACTIVE

Le moment arrive où l'on se pose la question de savoir ce que l'on peut bien faire de tout ceci, comment le mettre en pratique, le but recherché étant de se retrouver en présence du cheval, de savoir comment agir, comprendre, réagir, se comporter, s'adapter à l'interlocuteur et à la problématique, comment la résoudre, comment procéder, comment «*faire*» juste. Car, outre comprendre toute la partie théorique, qu'elle soit scientifique (anatomique, neurobiologique), éthologique (socio-comportementale, spécifique), la réelle difficulté réside dans l'intégration de la connaissance pour en faire une seconde nature, qu'elle circule de manière fluide et quasi inconsciente en nous afin de la maîtriser et de l'utiliser correctement, instantanément, selon la situation donnée et l'individu. Entre comprendre et se comporter, il y a un monde à franchir qui passe obligatoirement par la pratique et l'abandon. L'abandon de soi, des acquis erronés, devenus également des réflexes comportementaux intégrés, pratiqués à outrance, sans réelle réflexion et surtout qui enferment les personnes dans une approche psychorigide. La grande difficulté sera de se défaire et de se reconstruire. Cette déconstruction est un long processus qui va demander beaucoup de sacrifices, d'acceptation des erreurs, d'envie de changer et de ténacité. Il n'existe aucune potion miraculeuse ni de vaccin, et surtout ni technique ni méthode. Il n'y a qu'une profonde envie de comprendre, de changer et de s'améliorer.

Dans un état naturel, en groupe, au milieu d'un pâturage, sans danger potentiel à l'horizon, le cheval vit dans les fréquences cérébrales basses, associées à un rythme cardiaque bas, une respiration lente et profonde. Par son architecture cérébrale particulière, il n'a pas la notion du « *moi* » ni du futur, n'a donc pas la capacité de projection spatio-temporelle, vit dans l'instant présent tout en ayant une attention ouverte sur tout ce qui l'entoure, sans réellement fixer cette attention sur quelque chose de précis. Nous pouvons alors affirmer que le cheval est un contemplatif, un méditant. Chez lui, c'est un état naturel, inné, qui fait partie intégrante de sa palette comportementale. C'est même son état premier et celui dans lequel il se replonge le plus volontiers dès qu'il en a l'occasion. Il semble que sa devise soit « *ici et maintenant* ».

Alors, comment utiliser ces données, cette connaissance, comment se « *synchroniser* » ou mieux, se « *syntoniser* » avec lui ?

Le premier conseil que je donne à toute personne désireuse de travailler avec des chevaux ou d'améliorer sa relation avec eux est de s'initier à la méditation. Pas n'importe laquelle. Celle qui se rapproche le plus à cet état naturel du cheval, c'est-à-dire la « *pleine conscience* », appelée en anglais « mindfulness », dont la devise est également « *ici et maintenant* ». La pleine conscience permet de travailler sur le fait de vivre pleinement l'instant présent, sans se focaliser sur le passé ou sur le futur. Ceci passe principalement par le perfectionnement de la qualité de notre respiration, de la conscience et de l'attention. Il existe aujourd'hui une importante littérature permettant à chacun de s'informer sur le sujet. Quelques livres qui m'ont semblé correspondre aux besoins liés au thème qui nous occupe ici apparaissent dans la bibliographie du présent ouvrage. Certains abordent la thématique de manière plus générale, d'autres plus scientifique ou encore sous un aspect plus psychologique. Chacun pourra y trouver son compte en fonction de ses connaissances, de ses besoins et surtout de son envie d'apprendre ou d'approfondir le sujet.

LA PLEINE CONSCIENCE

Au-delà et avant la pratique de l'état méditatif, le premier concept à maîtriser est celui de la respiration. Toute activité comprenant la relaxation comme le yoga, le reiki, la sophrologie ou le taï-chi entre autres, commence par un exercice de respiration. Celle-ci doit être profonde sans tomber dans l'hyperventilation, allant du nez à l'estomac en percevant le passage de l'air dans tous les organes lors de l'inspiration ainsi que lors de l'expiration. C'est un élément essentiel de mise en route, et à répéter en cas de besoin de désamorcer les tensions ou le stress, particulièrement en présence du cheval. D'ailleurs, si vous l'observez attentivement, et vous l'avez peut-être déjà remarqué, quand il passe d'un état de tension à celui de détente, il expire profondément, accompagné d'une détente de l'encolure et d'un relâchement général. Une respiration calme et profonde favorise la mise en place d'un indice de cohérence des fréquences cardiaques et cérébrales basses.

Ensuite, nous devons travailler sur la conscience, ressentir et percevoir. C'est-à-dire, savoir que l'on ressent et que l'on perçoit. Ceci passe obligatoirement par la qualité et la flexibilité de notre attention. Conscience et attention sont deux données différentes, mais complémentaires. L'attention est l'ingrédient principal et obligatoire de la conscience, sans attention, pas de conscience. Alors que la conscience intègre dans son espace des phénomènes perçus ou ressentis, l'attention, elle, n'accorde pas plus d'importance à l'un ou l'autre de ces phénomènes. Il y a deux formes d'attention, une ouverte ou élargie et une autre focalisée ou étroite. En situation avec le cheval, nous devrons pouvoir passer de l'une à l'autre de manière fluide. Dans l'attention ouverte, nous allons ouvrir notre perception à tous les éléments qui occupent l'espace, tout être, chose, objet, mouvement, bruit proche ou lointain, action ou geste, tout en nous libérant des pensées qui y sont liées. Surtout ne pas les analyser, mais juste savoir que les choses sont là et s'immerger complètement dans l'instant présent. Le cheval perçoit tout un ensemble d'informations sans fixer, dans un premier temps, son attention sur aucune de manière précise. Il est alors lui-même immergé dans une attention ouverte, élargie. Mais tous ces éléments sont de même importance et ont une incidence sur son comportement. Nous devons être capables de nous mettre dans le même état que lui, de percevoir, dans la mesure du possible, les mêmes choses que lui et ainsi espérer penser comme lui afin d'anticiper ses réactions et mieux pouvoir intervenir le moment voulu, si nécessaire. Pour cela, évacuer les pensées anthropomorphiques, éviter les projections personnelles et les ressentis erronés. Abandonner l'ego et devenir le plus empathique possible. Tout ceci s'entraîne et s'apprend, se pratique et s'améliore avec le temps. C'est ce que nous enseigne la pratique de la *« pleine conscience »,* et il y a en cela certaines similitudes avec les paradigmes de la physique quantique.

Il y a plusieurs différences importantes entre la physique classique d'origine newtonienne et la physique quantique. En physique classique, il existe deux sortes d'entités bien définies et traitées de façons différentes : les corpuscules (ou particules) et les ondes. Les corpuscules peuvent être localisés dans l'espace, ils décrivent une trajectoire précise, ce qui permet de déterminer à tout moment leur vitesse et leur position. Au contraire, les ondes ne peuvent pas être précisément localisées, elles occupent une certaine étendue de l'espace sans avoir une trajectoire déterminée. Les ondes ne transportent rien, mais transmettent de l'énergie et de l'information. Le perfectionnement des instruments de mesure a permis de découvrir dans les toutes premières années du vingtième siècle qu'il existe un monde au-delà de l'atome, une physique subatomique, qui va obliger à rapprocher ces deux entités sous le nom d'« *objets quantiques* », ces mêmes objets pouvant se comporter certaines fois comme des corpuscules et d'autres fois comme des ondes. Dans ce monde subatomique, l'observateur n'observe plus dans un rôle passif un phénomène ou le monde derrière une vitre, comme dans la physique classique, mais il est un élément actif intégrant le phénomène observé. Dans la physique quantique, il a été démontré que l'observateur a une influence sur le comportement de la matière ou du phénomène observé. Il interfère sur la matière qui peut se comporter soit comme des corpuscules, soit comme des ondes selon le type d'observation. Tous les éléments sont alors interconnectés et jouent un rôle important. Nous sommes constitués de particules de matière, d'énergie, nous émettons des ondes, un champ électromagnétique mesurable, variable selon notre homéostasie. Cette dernière est directement liée à nos perceptions conscientes et inconscientes des stimuli du monde extérieur. Ces perceptions vont être interprétées d'abord par notre cerveau entérique, traduites en informations à travers la production de neurotransmetteurs circulant vers le système limbique via le nerf vague, puis traitées par une multitude de zones interactives de notre encéphale, pour n'en garder qu'une perception individuelle de la réalité consciente et inconsciente, ce qui va générer comme réponse une variation de l'état physiologique traduit en ondes et champs électromagnétiques perceptibles. La boucle est bouclée et cela continue, indépendamment de notre volonté, sinon à la fin de la journée nous serions épuisés. C'est de la gestion de ces phénomènes que se chargent les zones autonomes de notre cerveau, particulièrement le cerveau primitif et le système limbique. Alors, « qui de l'œuf ou de la poule ? » n'est pas vraiment la question. L'essentiel ici est de comprendre que tout ceci est l'expression de nos émotions qui parlent à travers nos états. Elles ne sont pas muettes bien au contraire, et cette communication non verbale de notre organisme peut être perçue et ressentie, de manière consciente ou inconsciente, par un interlocuteur et qui plus est par le cheval qui fonctionne essentiellement dans ce langage non verbal et qui privilégie la partie primitive et émotionnelle de son cerveau à celle de la réflexion, attribuée au néocortex.

Le cheval a été traité traditionnellement sur un modèle similaire à celui de la physique classique « *derrière une vitre* », c'est-à-dire en créant une distance entre lui et nous, exprimée de manière subtile, mais claire à travers son asservissement, dans un schéma hiérarchique qui nous place au-dessus de lui, où prédomine la violence psychologique et physique, dans le « *fais et tais-toi* » et « *il faut lui montrer qui commande* » et dans lequel il ne pourra s'exprimer, en dernier recours, qu'à travers la fuite ou la violence. Ceci est certainement une composante importante de bien des échecs et d'erreurs commises. Il est fondamental de comprendre que quand nous sommes dans un espace avec le cheval, et puisque tous les éléments sont interconnectés et influent sur son comportement, nous avons une responsabilité non négligeable sur lui et ses réponses. Comme lui en a sur nous, nous pouvons percevoir son état émotionnel à travers la perception et le ressenti de différents signaux corporels et comportementaux, et ainsi mieux adapter le nôtre en fonction du but recherché. Nous lui demandons et exigeons, souvent de manière coercitive et autoritaire, sans nous soucier de l'effet que nous avons sur lui ni en conscience de tout ce qui nous entoure et qui peut également influencer son comportement. Ceci est particulièrement valable dans toutes les méthodes ou techniques puisqu'elles ne tiennent absolument pas compte des particularités de l'individu, mais ont une vision rigide, standardisée, uniforme et figée de l'approche. C'est encore plus d'eau au moulin : *techniques* et *méthodes* ne peuvent pas fonctionner dans la recherche de collaboration, de coopération, d'une relation équilibrée et fluide. Le cheval est perçu comme une machine à performances et revalorisé uniquement au travers des performances, sans qu'on tienne compte de son état, ses émotions, ses envies, ses besoins. On ne l'invite pas, on ne lui propose rien, on le contraint et ensuite on s'étonne qu'il ne collabore pas.

Empathie et compassion sont deux mots clés d'une relation fluide avec le cheval. Dans une attention immergée et élargie, nous devons oublier que nous sommes en train de réfléchir, d'agir. Il faut se sentir exister tout en abandonnant l'ego, être pleinement attentifs, s'ouvrir à tout et à tous, vivre l'instant intensément sans analyser ce qui se passe. Plus notre attention est élargie et immergée, plus nous vivons et percevons l'instant pleinement, non avec notre mental seul, mais avec notre corps tout entier. Alors nous nous rapprochons de la « *pleine conscience* », une conscience attentive qui nous libère lentement des pensées analytiques. Surtout ne pas se méprendre, ceci n'est pas faire le vide, au contraire, c'est faire le plein, mais dans le calme, dans la sérénité de l'acceptation bienveillante de ce qui est là, ici et maintenant.

Ne pas juger une situation ni une action, ne pas rendre l'action esclave de la pensée et se méfier de toute théorie qui n'a pas été confrontée à la réalité du terrain, ne pas être aveuglé par le but recherché, rester flexible, à l'écoute, ne pas imposer notre présence à une situation donnée, mais observer, rester attentif aux petits changements, nous adapter au problème et non forcer le problème à s'adapter à nous. Il faut rester humble, ne pas se laisser absorber par les croyances de la masse, ne pas déformer la réalité pour mieux la faire cadrer à nos convictions, mais au contraire, l'assimiler pour mieux la confronter à nos convictions, et faire évoluer ces dernières si besoin est. Les connaissances et les convictions ne peuvent être figées. Tout comme la plasticité neuronale, elles sont en perpétuel mouvement.

Ceci n'est pas simple, il ne faut pas se mentir. Le changement doit venir de nous et non du cheval qui, lui, joue son propre rôle avec honnêteté, sincérité et sans calcul. Une fois les connaissances théoriques et scientifiques intégrées, de manière à les avoir à l'esprit sans devoir y réfléchir, une fois la respiration pratiquée et maîtrisée, l'attention, puis finalement la conscience, la difficulté suivante sera d'être capable de faire baisser nos fréquences cérébrales et de nous mettre dans cet état méditatif de « *pleine conscience* » tout en étant en mouvement. Car malheureusement, on ne travaille jamais avec un cheval assis sur une chaise, les yeux fermés. C'est au travers de notre comportement contenant tous les éléments précités, et notre langage corporel pouvant parfaitement exprimer le contraire du message désiré que le cheval traduit nos intentions au-delà de ce que nous dégageons. Gardons à l'esprit qu'entre congénères, ils communiquent à travers l'énergie corporelle dégagée, qui traduit un champ électromagnétique lié aux fréquences cérébrales ; à cela s'ajoute la kinesthésie, c'est-à-dire la lecture de l'attitude corporelle, des mouvements et des postures.

LA FORCE DE L'INVISIBLE

Si les ondes cérébrales et le champ électromagnétique que dégage le corps sont une expression de l'état émotionnel et de son impact physiologique, ce que j'appelle « *l'invisible* » ou la face cachée de la Lune, la face visible est la kinesthésie. C'est la conjonction de ce que regroupent ces deux éléments, l'invisible et le visible, qui envoie les informations auxquelles le cheval est particulièrement sensible ; c'est sa nature, sa culture, son langage qui bien qu'il ne soit pas articulé verbalement, est bien composé de « mots », de « verbes » et « adjectifs », en même temps que de sons explicites. Tous ces signes codés et arbitraires permettent de communiquer au sein d'une même communauté. Le comportement est la résultante de ces deux aspects, l'invisible et la kinesthésie, avec lesquels il est difficile de mentir ou de tromper, le cheval en particulier. Nous pouvons varier les deux messages, paraître fâchés tout en étant calmes, par exemple. Avec la pratique, les deux composants peuvent envoyer un message dissocié ou conjoint selon le type de comportement que nous désirons exprimer. S'il existe un opposé significatif à toute chose, le comportement est le seul élément qui n'a pas d'opposé. Ne pas se comporter est déjà se comporter. Nous nous comportons en permanence, et c'est le contenu du comportement qui est variable.

Ce concept peut être illustré par un exemple vécu il y a quelques années.

Je reçois un jour un message d'une personne me disant ceci :
— *(...) depuis quelque temps, j'ai un problème avec mon cheval quand je dois le charger dans le van pour partir en concours. Au moment où il me voit arriver avec corde et licol, il fuit, même si je les cache derrière mon dos ou que j'arrive avec un bidon de grain. Cela a fonctionné la première fois, mais plus les suivantes. D'habitude, il est très facile et se laisse attraper sans problème. Il a peur du van et sait que nous partons en concours (...).*

Nous convenons d'un rendez-vous quelques jours plus tard. À mon arrivée sur place, j'observe que le van est garé derrière une grange imposante, loin de plusieurs centaines de mètres du pré des chevaux. Ils ne peuvent pas nous voir ni nous entendre. Nous crochons la remorque à la voiture, ouvrons les portes, prenons corde et licol et allons chercher le cheval tout en discutant de la problématique qui nous occupe aujourd'hui. Il nous regarde arriver. Une fois que nous franchissons le portail et faisons quelques pas tranquilles dans sa direction, effectivement il s'en va sans nous laisser approcher. Je propose à la personne de rebrousser chemin vers le van, derrière la grange. Là, je lui annonce que nous allons laisser tomber cette histoire de chargement aujourd'hui parce qu'il y a un point que j'aimerais lui faire comprendre. Nous refermons la remorque, reprenons la corde et le licol et tout en discutant totalement d'autre chose cette fois, nous arrivons au pré des chevaux. Celui qui nous occupe aujourd'hui nous regarde arriver. Comme précédemment, nous franchissons le portail, nous approchons du cheval sans problème, lui passons le licol le plus tranquillement du monde et repartons avec notre camarade vers la sortie.

— *Vous voyez ?* me dit-elle

— *Je vois. La question que vous devez vous poser est la suivante : qu'est-ce qui a changé en vous entre la première tentative et la seconde ? Le stress de vous dire que vous n'allez pas réussir à l'attraper commence à apparaître déjà au moment de l'ouverture des portes du van. Moi-même, je vous ai sentie nerveuse, alors je peux imaginer sans hésiter que le cheval le perçoit également plus fort et de plus loin que moi, c'est dans sa nature, sa culture, son langage. Cacher votre corde derrière votre dos ou penser le piéger avec un bidon de grain est le prendre en plus pour un imbécile. Il vous l'a clairement exprimé la fois où il n'est plus revenu. Vous vous êtes détendue quand nous avons abandonné l'idée du van et que nous sommes retournés voir le cheval, en discutant d'autre chose. L'adrénaline a disparu, et votre corps est revenu à un état physiologique normal, vos fréquences cardiaques et votre rythme respiratoire se sont apaisés, notre discussion a détourné votre attention, vous êtes redevenue celle que vous êtes habituellement. Le message implicite que votre corps a envoyé n'était donc absolument plus le même que précédemment, qui lui sortait de la normalité à laquelle vous avez habitué le cheval. Son problème majeur n'est pas le concours, le van, le transport ou la trace mnésique générée. La première chose qu'il perçoit, c'est ce que vous dégagez, chargée de tension, différente de votre normalité habituelle, un état comportemental différent qu'il interprète comme une alerte et auquel il a associé un souvenir désagréable. Cacher votre corde ou lui proposer un bidon de grain les mains tremblantes, ne peuvent en aucun cas cacher votre état ni le message que votre corps envoie. Le problème du van ne vient qu'ensuite, quand il l'aperçoit, et devra être réglé séparément s'il existe vraiment. Le cheval lit votre comportement, c'est lui qui vous trahit, il contient toutes les informations qui lui sont nécessaires et vous ne pouvez pas les lui cacher artificiellement, c'est bien plus complexe que cela. Vous devez d'abord faire un travail sur vous, un travail de maîtrise des émotions afin que rien ne change entre « aller le chercher pour le charger » et « aller le chercher sans raison particulière ». Dans les deux cas, l'action « aller le chercher » étant la même, elle doit rester neutre et uniforme. Quand vous serez capable d'identifier les messages que votre corps envoie et de les maîtriser, quand vous serez capable de ressentir les changements en vous, alors vous aurez identifié le problème et comment le résoudre. Dans votre logique, son comportement est conditionné par la peur du van, du transport et du concours. Là, vous commettez votre première erreur. C'est d'abord sur vous qu'ils ont une influence négative puisqu'ils vous mettent dans un état de stress qui vous a fait échouer aux dernières tentatives. Quant à lui, par son architecture cérébrale, le cheval est incapable de se projeter de manière figurative dans le futur. Ces éléments n'auront une incidence sur son comportement que lorsqu'ils seront présents dans sa réalité et devront être traités séparément. Par contre, vous devriez travailler sur la compassion et l'empathie, sur l'amour inconditionnel, et vous demander pourquoi vous lui imposez une contrainte qu'il vous exprime et que vous identifiez, comme désagréable pour lui depuis quelque temps déjà. Chercher la cause réelle de son refus serait un bon exercice d'empathie, et ne pas lui imposer cette désagréable expérience, un autre bon exercice sur la compassion et d'altruisme.*

Le comportement envoie un ensemble de messages explicites et implicites, corporels, perceptibles par un interlocuteur de manière consciente ou inconsciente. Il est le premier émetteur lors de toute communication en présence, verbale ou non-verbale et particulièrement protagoniste lors de cette dernière. Le comportement sera conditionné par le but recherché, par le système nerveux entérique et ses messages émotionnels, leur impact sur l'homéostasie, le traitement de ces informations par le système nerveux central, l'impact des stimuli et des traces laissées dans la mémoire, du conscient et de l'inconscient, des acquis et de l'inné, leurs empreintes sur les ondes cérébrales et le champ électromagnétique corporel. On peut vouloir paraître d'une certaine manière, mais envoyer un tout autre message implicite. Cela dépend également de notre capacité à relativiser une situation comme de maîtriser nos émotions avec leur impact physiologique. Les messages implicites sont prioritaires sur les explicites, parce qu'en lien direct avec nos émotions. On peut vouloir paraître fâché et ne pas l'être, ou le contraire, vouloir paraître calme et être bouillonnant de rage. Le cheval perçoit un ensemble de messages, et son cognitif inconscient détermine la conduite à suivre. Et dans le doute, il fuit. C'est sa nature première d'animal de proie et ce qui le garde en vie.

Dans toute communication interactive, les interlocuteurs sont simultanément émetteurs et récepteurs. L'ensemble des signaux envoyés par l'un sera perçu par l'autre qui à son tour variera son message corporel en fonction de celui reçu et qui sera perçu par l'autre, et ainsi de suite. En fait, nous communiquons en permanence et particulièrement nos émotions qui sont très bavardes.

Nous pouvons modeler notre comportement et ajuster les messages explicites et implicites avec de la pratique tout en étant très attentif à l'autre, en tenant compte de l'individu, de ses réactions, en fonction de l'information que nous désirons faire passer, là où nous voulons emmener le cheval, vers quoi le confronter, conditionner ses mouvements, son attitude corporelle pour finalement l'aider à construire correctement sa matière mnésique, les traces inscrites, les connexions synaptiques, et ajuster au mieux sa perception de la réalité à l'événement vécu. Ceci dans le but de le rendre plus autonome dans sa manière d'appréhender le monde et les situations que nous lui imposons qui sont, dans la plupart des cas, étrangères à son monde à lui.

Notre capacité à faire baisser les ondes cérébrales et ainsi désamorcer toute situation de stress, de peur ou de panique liée à la production d'adrénaline, sera intimement associée à la sécrétion d'ocytocine. Ce neuromédiateur est donc implicite dans toute réussite d'abaissement des ondes cérébrales. L'ocytocine joue un rôle capital dans notre aspiration à construire une relation positive avec le cheval ainsi que dans l'objectif d'enregistrer de bonnes et saines traces mnésiques. Cette neurohormone (hormone et neuromédiateur) sera notre alliée de l'ombre, notre arme secrète. Il faut toujours garder à l'esprit le fort instinct grégaire et l'importance des liens sociaux chez le cheval ; le groupe le rassure, le protège, et ces sensations produisent de l'ocytocine. Ne soyons pas naïfs, il ne nous prend pas pour un congénère, mais dans une relation interspécifique, nous pouvons néanmoins devenir un membre *agréable* de son entourage, celui qui le rassure, le protège, le nourrit, sur lequel il peut se reposer. Tout éloignement involontaire du groupe provoquera d'abord la production d'une hormone associée au stress, le cortisol, qui pourra s'exprimer de différentes façons. C'est une problématique fréquemment rencontrée quand on veut sortir un cheval du pré et qu'il refuse d'avancer, qu'il est seul à l'attache et qu'il gratte le sol ou appelle, ou qu'il refuse simplement de partir seul en promenade. Être considéré comme un référentiel, avoir une présence rassurante et protectrice à ses yeux est indispensable ; l'importance des contacts physiques comme le caresser, l'embrasser, produira de l'ocytocine et pourra nous aider à désamorcer bien des situations inconfortables. Cette hormone potentialise les traces mnésiques affectives positives comme la mémoire sociale, traitée comme la peur par l'amygdale ; elle diminue la libération d'hormones de stress, diminue l'anxiété, limite l'impact négatif des expressions corporelles et améliore la lecture de « *l'autre* », elle réduit de manière très significative toute activité de l'amygdale.

Se concentrer sur l'image qu'il a de nous est le ciment de la qualité de la relation à venir. La répétition des expériences positives en notre présence créera des liens neuronaux et permettra la production d'ocytocine. Ceci va jouer en notre faveur, car comme pour les scénarios de peur, à notre simple vue le fantasme et la pulsion seront réactivés et pousseront le cheval à venir vers nous. C'est pour cela que des sessions de travail brèves et multiples sont plus productives que de longues et uniques, elles renforcent la trace positive à chaque fois. Mieux vaut lui rendre visite au pré dix fois six minutes dans une journée qu'une seule fois pendant une heure ; dans le premier cas il aura interagi avec nous dix fois, et dans le second qu'une seule fois. Mais il faut rester très attentif au danger du sentiment de *trahison* chez un animal à fort instinct grégaire, elle générera de la méfiance inscrite dans l'inconscient qu'il sera bien difficile à récupérer. Si l'image positive est longue à obtenir et le fil de la confiance fragile, plus long sera le chemin de la rédemption en cas de relation liée à un mauvais souvenir de sa condition d'animal de fuite paranoïaque. La frontière qui sépare le *danger* (adrénaline) du *bien-être* (ocytocine) est fragile, sa survie en dépend.

Quand on travaille avec des chevaux, on se rend compte qu'ils peuvent être divisés en plusieurs groupes, ainsi que leur palette comportementale à l'intérieur desdits groupes :

- Les étalons, ou entiers, plus ou moins hauts de rang, ceux qui ont déjà sailli et ceux qui n'ont pas encore vécu cette expérience. Avec le temps, l'âge de l'individu peut avoir son importance et varier son comportement vis-à-vis de ses congénères.

- Les juments, qui elles sont des entiers au féminin, avec toute une palette de caractères conditionnés par leur tendance ou non à la dominance, les chaleurs périodiques et leur impact sur leur état émotionnel et physique. En effet, comme chez les femmes, certaines vivent le cycle œstral plus ou moins bien, ce qui a un impact temporaire non négligeable sur leur comportement. Ceci est également valable pour le syndrome préoestrus, l'équivalent du syndrome prémenstruel des femmes (SPM), qui prend en général fin avec l'arrivée des chaleurs, mais qui peut influencer de manière radicale le degré d'irritabilité. Une jument douce comme un agneau au quotidien peut devenir irritable et acariâtre, agressive, voire dangereuse, et redevenir qui elle est habituellement après deux ou trois jours. Le caractère et la gestion de la période des chaleurs vont également évoluer avec le temps.

- Les hongres, ou castrés, avec également un tempérament hiérarchique défini, certains plus passifs, d'autres plus dominants, l'âge jouant aussi un rôle dans leur comportement qui peut évoluer dans un sens ou un autre. L'âge auquel ils ont été castrés a également son importance. S'ils ont sailli ou non, avant la castration, aura un impact déterminant sur leur caractère et leurs réactions face à une jument en chaleur. La qualité de l'intervention est également à souligner. En effet, il peut persister des adhérences pouvant provoquer des douleurs abdominales, tout comme une castration imparfaite peut ne pas effacer totalement toute production hormonale et garder un tempérament d'entier sur un hongre. C'est le problème dans les cas de cryptorchidie, quand un des testicules n'est pas descendu. Bien que le testicule en question, souvent le gauche, ne produise pas de spermatozoïdes fonctionnels, il sécrète néanmoins de la testostérone qui stimule un comportement d'étalon.

- Les pouliches et poulains dont certains traits de caractère peuvent déjà apparaître dès le plus jeune âge, mais également varier et évoluer avec les années.

À la diversité des genres multipliée par les caractères, s'ajoutent le vécu, l'environnement, les conditions de détention, le cognitif inné et celui acquis, les expériences et leurs impacts sur la perception de la réalité consciente et inconsciente, l'interaction avec l'homme, l'impact éducatif et comportemental de la mère sur le jeune, le rôle difficile à déterminer de la génétique sur le caractère, tout comme ceux tout aussi difficiles à identifier des traumas existentiels incontournables, comme la séparation de la mère et du groupe dans les populations gérées par l'homme. Comment peut-on encore penser que les « *méthodes* » et « *techniques* » uniques, qui ne tiennent aucunement compte de l'individu, soient viables ?

Depuis son invention par le Dr William Cullen au XVIIIe siècle, le terme de « *névrose* » désigne tous les troubles psychologiques sans lésions organiques. Dans la psychiatrie moderne, post-freudienne, la tendance est au remplacement du terme de « *névrose* », devenu trop vague, par « *trouble du comportement* ». Concernant les chevaux, j'ai utilisé moi-même pendant des années le terme de « *névrose* » pour expliquer certains comportements et leurs origines. Aujourd'hui, il me semble également plus approprié d'utiliser celui de « *trouble du comportement* » pour qualifier les cas rencontrés. Le cheval n'a pas conscience de son état pathologique, il est l'état. Ces déviances comportementales qui l'éloignent de sa nature première sont pour la plupart directement liées aux émotions associées à la peur et ses dérivés, comme la peur panique ou les phobies. J'utilise dans un premier temps le terme de « *névrose* » pour qualifier d'une manière générale tous les états comportementaux hors norme. Encore faut-il se mettre d'accord sur la notion de « *normalité* », puisqu'il me semble qu'au contact de l'homme et aux conditions de détention qui lui sont imposées, tous les chevaux développent à la longue une névrose plus ou moins apparente ou handicapante. L'étiquette de « *trouble du comportement* » est utilisée plus avant pour déterminer avec plus de précision de quel type de trouble il s'agit et quelle est son origine.

Certains cas rencontrés tout au long de mes années de pratique me semblent intéressants et utiles pour illustrer les propos exposés dans les parties précédentes de cet ouvrage. Ceci, dans le but d'expliquer au mieux comment tout ceci fonctionne et se met en place, comment lire et appréhender les problématiques rencontrées et comment mettre en pratique les connaissances pour intervenir avec parcimonie et le plus judicieusement possible.

Bien que n'étant pas un adepte des noms donnés aux animaux, qui pour moi exprime déjà une dérive anthropomorphique infantilisante, je les utiliserai néanmoins pour faciliter la lecture des récits à suivre.

PREMIER RÉCIT
– UMMA

Umma est un cas très intéressant qui illustre très bien la notion de troubles du comportement profond. D'abord, parce que les mauvaises expériences ont laissé des traces dans sa mémoire dès le plus jeune âge dans les zones primitives du cerveau, et que la répétition des mauvais traitements pendant les premières années a potentialisé la création de fantasmes aux stimuli nécessitant la décharge d'une pulsion très forte. Ensuite, parce que la réalité interne inconsciente a associé tous les scénarios d'une quelconque interaction avec l'homme à un mauvais souvenir, plus particulièrement ceux présentant une personne avec un objet dans la main. Si son cerveau binaire, à travers sa classification particulière des événements, fait une différence entre une personne et une personne avec un objet, par contre dans le cas d'Umma, elle est incapable de les dissocier. Pour elle, la personne et l'objet ne font qu'un, quelles que soient la situation et l'intention. C'est un cas qui illustre parfaitement l'impact du vécu dans la construction de la mémoire qui se crée sa propre réalité à partir d'événements et d'éléments mis en rapport, mais n'ayant rien en commun, jusqu'à aboutir à une réalité interne inconsciente très éloignée de la réalité externe.

Umma est une jument de quatre ans croisée Barbe et Espagnol. Elle est née chez la personne qui me l'a vendue, qui est également propriétaire de la mère, le propriétaire du père étant son voisin. Il fait porter la mère dans le but d'avoir un poulain pour sa fille alors âgée de 14 ans. Quatre ans plus tard, la fille, son père, le voisin et tous ceux qui s'en approchent ne sachant plus quoi en faire la mettent en vente pour une bouchée de pain. Je ne sais pas comment était Umma à la naissance et je n'ai pas fait vraiment attention à la mère qui outre le fait qu'elle était trop grosse, m'a semblé assez facile d'accès, mais je crois pouvoir affirmer que tout ce qui a été fait sur cette pouliche dès son plus jeune âge a été fait dans la force, la contrainte et la coercition. Je veux croire que c'est par ignorance et par la faute de cette atavique tradition du rapport de force qu'entretient l'homme avec l'animal depuis toujours. Je pense néanmoins que le vendeur était habité par un sentiment de culpabilité, ce qui expliquerait qu'il n'ait jamais pris de nouvelles de la jument malgré les promesses d'appels téléphoniques et de visites à venir faites lors de la vente. D'un autre côté, peut-être était-il simplement soulagé de s'en débarrasser, inconscient de la souffrance infligée à Umma.

Elle vit les quatre premières années de sa vie avec sa mère et un hongre, dans un pré en friche assez grand. Lors de ma première visite, je remarque qu'elle est la seule équipée d'un licol, ni la mère ni le hongre n'en portent. C'est le premier indice qui m'indique que la jument ne se laisse certainement pas facilement approcher ni attraper. Cela est également révélateur de la relation qu'elle a entretenue avec les gens et des traces laissées dans sa mémoire par les expériences vécues. Je reste plus d'une demi-heure dans le pré, et bien qu'elle me laisse la toucher une fois du bout des doigts sur les naseaux et de face, quand elle aperçoit la corde que je tiens dans une main, je peux lire l'angoisse naître dans ses yeux et son comportement fuyant s'accentuer. Une balle de foin en libre-service dans un coin du pré et des bidons de grains au fond d'un sombre et misérable abri en ruine me laissent supposer les méthodes utilisées pour l'attraper avec la nourriture. Jusque-là, rien qui ne me semble revêtir une extrême gravité. Outre sa petite taille, une morphologie compacte et robuste, bien faite et équilibrée, elle a quelque chose d'attachant et surtout, un regard profondément doux. Nous convenons donc d'un jour de transport.

En arrivant le jour prévu sur les lieux, la situation me semble surréaliste. Le pré se trouvant aux abords d'une route, nous allons devoir charger la jument dans un état de stress et d'angoisse avancé, à deux mètres de la barrière d'accès au pré par-dessus laquelle la mère et le hongre passent la tête pour l'appeler. Je n'ose imaginer comment ils l'ont attrapée et sortie du pré. Il me faut deux heures et demie pour baisser son niveau de tension et pouvoir la charger en douceur. Une fois arrivée à son nouveau domicile, elle n'ose plus descendre de la remorque, comme tétanisée et vissée au sol. La sortie avant ayant une rampe, mais pas l'arrière, je lui demande donc de faire demi-tour à l'intérieur de la remorque pour sortir par l'arrière. Une fois dans le pré, je lui enlève son licol, la laisse se familiariser avec les lieux, d'abord séparée des autres chevaux pendant quelques jours avant de l'intégrer naturellement au petit groupe.

Pendant ces premiers jours, je lui fais de fréquentes visites. Je remarque que je peux l'approcher plus ou moins facilement quand j'ai les mains vides et de face, mais que cela devient nettement plus compliqué, voire impossible, avec une corde ou un licol dans la main et plus particulièrement par son côté gauche. Ceci confirme mon impression du premier jour, que le trouble comportemental apparaît en présence d'un objet dans la main, associé à une plus que probable interaction avec l'homme. Une fois dans le groupe, je passe les quelques premières semaines à installer, puis renforcer une relation amicale en allant plusieurs fois par jour caresser les chevaux, puis elle en passant, les brosser sommairement ou les frotter avec une corde et elle également, ou pour toute autre raison neutre et sans contrainte, toujours en liberté. La brosse n'est pas trop difficile à accepter, même sur la tête. Elle y montre même du plaisir une fois son niveau d'anxiété redescendu, celui-ci pouvant s'élever extrêmement vite au moindre geste suspect ou trop vif. Si d'entrée, elle ne se laisse pas approcher, particulièrement de l'épaule vers la tête, j'arrive sans trop de mal à l'aborder en douceur de l'arrière, en suivant tranquillement ses mouvements de fuite, au pas, sans montrer d'agacement ; je lui brosse d'abord l'arrière en remontant son corps vers la tête, la zone critique se situant à la hauteur de l'encolure qu'elle n'offre jamais, se tournant systématiquement face à moi. Là, doucement, je peux lui brosser le chanfrein, les ganaches et la partie de dessous. Tout contact avec les oreilles, particulièrement la gauche, et l'encolure est à éviter sous peine de réaction de peur panique et de fuite violente immédiate.

Si la brosse a été partiellement acceptée dans un laps de temps plus long que la norme, mais dans la mesure de ce qui est prévisible pour une jument présentant des symptômes évidents de névrose comportementale, la corde quant à elle est un vrai problème. À la simple vue de cet objet pourtant inanimé dans la main, à moins de cinq mètres, tous les signes de la peur panique apparaissent et la réaction de fuite est immédiate et sans limites. Il m'arrive durant cette période de marcher calmement plus de deux heures sans réussir à l'approcher à moins de cinq mètres, alors que sans objet ou avec la brosse, je peux l'approcher en moins de cinq minutes dans ses bons jours. Je comprends depuis quelque temps déjà pourquoi elle était la seule dans son pré avec un licol.

À cet endroit, les chevaux vivent toute l'année en liberté sur quelques hectares de pâturages et avec des abris ouverts qu'ils peuvent utiliser librement. Malgré tout, ils se trouvent dans un espace confiné et surpâturé. Avec les années, la qualité, la diversité des plantes et des herbages n'offrent plus tous les apports dont ils ont besoin. Ils sont donc quotidiennement pendant l'été, complémentés en nutriments de type oligoéléments, sels minéraux et autres omégas sous forme de granulés spécifiques associés à du foin et de l'orge aplatie pendant l'hiver. Devant m'assurer que tous ont accès à leur ration calculée d'après leur poids, et que cet instant se passe dans le calme et le respect de l'espace privatif dont chacun a besoin, les abris sont transformables en boxes par des parois intérieures articulées. Les chevaux y sont séparés pour éviter les conflits hiérarchiques inévitables dès que la nourriture arrive, et leur apprendre également à rester seuls, petit à petit, dans un espace clos. Il faut tenir compte qu'ils partiront un jour pour d'autres cieux et que les conditions de détention peuvent varier sensiblement d'un endroit à un autre, ce à quoi je suis tout particulièrement attentif quand ils s'en vont. Bien qu'ils soient séparés, je prête une attention particulière au voisinage. Les chevaux sont disposés de manière à respecter les amitiés et les liens qui se créent en liberté, les mots d'ordre étant quiétude et harmonie. Ce petit rituel leur permet d'apprendre, à travers le box, l'isolement confiné rapproché. Ce qui peut également être utile en cas de blessure ou de maladie et du besoin de séparation momentanée d'un individu, ceci étant contre nature, mais assez bien accepté si appris dans de bonnes conditions. En cas d'isolement, ils doivent pouvoir se voir, se renifler, et la distance ne doit pas être trop importante. C'est pourquoi, quand cela a été nécessaire, la parcelle attribuée au reste du groupe est restreinte et accolée à l'abri où se trouve le congénère séparé qui peut à tout moment rester en contact visuel. Une règle capitale est de ne jamais laisser un cheval enfermé, isolé, sans contact possible avec d'autres équidés. C'est traumatisant pour l'animal, générateur de mauvais souvenirs, et peut avoir un impact sévère au niveau du système digestif. En effet, l'ulcère est la pathologie la plus répandue chez les chevaux enfermés en boxes toute la journée, comme c'est souvent le cas dans les manèges ou centres équestres. Le cheval est un animal qui souffre en silence, l'ulcère n'est détectable que par gastroscopie tout en ayant un impact sérieux sur le comportement de l'animal. Sans oublier les dégâts causés sur le système nerveux entérique, ainsi que les messages neurologiques envoyés au système nerveux central et leurs associations dans la réalité interne consciente et surtout inconsciente de l'individu.

Accepter de rester enfermée dans l'abri est déjà un exercice en soi. Je profite alors des moments où elle entre pour manger ses nutriments pour rester à côté d'elle, puis lui poser une main sur le flanc ou la croupe. Lui toucher l'encolure et essayer de passer le bras par-dessus tout en douceur ou effleurer son oreille gauche avec le bout des doigts délicatement est purement impossible, et la fuite brutale et immédiate, surtout dans un espace restreint où tous les signes de peur panique (respiration accélérée, yeux écarquillés et regard révulsé, naseaux dilatés, tremblements) et un besoin évident de fuir le plus loin possible deviennent apparents dans la seconde, en s'intensifiant si j'insiste un tant soit peu. L'importance de sa névrose se révèle chaque jour un peu plus profonde, me signalant que je suis encore loin du fond et que tout ceci va prendre beaucoup de temps. Après quelques semaines de cet exercice quotidien, elle finit par rester près de sa mangeoire en ma présence, se laissant toucher le corps des deux côtés, et vaguement l'encolure et l'oreille droite, quant à l'oreille gauche, elle esquisse — au mieux — un geste de fuite de la tête, se dégageant rapidement de la caresse. Ceci peut sembler insignifiant, mais pour cette jument atteinte dans son comportement à ce point, ces quelques efforts consentis sont de vraies victoires.

Tous ces instants de contact ou d'observation servent à collecter un tas d'informations très utiles. Le cheval est le premier éthologue. Dès que vous entrez dans son champ de vision, il vous observe, vous jauge, vous scanne, essaie de lire vos intentions et de déterminer qui vous êtes et où vous placer dans son monde à lui d'après son échelle de valeurs qui est bien différente de la nôtre. Souvent, les gens pensent que le travail avec un cheval commence au moment où l'on se retrouve enfermé avec lui dans un manège et qu'on met le chronomètre en marche. C'est totalement faux. Le cheval nous étudie, même de loin, dès que nous sommes présents dans son périmètre visuel. C'est dans sa nature de proie, il a besoin de déterminer s'il a des raisons de se méfier ou non.

Ces moments passés dans le pâturage ou dans l'abri en interaction plus ou moins directe avec Umma, sa réponse à chacun de mes gestes, l'intensité de ses mouvements dans tel ou tel type de situation permettent de mieux connaître sa personnalité, sa pathologie et d'engranger tout un tas d'informations qui vont m'être utiles tout au long du processus de thérapie d'abord, et de formation ensuite. Ce que je peux faire ou non, doser chaque geste, ainsi qu'une échelle de base sur laquelle me reposer pour mesurer l'évolution du cas. Cette collecte d'informations sur son caractère et son comportement ne s'arrête jamais, et s'il est difficile de changer un caractère, en revanche, on peut changer un comportement tout comme les connexions synaptiques à travers la plasticité neuronale. C'est ce que j'appelle de la plasticité comportementale.

En cas de besoin ou d'urgence, je dois pouvoir lui passer un licol et surtout, je dois pouvoir l'amener dans le rond pour travailler avec elle sur ses troubles du comportement, avant quoi que ce soit d'autre. À la fin du troisième mois (!), comme elle a fait quelques pas dans la bonne direction, se laissant caresser et brosser en liberté dans le pré, bien qu'elle n'accepte toujours pas de se laisser passer un bras sur l'encolure, encore moins de se laisser toucher cette oreille gauche, et bien que le besoin de décharger la pulsion de fuite ait baissé d'intensité, mais soit toujours très présente malgré tout, je décide de m'enfermer avec elle dans le box et de l'initier au licol.

Une véritable épopée ! Ce qui d'habitude prend quelques secondes avec n'importe quel cheval qui entretient un rapport correct avec les gens me prend deux heures et demie avec Umma, dans un espace de trois mètres sur trois. Certains chevaux ont une capacité particulière de vous toucher le cœur ou de vous tirer les larmes, et je dois dire que d'observer le désarroi de cette jeune jument, le désordre mental dans lequel elle est enfermée, l'expression de cette peur panique incontrôlable émanant de tout son être face à un geste aussi anodin et exempt de toute agressivité me plonge dans une profonde tristesse.

Comme toujours et particulièrement pour les cas difficiles, le temps et la patience sont nos principaux alliés. Je déconseille toujours aux gens de se fixer des objectifs précis, de s'obliger à s'y tenir, et encore moins de travailler avec une partie de l'attention fixée sur le temps qui passe. C'est une attitude vouée à l'échec. Les chevaux n'ont pas de montre et une notion du temps bien différente de la nôtre, alors travailler *à l'heure* ne fait pas partie de leur vocabulaire.

Dans le cas qui nous occupe, l'objectif flou, au loin, est de lui mettre un licol tout en l'encourageant à coopérer afin de lui montrer qu'elle n'a pas d'inquiétude à avoir et qu'il ne se passera rien d'autre. Que ce qui est mis peut être également enlevé. Mais cet objectif peut être variable en fonction des circonstances, nous devons être très attentifs aux signaux donnés par notre interlocuteur et être conscients qu'un résultat positif, quel qu'il soit, même tout simple, sera déjà un pas dans la direction souhaitée. Il faut savoir s'arrêter au bon moment. Pour cela, il est impératif de garder son calme, de se relâcher, de bien respirer, de faire baisser nos fréquences cérébrales et cardiaques de manière à nous rendre le plus *neutre* possible, effacer tout signe de contrainte, d'agression ou de violence. Mesurer tous nos gestes et mouvements afin de l'amener à calquer son comportement le plus possible sur ce qu'elle lit du nôtre, lui faire baisser ses fréquences et ramener son homéostasie à des niveaux stables afin qu'elle puisse intégrer une information positive et ainsi pouvoir commencer à générer des traces saines dans sa mémoire. C'est tout d'abord un long travail de déconstruction, et pour cela dans certains cas, il faut parfois revenir dans la névrose afin que la pulsion soit déchargée, pour ensuite créer de nouvelles connexions synaptiques, un nouveau réseau de mémoire associant différentes zones cérébrales dont l'origine au départ est un souvenir négatif, afin que celui-ci devienne de la matière mnésique positive.

La mémoire travaille un peu comme les bactéries. C'est la loi du *plus nombreux*. Quand, dans un système contenant de mauvaises bactéries, on introduit une quantité supérieure de bactéries utiles, elles ne tuent pas forcément les mauvaises, le surnombre des utiles empêche simplement les mauvaises d'être actives. Eh bien pour la mémoire, c'est pareil : les bons souvenirs n'effacent pas les mauvais, par contre ils les empêchent d'être actifs, comme endormis. Mais attention, il suffit qu'une action, un geste soit inapproprié et mal perçu par l'individu pour que le processus mental se remette en route et que les vieux mécanismes se réveillent à nouveau. Le processus de déconstruction travaille sur ce principe ; en générant de la bonne matière mnésique, on endort la mauvaise, et plus elle sera répétée, plus elle prendra le dessus et affaiblira la mauvaise. Le but est d'améliorer la capacité du cheval à gérer convenablement les situations de tension à venir, surtout si elles ont un point commun avec celles du passé, génératrices du trouble comportemental. Le mauvais souvenir ne disparaîtra jamais totalement, il restera endormi quelque part au fond de la mémoire, prêt à se réactiver si besoin est. Par contre, si le travail de déconstruction et de reconstruction (plasticité neuronale) est réalisé correctement, la force de la pulsion sera en très grande partie désamorcée et la capacité de gestion fortement augmentée, ce qui fait que, bien que d'origine névrotique, la réaction rendra la situation parfaitement gérable.

Le cheval est un animal honnête, qui raconte son histoire à sa façon et avec sa perception des événements, particulièrement ceux mal vécus. Comme nous l'avons vu précédemment, la toile tissée par les connexions de la réalité interne inconsciente et ses fantasmes associés est plus forte que la réalité externe et interne consciente pour devenir finalement la réalité du sujet, celle-ci pouvant s'éloigner au point de n'avoir plus rien à voir avec le scénario d'origine. Dans le cas d'Umma, je pense qu'elle a été attrapée de force par deux personnes, ceci dès son plus jeune âge. L'une s'est pendue à son cou, et l'autre s'est accrochée à son oreille gauche, la tordant pour mieux la bloquer et annihiler toute tentative de défense, la fuite en l'occurrence. Rappelons-nous que toute expérience traumatisante, particulièrement dans les très jeunes années, laissera dans la mémoire une trace dans les zones inconscientes de la mémoire infiniment plus forte. Particulièrement et surtout si elles sont réitérées avec une forte augmentation des messages émotionnels, plus spécifiquement les expériences associées à la peur panique ou à l'anxiété qui activent les parties les plus primitives du cerveau, celles liées à la survie. Je ne sais pas ce qu'ils ont fait avec elle une fois attrapée, mais le message que la jument envoie est qu'elle n'a aucun bon souvenir associé à tout ça. Donc, dès que la reconnaissance d'un stimulus, même lointain (lui effleurer l'oreille gauche ou essayer de passer un bras autour de son encolure), réveillera un souvenir dans les réseaux synaptiques du système émotionnel (perception par le système nerveux entérique, envoi d'adrénaline, modification de l'homéostasie), le message traité par le système nerveux central traduit par une pulsion demandant à être déchargée sera la même que celle de l'expérience associée, et la réaction identique à celle du premier jour. Dans le cas d'Umma, la fuite. Tout doit être entrepris pour permettre à la jument d'aborder la problématique sous un angle nouveau, et ainsi développer sa capacité à reconsidérer sa réaction première. Pour cela, il est absolument essentiel de faire baisser ses fréquences cérébrales et cardiaques (indice de cohérence cardio-cérébral). Le besoin de fuite va alors diminuer, son homéostasie retrouvera des valeurs stables. Les bons souvenirs ne pourront être créés dans la mémoire que dans un état de fréquences basses. Sous tension, alors que les zones cérébrales primitives sont en action, les messages intégrés ne seront que ceux liés à la survie. Au niveau émotionnel, les différentes zones cérébrales actives et associées au travers des connexions synaptiques ne sont absolument pas les mêmes dans un état de fréquences basses ou hautes, surtout lorsque l'amygdale est suractivée dans les phases de peur panique.

Je décide alors d'utiliser le groupe pour la faire entrer dans l'abri, ce qui se révèle assez facile. Je ferme la porte derrière eux et fais un geste pour la caresser ; fuyant ma main, elle recule, mais se retrouve nez à nez avec la porte. Je profite alors de son mouvement de recul pour fermer la séparation et faire ressortir les autres par une autre ouverture de l'abri. Je ferme la deuxième porte pour ne pas les laisser entrer à nouveau. Dès les premiers instants, Umma remarque la corde dans ma main. Le licol, sorti de ma poche, est posé sur le rebord de la porte. Tous les signaux d'alerte sont activés et visibles par son état de tension et de stress : naseaux dilatés, yeux grands ouverts, rythme cardiaque accéléré, tremblante au moindre geste esquissé, même s'il ne va pas dans sa direction. Elle essaie d'abord de voir si elle ne peut pas s'échapper en passant la tête et une partie de l'encolure par-dessus la séparation ou la porte. Pour elle, c'est une vraie torture que l'espace exigu et ma présence à l'intérieur de sa zone de confort. Elle va devoir faire face à une situation qu'elle reconnaît, bien que jamais vécue avec moi. Elle l'associe à toute personne interagissant avec elle. Comme elle tourne en rond dans un sens puis dans l'autre, j'essaie tout d'abord de la calmer en posant simplement une main sur elle, des deux côtés, utilisant ses mouvements. Au moindre contact, elle me tourne le dos, je me concentre donc à essayer de la faire s'arrêter latéralement et de m'autoriser à la toucher avec la corde sur le flanc. Dès qu'elle accepte, même tremblante de peur, je caresse le flanc ou l'arrière-main avec la corde et retire la main immédiatement, ceci des deux côtés, ce qui me permet de confirmer qu'elle est plus facile d'accès à droite qu'à gauche.

La phase suivante consiste à lui déposer la corde sur le dos et la laisser pendre d'un côté de son corps tout en gardant l'autre bout dans la main. Ceci nous fait rétrograder dans le trouble comportemental et tout recommencer, comme si rien n'a été acquis. Par contre, cela me permet de garder maintenant le contact avec elle sur un laps de temps beaucoup plus long, puis de faire glisser la corde jusqu'à la faire tomber par terre.

Bien que le taux de stress et de peur ne baisse pas radicalement, il faut le garder à un niveau où la jument n'explose pas. C'est la grande difficulté du dosage entre la qualité et la quantité de pression exercée dans le geste. Dans un cas comme celui-ci, c'est de l'horlogerie fine, il faut beaucoup de savoir-faire. La limite de basculement tient à un tout petit fil qui peut se briser en bien moins de temps que celui investi à le tisser.

C'est pourquoi, dans toutes les actions, dans tous les gestes, il faut rester le plus neutre possible, rester calme, vigilant et les yeux grands ouverts afin de ne laisser échapper aucun détail. Comprendre que celle qui a le problème ici, c'est la jument et qu'elle n'agit pas comme cela sans raison. Il faut beaucoup de compassion et d'empathie. Nous sommes ici pour essayer de résoudre un problème comportemental grave. Beaucoup de patience, lui laisser le temps, tout le temps dont elle a besoin pour assimiler des choses même très simples. Ce qui pour nous est anodin représente un drame pour elle. La relation se construit comme un puzzle de dix mille pièces, de toutes petites pièces, mais qui ont toutes la même importance dans le résultat final. Cette session avec le licol n'est pas le résultat final, loin de là, elle va permettre simplement de planter une toute petite graine dans son esprit qui, une fois arrosée et nourrie correctement, portera ses fruits dans un avenir très difficile à déterminer dans le temps. Cela va dépendre de la jument, de son vécu, de l'impact de celui-ci sur sa mémoire et de sa capacité à le surmonter. Nous sommes simplement en train de recréer, à travers la plasticité neuronale et la répétition de l'information, une nouvelle réalité. Mais nous n'en sommes qu'au début et ne sommes pas au bout de nos surprises.

C'est de la thérapie cognitive et comportementale (TCC), par exposition mesurée, par une mise en situation dans laquelle on introduit ou ajoute de petits éléments, en dosage homéopathique. L'objectif est d'arriver à lui faire comprendre que la corde n'est qu'un objet inanimé, et que le problème réside plutôt dans celui qui la tient. Ensuite, l'amener à s'intéresser à celui qui la tient afin qu'elle découvre que ce dernier ne lui fait aucun mal ; il n'est alors plus le problème, mais devient plutôt la solution.

Après plus d'une heure, elle accepte l'idée que cette corde pende sur ses flancs sans conséquence, sans qu'elle en souffre, sans qu'elle soit lésée, sans qu'il se passe quoi que ce soit. Je reprends la corde et fais une boucle de lasso à l'une de ses extrémités. Bien que son taux d'anxiété dépasse encore la limite autorisée, il a baissé de quelques crans. Ceci me permet de lui glisser délicatement la corde autour de l'encolure avec des gestes mesurés, de passer l'autre extrémité dans la boucle que je tiens dans une main et de me retrouver ainsi avec la jument prise au lasso autour du cou, dans une boucle large que je peux desserrer rapidement en cas de besoin. Je l'attire doucement vers moi en relâchant la tension à chaque petit pas fait dans ma direction. Une fois à portée de main, je desserre la boucle, la caresse et recule à mon tour pour lui laisser une distance plus confortable. Je répète cet exercice plusieurs fois. Toujours prise autour de l'encolure et non à la tête, j'esquisse alors un déplacement en inversant les rôles : elle se trouve maintenant au centre et c'est moi qui tourne autour d'elle, tranquillement, en lui demandant à l'aide d'une légère pression exercée avec la corde dans ma main de suivre mes mouvements, mes demi-tours, mes arrêts et mes départs. Après quelques minutes de ce petit jeu, je l'attire à nouveau vers moi avec une légère pression sur la corde, et une fois à portée de main, la caresse et la lui enlève de l'encolure. Après avoir répété cet exercice au complet à plusieurs reprises, je repasse dans la boucle en me fabriquant ainsi un licol de fortune que je lui glisse délicatement sur le nez. Je reprends alors mes pas en cercle, mais la pression étant maintenant exercée sur la tête et non plus sur l'encolure.

Ayant atteint après plus de deux heures un niveau de stress acceptable, je lui enlève la boucle du nez tout en gardant celle autour du cou et lui glisse maintenant le licol en corde doucement sur le nez. Je saisis une extrémité par-dessus son encolure avec un geste lent, mais assuré, en faisant bien attention de ne pas la toucher, passe dans la boucle en ajustant le nœud, j'attache l'extrémité libre de la corde dans la boucle du licol sous le menton, défais le nœud de lasso, libérant alors la prise de l'encolure pour me retrouver avec un lien classique de longe attachée à un licol. Je recule à l'autre bout du box lui laissant le maximum d'espace. Une fois libérée de la corde, mais pas encore du licol, elle se met à bouger sans savoir exactement quoi faire. Je me contente seulement de lui demander de me regarder à chaque fois qu'elle se détourne de moi en exerçant une légère pression sur la corde comme lors de la prise sur l'encolure, mais cette fois uniquement à la tête. Je l'attire lentement vers moi, en faisant bien attention de libérer la tension à chaque petit pas fait dans ma direction, la caresse puis me dirige vers la porte, l'ouvre, fais quelques pas à l'extérieur lui demandant de me suivre. Une fois dehors, je l'attire à nouveau vers moi, la libérant doucement du licol. Après quelques secondes, déstabilisée dans sa logique, elle part d'abord calmement puis au galop en direction des autres chevaux qui se sont éloignés de l'abri depuis quelque temps déjà.

À ce stade, le problème du licol n'est pas résolu, loin de là, mais c'est déjà une petite victoire. On a interagi avec elle, c'est déjà de la matière mnésique. Parce que ses fréquences cérébrales ont finalement baissé tout comme son rythme cardiaque, le cerveau enregistrera quelque chose de tout ceci qui ne sera plus associé à un état de peur panique, et c'est déjà un message positif qu'il faudra répéter des dizaines de fois. Dans le cas d'Umma qui a toujours vécu dans le conflit, la force et la coercition, c'est une première expérience *positive*. Quoi que l'on fasse avec elle, il ne faut jamais se battre, sauf dans le cas d'une action qui demande une réponse plus affirmée, mais quand ce moment arrive, elle doit comprendre que c'est elle qui a généré cette situation, jamais nous.

Les semaines suivantes sont employées à la mise du licol sans jamais rien lui demander d'autre. Pour cela, je m'arrange pour me retrouver avec elle d'abord dans l'abri à nouveau, puis dans un espace extérieur confiné et enfin dans le pré. Je sais déjà que plus l'espace serait grand et ouvert, plus elle me fera marcher, comme je sais également qu'elle utilisera les autres chevaux pour se mettre à l'abri derrière eux en les utilisant comme un obstacle entre elle et moi. Mon objectif étant de l'exposer le plus grand nombre de fois possible à une situation qu'elle avait classée comme mauvaise en la rendant finalement la plus neutre et inoffensive possible.

C'est de plasticité neuronale qu'il s'agit, défaire des connexions associatives *toxiques* et en recréer de nouvelles *saines* jusqu'à ce que les anciennes soient, sinon désactivées définitivement, tout du moins noyées ou endormies par les nouvelles expériences vécues. Car dans le cas de cette jument, le mal est tellement profond qu'il ne disparaîtra jamais vraiment. Nous devons seulement l'aider à ce qu'il ne soit plus un handicap dans sa relation aux gens, et dans le cas où il resurgit, que ce soit dans des proportions minimes et gérables tant par elle que par la personne concernée.

Il est essentiel d'informer les gens de tout ce qui a été diagnostiqué et entrepris pour ainsi éviter les maladresses dues à l'ignorance des traumas. On ne peut pas se comporter avec Umma comme avec un autre cheval qui n'aurait en aucun cas le même vécu. J'en reviens toujours au même, c'est le problème majeur des *méthodes* et *techniques* qui ne tiennent en aucun cas compte de l'individu et son acquis, mais au contraire figent les gens dans des convictions jamais confrontées à l'épreuve du terrain et ne les préparent pas à s'adapter aux problématiques qui sortent de l'ordinaire, de leur zone de confort. Ce qui pour Umma est une montagne, comme d'accepter de se laisser prendre, est absolument insignifiant pour un autre individu. L'idée doit venir d'elle, c'est la clé du succès, que l'acte soit banalisé dans la plus large mesure possible. Pour cela, il est essentiel que les différentes connexions actives lors de l'enregistrement de l'expérience ne soient en aucun cas associées à la peur et encore moins à la panique. Les fréquences cérébrales doivent être basses, ce qui va de pair avec le rythme cardiaque. L'homéostasie doit être la plus stable possible, et dans le cas d'un déséquilibre, il doit être compris par le système nerveux central comme modéré à faible, et la réponse fournie maîtrisable par l'individu concerné. Pour Umma qui aura systématiquement une réponse de fuite, celle-ci doit devenir de moins en moins convaincante pour ne s'exprimer que dans un temps et une distance raisonnable. Surtout, Umma doit finalement s'arrêter et nous attendre. Comme dit précédemment, l'idée doit venir d'elle, c'est une règle absolue. Ne jamais l'attraper de force ou avec un geste brusque ou vif, car, souvenez-vous, quand quelque chose lui rappelle même de loin un mauvais souvenir du passé, la réaction sera la même que celle déclenchée la première fois. Ce « *quelque chose* » peut être un objet, un lieu, un geste, une personne ou toute autre chose qui réveille un état émotionnel reconnu par le système nerveux central. L'alerte est alors donnée, le fantasme remonte en surface avec la demande de décharger la pulsion qui l'accompagne.

Répétition, répétition, répétition et répétition. Le temps et la répétition sont deux des piliers les plus importants. La répétition engendre de la plasticité neuronale, de nouvelles connexions synaptiques, de la nouvelle matière mnésique. Le temps, lui, est la donnée variable propre à chaque individu. Il ne peut être déterminé de manière fixe ni figé tant il dépend de la gravité du traumatisme, du besoin de vérification et de répétition, de la capacité à surmonter la peur de chacun.

Après quelques semaines de mise du licol dans toutes les situations possibles, j'en arrive au point où Umma se laisse attraper dans un temps acceptable, plus difficilement du côté gauche, plus facilement de face et du côté droit qui lui est plus méconnu. Visiblement, elle a essentiellement été manipulée du côté gauche, comme c'est si souvent le cas. Si elle n'offre toujours pas sa tête à ma venue avec la corde, elle me tourne le dos, faisant quelques pas de fuite, mais s'arrêtant dans un temps gérable et me laissant la rejoindre. L'idée venant d'elle, il est alors bien plus facile de lui passer le licol, avec des gestes très mesurés, assurés, mais délicats. Je la sens toujours se crisper et monter en tension, mais la peur panique ne prend plus le dessus. Elle suit à la longe, d'un pas un peu réfractaire et hésitant, mais suit tout de même. Le temps de la mettre dans le rond de longe est arrivé.

Cette première séance dans le rond est une nouvelle mise en lumière de la profondeur du trauma. Donnant des signes clairs de confiance depuis plusieurs jours déjà, je décide une fin d'après-midi d'aller la chercher le plus calmement et neutre possible. Elle se laisse attraper en quelques minutes et assez calmement guider à la longe jusqu'au rond. Une fois à l'intérieur, je lui enlève le licol et la laisse libre. À ma grande surprise, bien que tendue, elle reste à côté de moi jusqu'au premier geste de ma part pour lui caresser l'encolure. Là, elle fait un bond de côté, je vois clairement apparaître les symptômes de panique et s'exprimer la pulsion de fuite. Elle se met à courir en rond avec frénésie. Courant sans arrêt avec de brusques changements de direction, toujours la tête tournée vers l'extérieur, évitant tout contact proche avec moi. Je la laisse décharger la tension pendant quelques minutes sans intervenir. Mais quand après plus de vingt minutes, elle ne baisse toujours pas d'intensité, je décide d'entrer en jeu. Je lui demande de changer de direction à plusieurs reprises dans le but de la faire finalement s'arrêter, reprendre son souffle, redescendre dans les fréquences cardio-cérébrales, et l'amener à réaliser qu'elle est la seule à courir, que je ne fais rien et surtout, aucun mouvement d'intention agressive dans sa direction. Mais rien n'y fait. Elle ne s'arrête pas de courir. Je m'assieds alors au milieu du rond, subjugué par le spectacle et m'interrogeant à nouveau : « Mais bon Dieu ! Qu'ont-ils bien pu lui faire pour la détruire mentalement à ce point ? ». Je la regarde courir depuis plus d'une heure maintenant, sans qu'apparaissent des signes d'amélioration de son comportement. Elle court et court, comme lobotomisée, l'œil hagard, transpirante et enfermée dans sa prison mentale. Elle ne sait plus pour quelle raison elle fuit, mais fuit encore et toujours, étant incapable de sortir de son fantasme, incapable de s'apercevoir qu'elle est la seule à courir, que je suis assis immobile et que je n'interviens plus depuis longtemps. La nuit et un orage s'approchant, je comprends que je vais devoir me faire violence et l'attraper de force. Je la laisse donc quelques minutes seule dans le rond, le temps d'aller chercher un vieux lasso de rodéo. Sur le chemin du retour vers le rond, je m'aperçois avec étonnement qu'elle court toujours, dans une attitude robotisée. J'entre dans le rond, me mets au milieu, calcule la boucle et la longueur de lasso nécessaires, évalue la distance et la vitesse de lancer puis, après deux ou trois tentatives manquées, l'attrape et m'accroche à la corde. Sa réaction est semblable à celle d'un mustang sauvage, elle se débat dans tous les sens pour se libérer de l'emprise avant de comprendre que la tentative est vaine. Malgré mes gants, je sens la brûlure du frottement de la corde aux paumes de mes mains, témoignage de la lutte brève, mais intense qui a lieu.

Une fois stoppée, je reste immobile, lui laissant reprendre lentement son souffle et la part de ses esprits encore en contact avec la réalité, puis m'approche lentement, très lentement, dosant tous les gestes et mouvements, pour me retrouver finalement à ses côtés, lui caresser l'encolure, desserrer l'étreinte de la corde et lui passer à nouveau le licol avec le même rituel et les mêmes gestes utilisés depuis des semaines. Finalement tenue à la longe, j'enlève le lasso et ressors du rond avec Umma derrière moi. Une fois dans le pré, je fais encore quelques pas, tout en ayant un œil sur elle et observant ses signaux corporels. Je l'amène petit à petit à me rejoindre puis lui enlève le licol, la libérant définitivement. Étrangement, elle reste à mes côtés sans savoir quoi faire, comme si elle ne réalise pas qu'elle n'est plus prise et qu'elle se trouve dans un espace ouvert et libre. Je fais quelques pas en direction des abris du pré avec Umma toujours derrière moi, puis enfin, elle s'éloigne et galope vers les autres chevaux, les appelant de toute sa voix.

Je reste songeur, la regardant partir, estimant l'ampleur du travail qui m'attend.

Il est absolument hors de question d'aborder cette jument comme un autre cheval qui n'a pas le même vécu et les traumatismes causés par ce passé. C'est malheureusement ce que proposent les techniques et méthodes diverses qui figent l'apprentissage en ne tenant aucunement compte de l'individu. Outre l'inné qui peut être en grande partie mis en commun pour chaque espèce animale, la nôtre comprise, fruit de millions d'années d'évolution, l'essentiel de l'impact sur la mémoire consciente et inconsciente concerne l'acquis et l'environnement, associés à un terrain mental et émotionnel propre à chaque individu.

L'inné, considéré par les biologistes comme faisant partie du patrimoine génétique, est, il me semble également soumis aux lois de la plasticité. Une plasticité génétique qui évolue extrêmement lentement, liée entre autres à l'inéluctable adaptation et aux modifications des conditions de vie. Ceci mérite certainement un développement et que l'on y revienne un peu plus tard.

Le terrain mental spécifique est ce qui fait que deux frères, aimés tous les deux, de mêmes parents, même environnement, mêmes valeurs transmises, même éducation, mais percevant les événements inconsciemment ou consciemment différemment, finiront avec des parcours opposés. L'un peut devenir médecin par exemple, et l'autre sombrer dans la délinquance. Pour la plus grande incompréhension des parents et de l'entourage convaincus d'avoir agi de manière équitable et identique avec les deux personnes. Ce ne sont pas des robots, ils ne sont pas sortis d'une chaîne de fabrication, ils sont de la matière vivante, un assemblage de cellules qui est en gestation dans un autre corps vivant pendant des mois, corps étant lui-même sujet à sa propre perception et interprétation des émotions. Rien qu'au niveau du système entérique si intimement lié aux émotions, à leur perception, au fonctionnement intestinal et son impact sur les humeurs, sur le tempérament, sur la mémoire liée aux émotions, sachant que tout se joue dans les premières semaines de gestation, comment alors adhérer à l'idée qu'une méthode ou une technique aura le même résultat sur deux individus qui ont une perception des choses et de la réalité radicalement différente ? C'est ignorer l'individu, son passé, son vécu, ses émotions, leur impact sur la mémoire implicite, ses problèmes. On est bien loin alors de la compassion et de l'empathie.

Dans le cas d'Umma, il faut d'abord réussir à entrouvrir sa porte mentale. On ne peut pas envisager la formation de cette jument dans le but de la monter en parfaite décontraction sans avoir réussi avant tout à capter son attention et générer un début d'intérêt à ce qui lui est proposé. Pour ceci, au travers d'une forme de thérapie cognitive et comportementale, il va falloir retourner par fragments dosés dans son trauma et l'aider à le surmonter. Tout d'abord, cela ne sert absolument à rien de faire courir en rond, de chasser, de mettre en place un rapport hiérarchique de dominance entraînant la fuite avec cette jument, puisque c'est exactement la seule chose qu'elle sait faire en présence interactive avec l'homme, et c'est justement ce dans quoi elle est enfermée et d'où il faut l'extraire. Au contraire, il va falloir lui apprendre que le confort et la sécurité se trouvent à notre proximité, en opposition de ce qu'elle a acquis comme une certitude. C'est pourquoi elle va devoir être travaillée à la corde, une corde assez longue lui permettant de s'écarter de nous quand elle en ressent le besoin, mais nous permettant également d'avoir un contrôle de la distance de séparation et de fuite, limitée à quelques mètres, et surtout de l'inviter à se rapprocher à nouveau.

Les deux ou trois jours suivants, je me contente d'aller vers elle dans le pré, avec le licol à la main, de l'approcher, de la caresser, de lui passer ou non le licol et de m'en aller. Son attitude me fait clairement comprendre qu'elle ne m'a absolument pas associé à l'expérience vécue dans le rond qui elle, est juste le fruit du rappel d'un très mauvais souvenir associé d'abord à la peur, puis à la panique, créateur d'un fantasme et de l'irrépressible besoin de décharger la pulsion de fuite l'accompagnant. Sans lien concret avec un stimulus particulier de la réalité externe. Les associations mentales faites à la longue par l'expression répétée de la peur panique dans son passé avaient fini par remplacer la réalité par le fantasme, celui-ci devenant la réalité pour Umma.

Lors de la seconde séance prévue dans le rond, je lui passe le licol relativement facilement, et elle me suit tenue en longe à travers le pré, ni plus ni moins crispée que lors de la première tentative. Une fois dans le rond et toujours tenue en longe longue de cinq mètres, je marche avec elle derrière moi, en cercle, le long des barrières, changeant de direction, m'arrêtant, repartant, sans la regarder ni me retourner. Après quelques minutes, je me retrouve au centre du rond avec elle et lui fais face. Je m'approche doucement, mais sûrement, sans montrer d'hésitation. Avec le reste de la corde rassemblée en boucles tenues dans ma main gauche, j'entreprends de la caresser sur tout le corps. Sa première réaction est celle de la crainte, je vois ses yeux commencer à exprimer la peur, et son corps se tendre. Au premier contact de la corde sur son flanc, elle fait un mouvement brusque de côté afin de s'éloigner, et fait mine de fuir. Je la laisse faire deux ou trois premières foulées de galop, mais la bloque en la faisant pivoter toujours face à moi jusqu'à ce qu'elle décide de s'arrêter. Je lui laisse le temps de réfléchir à la situation et l'observe mâchouiller, signe qu'elle intègre cette nouvelle information, avant de l'inviter à me rejoindre en relâchant la tension de la corde à chaque pas fait dans ma direction.

Il est impératif de rester absolument calme et le plus neutre possible dans ce genre de situation. Bien garder à l'esprit que c'est elle qui a le problème, pas nous. N'oublions pas qu'elle lit nos messages corporels et interprétera tout signe de peur ou de tension comme un danger potentiel. C'est pourquoi il nous faut nous arrondir légèrement, ne pas rester droit comme des poteaux ce qui est un signe de défi ou de tension chez les chevaux.

Pour eux, nous sommes sur nos pattes arrières, oreilles plaquées, premiers signes d'affrontement. Si en plus, notre corps exprime de la tension, de la crainte ou de l'agression à travers notre champ électromagnétique dégagé, c'est courir droit à l'échec. Il leur faut du temps pour nous étudier et comprendre que notre posture ne correspond pas forcément à ce qu'elle représente dans leur culture. Pour cela, notre message corporel est crucial. Ne pas oublier que nos ondes cérébrales associées à notre champ électromagnétique nous trahissent. C'est une erreur très répandue que de croire que dans les moments de colère ou de peur, parce que l'on feint la décontraction et l'amitié, ils seront dupés. Au contraire, un message contradictoire et bivalent est pour eux extrêmement inquiétant. Une attitude pseudo-amicale liée à une variation anormale des ondes corporelles éveille tous les signaux d'alerte. La peur, par exemple, n'est pas forcément interprétée comme une faiblesse de la part d'une personne, mais comme un danger potentiel. Comme si le cheval se disait : « *mais qu'y a-t-il de si dangereux pour qu'elle ait peur ?* ». Comme c'est un animal de proie, et que sa survie dépend de sa réactivité au danger, il aura à ce moment une réaction associée à la peur, ses marqueurs physiologiques enregistreront également un changement dans la direction de la peur.

Le but de cette séance est de réussir à lui faire accepter que je la caresse avec la corde sur le corps, si possible des deux côtés, et je suis prêt à accepter comme une petite victoire le moindre signe positif de sa part allant dans cette direction. Elle a toujours de la peine à me laisser me tenir près de ses flancs, fermant la porte en tournant la tête pour se retrouver toujours face à moi plutôt que de côté, ainsi que se laisser toucher l'arrière-main, mais finalement, après deux bonnes heures environ, elle me laisse poser cette corde sur elle et la frotter gentiment avec elle. Je la sens toujours tendue et prête à fuir au moindre doute sur mes intentions, mais elle accepte néanmoins de vivre l'expérience, de me laisser le bénéfice du doute.

Toutes les prochaines séances ainsi que les visites suivantes sont basées sur le même exercice, réussissant même parfois à aller la voir au pré et la caresser avec la corde sur une partie du corps pendant de brefs instants et en totale liberté. Dans le cas d'Umma, c'est un vrai cadeau qu'elle me fait. J'ai réussi à établir les bases d'une relation de confiance essentielle à toute demande de collaboration à venir. À partir de là, je vais pouvoir augmenter graduellement la difficulté et les stimulations.

Je peux l'attraper maintenant assez facilement dans le pré. Elle a toujours ses jours plus difficiles, mais c'est dans ces jours-là que la patience est la plus payante et je le sais. Après quelques séances de plus, je lui passe la corde sur tout le corps, des deux côtés, des drapeaux ou des plastiques ou l'extrémité d'une chambrière aussi. Je lui prends les quatre pieds avec la corde ou à la main, passe sur des bâches. J'ai également commencé à lui lancer en douceur la corde sur le corps et les membres. Bien que ce geste soit assimilé de sa part à de l'agression, nous avançons dans la bonne direction, Umma maîtrisant mieux ses peurs phobiques, esquissant des gestes de fuite, mais réussissant mieux à les contrôler, l'intensité ayant baissé de plusieurs crans. Je n'insiste jamais dans le lancer, une ou deux fois seulement, et puis je reviens à de l'acquis, c'est ce dosage qui permet d'avancer, la limite entre l'acceptation et la fuite étant toujours très ténue chez Umma. Je peux même alterner les moments à la corde et en liberté dans le rond. Elle fuit toujours dès que je la relâche, mais elle se laisse aussi attraper. Cela prend plus de temps dans le rond qu'en liberté, l'interaction étant toujours un problème pour Umma, qu'elle associe à un souvenir désagréable. Mais je sens néanmoins que sa reconstruction mentale a commencé et qu'elle remet en question certaines de ses convictions. L'arrière-main pose toujours plus de problèmes que l'avant-main, et je suis convaincu qu'elle a dû recevoir pas mal de coups pour la faire avancer, ce qui a créé un réflexe de sursaut ou de recul à chaque fois qu'elle sent un contact sur sa croupe. Lui prendre les postérieurs est également problématique, mais comme toujours, avec compassion, empathie et patience, les résultats s'améliorent à chaque tentative.

Je laisse quelquefois les autres chevaux nous accompagner et rester autour du rond pendant les séances. Cela me permet de travailler et d'améliorer sa capacité d'attention, tout en apportant une présence rassurante autour d'elle. Ses congénères assistent avec curiosité à ce qui se passe là-dedans, et en fin de séance, quand Umma donne des signes évidents de vouloir sortir et les rejoindre, je leur ouvre la porte pour les laisser entrer et inspecter l'intérieur à leur guise. Un jour, ils passeront également plusieurs heures en tête-à-tête dans ce rond de longe avec moi, et plus ils sont familiarisés avec l'environnement, plus le travail en sera facilité. De plus, les plans de fuite d'Umma tombent à l'eau, et bien que contrariée au début, elle reste finalement dans le rond tranquillement avec les autres. Situé dans le coin d'un des prés, j'ai fini par laisser le rond ouvert la nuit, les laissant ainsi entrer et sortir à leur guise. Le lieu leur est devenu très familier et commun, trouvant souvent des traces de leur séjour à l'intérieur, ou même carrément couchés et endormis.

Je descends souvent avec Umma en main et laisse les autres partir au galop vers le rond, elle essaie de les suivre la première fois et je la retiens fermement, mais toujours dans le calme, surprise, elle n'a jamais recommencé. Maintenant, elle accepte parfaitement le licol, la marche en longe, même le trot à côté de moi, toujours très respectueuse et confiante. Nous sommes devenus de très bons amis avec le temps. Nous nous sommes beaucoup étudiés l'un et l'autre et nous connaissons assez bien. Son regard a radicalement changé, et bien que ses fantômes apparaissent encore de temps en temps, ils sont de plus en plus rares, bien que toujours sous-jacents.

Dans le cas de traumatismes aussi profonds, il faut savoir qu'ils ne disparaîtront jamais totalement. Si le travail de thérapie, parce que c'est bien de cela qu'il s'agit, est effectué correctement, les peurs sont d'intensité infiniment plus basse et gérables par le sujet. Dans le cas d'Umma, toute interaction a une double fonction simultanée : d'abord, tout ce qui lui est proposé est basé sur sa relation à la peur et son besoin de fuite, mais en doses homéopathiques. Ce qui lui permet de nourrir sa capacité à vaincre la peur et maîtriser ses envies de fuite. Améliorer sa capacité de jugement d'une situation donnée et en gardant les fréquences cérébrales le plus bas possible, son homéostasie la plus stable possible, d'intégrer de la nouvelle matière mnésique afin de modifier certaines connexions neurologiques et d'en créer de nouvelles qui prendront le dessus sur les anciennes et les empêcheront d'être actives. En même temps, tout ce qui lui est proposé, qui lui fait peur, mais qu'elle arrive à vaincre, renforce notre relation au travers d'expériences vécues en commun et répète le message contenu « *il ne t'arrive rien tant que je suis là, je suis celui qui te protège en toutes circonstances, je ne te fais jamais de mal, ne me perds pas de vue* ».

À ce stade de notre relation et après presque une année de travail, je décide un matin de la remettre face à une situation qu'elle avait exprimée comme très traumatisante : le van. Ceci va permettre de me faire une idée plus précise sur l'état de son évolution à gérer ses peurs et la confiance qu'elle a exactement en moi. Je garde un souvenir très vivace de notre première et unique fois à ce jour, de ces deux heures et demie cauchemardesques. Là, je vais être fixé.

Je place le van accroché à mon véhicule au milieu d'un des prés et vais la chercher. Comme toujours, elle esquisse un mouvement de fuite en m'apercevant avec le licol et la corde à la main. Rien de dramatique, juste quelques pas, réminiscence des mauvais souvenirs du passé. Je m'approche calmement, la caresse légèrement dès qu'elle est à portée de main et lui passe le licol. Elle me suit calmement, nous passons tout aussi calmement la porte séparant les prés et nous dirigeons vers l'attelage que j'ai volontairement placé en contrebas de manière à ce qu'elle puisse le voir à distance depuis la petite butte dominant le pré du bas. Je la sens se raidir légèrement. Je continue à marcher calmement tout en restant très attentif aux variations de tension de la longe dans ma main, prêt à réagir en cas de mouvement brusque de la jument.

Nous sommes arrivés à la hauteur de la remorque maintenant. C'est le même van de deux places en oblique, sans rampe à l'arrière et avec une sortie à l'avant équipée d'une rampe, le même que j'avais utilisé pour aller la chercher. Il est entièrement ouvert, tant les portes arrière, la sortie avant, ainsi que la très grande fenêtre latérale qui s'ouvre sur toute la longueur du van, de la sortie avant aux portes arrière. Nous passons devant sans nous arrêter, comme s'il n'était pas là, en faisons le tour plusieurs fois par la gauche, puis par la droite, de manière à ce qu'Umma ait une bonne image de la situation, de ses deux yeux. Au dernier tour, je continue mon chemin plus loin, fais demi-tour à bonne distance et m'arrête. Je laisse Umma observer l'environnement quelques instants, puis fais quelques pas en direction du van, tout en lui parlant et l'invitant à me suivre. Arrivés près de la porte arrière, je lui demande de s'arrêter et m'approche du van, monte à l'intérieur et fais quelques sauts tout en tapant contre les parois. D'abord surprise, elle entame un très léger mouvement de recul, puis voyant que je ne lui demande rien, elle reste sur sa position à m'observer. Je redescends du van, m'assieds sur le bord et l'invite alors à me rejoindre. Elle fait les quelques pas qui la séparent de moi lentement et sur ses gardes, mais s'approche. Elle renifle le van, le bord, un peu le plancher et fait quelques pas de recul que je lui laisse exécuter. Je lui accorde quelques secondes de réflexion et lui demande de me rejoindre à nouveau en exerçant une légère tension sur la corde que je relâche dès qu'elle fait un pas dans ma direction. Une fois à ma hauteur, je me lève lentement et pénètre d'un ou deux pas à l'intérieur du van, mais sans rien lui demander de plus que de rester au bord. Je m'accroupis quelques instants puis ressors du van en l'invitant à me suivre plus loin. Je la vois mâchouiller, ce qui est un signe d'enregistrement d'information dans sa mémoire. La surprise et la tension initiale ont disparu. Elle est calme. Je recommence alors le même scénario, mais cette fois, je ne m'arrête plus quelques mètres avant la remorque, je continue mon chemin sur le même pas et monte à l'intérieur du van sans me retourner. Je sens alors la longe se tendre légèrement. Je me retourne et vois Umma à l'arrêt, à une courte distance de l'entrée. Je l'invite à s'approcher au plus près de l'ouverture, ce qu'elle fait non sans d'abord exprimer son envie de reculer. Les canons de ses antérieurs touchent à présent le bord du van, sa tête et son encolure sont donc à l'intérieur.

C'est une des raisons pour lesquelles j'aime travailler avec une remorque sans rampe de chargement. Une fois que les antérieurs touchent le bord du van, la tête et l'encolure se trouvent déjà à l'intérieur. Pour le cheval, le positionnement de sa tête est un indicateur. Quand elle est à l'intérieur du van, c'est comme si son corps l'est déjà. Le plus gros du travail est fait. C'est le problème des remorques avec rampe de chargement, elles font du bruit, ne sont pas totalement stables, le cheval peut trébucher s'il recule latéralement et surtout, c'est un obstacle de plus avant que la tête et l'encolure ne se retrouvent à l'intérieur. C'est une difficulté de plus dans le travail de chargement d'un cheval dans une remorque, exercice qui réunit un ensemble de critères qui lui sont opposés : il est enfermé, certaines fois seul et n'a plus le contrôle du mouvement. Extrêmement grégaire par nécessité, il souffre de claustrophobie. L'isolement est une torture psychologique ; il n'est finalement pas très différent de nous en cela, alors pourquoi tant de propriétaires de chevaux ne comprennent pas sa réticence à monter dans un endroit confiné et exigu ? Avec un cheval comme Umma qui, en plus, a une ou des expériences traumatisantes associées au van, la rampe ne fait qu'augmenter la problématique. La stratégie est dans un premier temps de lui faciliter les choses, la difficulté venant ensuite quand la base est assimilée correctement. Ce n'est pas de la magie, mais juste du bon sens.

Je la laisse quelques instants intégrer cette nouvelle situation, observant que son degré de tension a légèrement augmenté, mais reste maîtrisé. Je lui laisse faire un ou deux pas de recul, puis l'invite à retrouver sa position au bord du van à nouveau. Alors, à mon tour, je lui demande de reculer pour l'inviter encore une fois à s'approcher. Après quelques répétitions de ce petit ballet, je descends du van et refais quelques tours à gauche, puis à droite, pour finalement m'éloigner et me retourner face à l'attelage une bonne dizaine de mètres plus loin.

Après quelques secondes, je reprends ma marche en direction de l'ouverture et à mi-parcours, je sens la corde se tendre. Umma ne veut plus, elle me regarde la tête levée et le regard fixe, me signifiant que tout ceci a assez duré et qu'elle estime qu'elle en a fait largement assez. Bien que son expression faciale mime la peur, son corps lui n'exprime rien de tel, au contraire, elle ne montre aucun signe extérieur de crainte, ce n'est que de la résistance passive, sa manière d'exprimer un refus. Je l'invite calmement à me suivre, mais sans résultat, au contraire, elle se visse littéralement dans le sol, basculant son poids sur les postérieurs, comme enracinée avec la conviction de ne plus avancer un seul pas de plus dans la direction demandée. Après deux ou trois tentatives de plus, toujours très calme et en douceur, relâchant la tension de la corde après chaque demande, mais sans succès, je donne alors à la corde un mouvement fort et sec vers le bas. Umma est extrêmement surprise et la peur remonte alors réellement à la surface. C'est la toute première fois depuis qu'elle est arrivée que j'ai un comportement agressif à son égard. Elle tente une volte et une fuite au galop, mais je reste ferme et la retourne instantanément face à moi avant qu'elle n'ait eu le temps de s'exécuter, je donne alors à nouveau un coup sec vers le bas, dosant la force de manière à ne pas générer une situation incontrôlable en augmentant inutilement la confrontation. J'ai besoin de retourner dans cette partie de son trauma liée à l'affrontement tout en gardant un niveau de tension lui permettant de réfléchir et non de se laisser submerger par la peur panique, comme cela a été le cas dans sa vie passée. Elle recule de quelques pas, ne sachant où fuir. Je lui redonne alors un troisième coup sec qui la fait reculer à nouveau. Prise au licol, elle ne peut s'échapper d'une situation qu'elle a générée. Je me contente de la garder face à moi, toujours très calme et détendu, de relâcher la tension de la corde après chaque coup, suivant d'un pas tranquille son mouvement de recul. Après ce troisième coup sec, je la laisse reprendre ses esprits et se calmer. Je reste face à elle, serein, dans la même attitude que celle que j'ai eue avant cet épisode conflictuel tout en observant à travers ses signaux corporels les symptômes du stress redescendre et se stabiliser très lentement. Une fois à un niveau acceptable, mais sans que la peur ait totalement disparu, je l'invite à me suivre à nouveau, ce qu'elle fait sans hésiter. Nous nous approchons de la remorque, je monte à l'intérieur en me dirigeant tout droit vers la sortie, la longueur de la longe me permettant de me retrouver un pied sur la rampe de sortie, la jument au bord du van, mais toujours en contact avec moi tant visuel que physique à travers la corde. Elle s'est arrêtée au bord de la remorque, les canons des antérieurs touchant le bord rembourré, tête en encolure à l'intérieur. Sentant une légère tension dans la longe, je me retourne de trois quarts, invitant Umma à me suivre dans mon intention de ressortir de la remorque et non de m'arrêter à l'intérieur. Une ou deux invitations, sans lui laisser le temps d'entrer à nouveau dans une dynamique de refus, tout en lui tournant le dos, le buste penché vers l'avant indiquant mon intention de continuer le mouvement vers l'avant et de sortir, j'entends le doux bruit de ses sabots sur le plancher s'accélérer pour me rejoindre à l'extérieur. Une fois dehors, je la flatte et l'embrasse avec effusion, lui exprimant toute ma joie non feinte. Je la vois mâchouiller à plusieurs reprises et peux lire à cet instant dans son regard l'autosatisfaction de l'extraordinaire accompli.

Il est absolument essentiel que le cheval comprenne que c'est lui qui a généré le conflit et non celui qui le subit sans raison. La difficulté ici est d'émettre un signal clair et fort tout en maîtrisant le message que nous envoyons avec notre corps. Avant de réagir et de profiter de l'effet de surprise, je l'invite plusieurs fois à me suivre. Son attitude exprime quelque chose du style « ... *et là, si je fais ça, il se passe quoi ?* » ; à ce moment, la réponse doit être claire, précise et maîtrisée. Le dosage de la force du geste est important. Ne jamais se laisser emporter par nos émotions. Trop fort, il peut être générateur d'une réaction excessive, ce qui n'est absolument pas souhaité. Trop faible, il est inutile est enverra également un mauvais message sur nous au cheval et renforcera son mode opératoire. Notre désapprobation ne doit durer uniquement que le temps du geste. Le geste, lui, exprime tout le contenu et doit être accompagné d'un message corporel clair. Mais notre corps et notre comportement doivent redevenir neutres à la seconde qui suit, laisser le cheval réagir, reculer, puis quelques secondes après, le surprendre avec un deuxième geste désapprobateur tout en redevenant neutre la seconde suivante. Ne pas oublier qu'au fond, ici, le problème c'est le cheval qui l'a, nous ne sommes là que pour l'aider à surmonter un traumatisme. Répéter l'action une troisième fois permet de bien exprimer notre mécontentement qui doit toujours être justifié dans la logique du cheval. C'est toujours un jeu de hiérarchie. Dans la nature, si un membre de rang inférieur a un comportement inadéquat à une demande d'un autre de rang supérieur, la réponse sera très claire, et violente si nécessaire, mais toujours brève dans le temps. Une fois la réponse correcte obtenue, tout redevient normal et la vie suit son cours paisiblement. Le cheval n'ayant pas la notion du temps du fait de son architecture cérébrale spécifique, il ne peut comprendre un comportement agressif dans la durée sans un lien avec l'instant présent. C'est pour cette raison qu'une fois le geste contenant notre mécontentement exécuté, il est impératif d'évacuer toute expression corporelle et mentale d'agacement ou d'énervement, et de laisser au cheval le temps d'évaluer son action de défi et la réaction engendrée par elle. Bien sûr, il est également capital d'avoir une lecture correcte de l'instant et d'apprécier justement si le refus d'avancer dans ce cas est le fruit de la crainte ou de la défiance. Notre comportement ne sera évidemment absolument pas le même dans un cas ou dans l'autre. La séquence n'a duré qu'une quinzaine de secondes et le temps de réflexion final également. Dans ces instants, il est en train de revoir sa logique nous concernant et recrée une image de nous plus en accord avec ce qui lui est proposé. Car à aucun moment jusqu'à ce refus, la jument Umma n'a été contrainte ou forcée. Je lui demande de collaborer, mon but étant que finalement, elle monte dans ce van et que l'action finale vienne d'elle. Rien de ce qui a été fait ne justifie son refus d'avancer qui, lui, correspond à une stratégie utilisée dans son passé et qui pourtant a certainement dégénéré. Mais elle n'a connu que ce scénario. Pour elle, c'est la réalité des choses qu'elle ne peut régler ensuite que par la fuite brutale une fois la peur panique installée.

Cela fait un peu plus de quarante minutes que nous sommes là et j'emploie la prochaine demi-heure à monter et descendre plusieurs fois dans toutes les variantes possibles : la faire attendre quelques secondes devant la porte, puis descendre, soit par l'avant, soit en reculant par la sortie arrière sans rampe, la faire attendre avant de monter, puis la faire attendre à l'intérieur avant de sortir. Tout se passe tellement bien que je la fais également monter par la rampe de sortie, ce qu'elle fait sans hésiter. Elle est calme, sûre d'elle, mâchouillant continuellement, à chaque variante proposée. À chaque passage, je lui exprime ma joie et ma satisfaction de la manière la plus démonstrative possible. Puis, après la dernière montée, je lui enlève le licol et me dirige vers le haut du pré. Elle me suit calmement jusqu'à la porte, là je lui passe à nouveau le licol, entre dans le pré avec elle, fais quelques pas et lui enlève à nouveau le licol. Elle reste près de moi, ne sachant quoi faire, rester ou courir rejoindre les autres. Après quelques pas à mes côtés, elle laisse s'exprimer la tension mentale accumulée et galope vers les autres tout en les appelant.

Umma et moi avons franchi un nouveau palier et pouvons à présent passer à une étape supérieure : la selle.

La selle est une étape cruciale. Tout d'abord parce que c'est un élément qu'il va falloir laisser sur le dos du cheval une fois sanglé pour la première fois. En général, cette première fois va provoquer une défense assez forte, de la ruade au saut-de-mouton, en passant par un moment de stress intense généré par l'envie de se débarrasser de l'objet sans y parvenir. Dans sa nature, ce phénomène est associé au prédateur. C'est lui qui s'accroche pour ne pas lâcher sa proie, c'est donc un réflexe reptilien de survie qui s'exprime. En général, chaque élément de ce genre est abordé sur une base binaire du type « *ce qui est posé est enlevé* » dans un temps progressif afin d'éviter toute situation génératrice de stress à durée prolongée dans le temps, créatrice de fantasme et de pulsion incontrôlable par la suite. Éviter à tout prix une mauvaise trace associée à une action donnée inscrite dans la réalité interne inconsciente. Mais dans le cas de la selle abordée d'une manière traditionnelle, ceci est difficile à faire une fois sanglée. J'ai toujours pensé que dans un processus d'acceptation de « *quelque-chose* » sur le dos, tapis, selle, cavalier étaient une succession logique avec une difficulté ajoutée à chaque étape : le tapis se pose et s'enlève facilement, ne pèse pas grand-chose ; la selle pèse déjà plus avec la composante ajoutée de la compression due au sanglage et de rester accrochée sur le dos, le cavalier pèse lourd, s'accroche également, et en plus complique la liberté de mouvement. Tout ceci est à chaque palier plus coercitif, contraignant et désagréable. Néanmoins, comme dans notre vision le but lointain est de faire de beaux galops dans les bois avec notre monture, il est important d'utiliser ces expériences pour renforcer une fois de plus la capacité du cheval à vaincre ces moments compliqués, c'est-à-dire nourrir son ego, tout comme alimenter encore sa confiance en nous et le sentiment de protection bienveillante que nous devons absolument transmettre.

J'utilise les semaines suivantes à renforcer notre relation qui devient de plus en plus fusionnelle. Je sens son regard me chercher particulièrement dans les moments de difficultés nouvelles. J'avais reçu de la visite et j'en avais profité pour travailler la relation qu'Umma avait avec le monde extérieur et les gens en particulier. Bien qu'elle reste toujours impossible à attraper pour les autres, elle se laisse néanmoins approcher d'assez près, voire caresser, si l'on fait preuve de patience.

— Tout arrive à qui sait attendre, semble-t-elle dire.

Elle est un excellent révélateur de la capacité de chacun à surmonter son impatience, l'humiliation de ne pouvoir lui passer un licol et du manque de confiance qu'elle peut accorder à tout autre que moi. Je me souviens particulièrement d'une femme qui avait été touchée par l'histoire d'Umma que j'avais racontée dans une interview radio à l'époque. Elle avait montré de l'intérêt pour la jument, m'avait contacté, exprimé l'envie de la rencontrer et éventuellement de l'acquérir. Elle était passée me voir. Umma était dans le pré avec les autres chevaux. J'avais accueilli la personne avec curiosité, lui avait donné un licol en lui disant qu'elle pouvait aller la chercher après lui avoir indiqué laquelle était Umma et donné quelques consignes précises sur la façon d'agir. Quand après plus d'une demi-heure à marcher après la jument sans même réussir à l'approcher à moins de cinq mètres et suivie tout le long de son périple dans ce pré par un hongre qui était un véritable pot de colle, l'exact opposé d'Umma, elle était revenue vers moi avec une attitude empreinte d'agacement et de déception me dire qu'elle n'avait finalement pas le feeling avec Umma, mais par contre, qu'elle était intéressée par le hongre. C'était un comportement tellement révélateur d'un ego atteint que je lui avais répondu que je ne lui céderais évidemment aucun des deux. D'abord, parce qu'elle ne comprenait clairement pas Umma, qu'elle n'était absolument pas prête à partir et qu'il était hors de question que je la cède ; ensuite, parce que le hongre agissait de la même manière avec tout le monde et donc, qu'elle n'avait pas plus d'affinité avec l'un qu'avec l'autre.

Évidemment, je raconte très volontiers les longs mois compliqués qu'Umma m'avait obligé à traverser, que rien n'avait été simple ni facile, mais que c'était justement toute cette difficulté rencontrée, la recherche perpétuelle de solutions et des résultats obtenus à force de patience, ténacité, compassion et empathie qui me produisaient ces mêmes sentiments de bonheur, de satisfaction et de joie proportionnels à l'effort fourni. Je me souvenais à chaque réussite de cette phrase lue dans un petit livre de pensées chinoises qui disait ceci : « Le travail, lorsqu'il est réalisé avec concentration et conscience du résultat, peut aussi être source de bonheur ». Je l'ai toujours gardée à l'esprit depuis lors, tellement elle me paraît juste.

Lui passer le licol dans le pré, l'abri ouvert ou le box fermé n'est plus un problème pour moi. La faire monter et descendre du van non plus, d'autres personnes ont essayé avec le même succès, elle aborde toutes les difficultés avec une curiosité et une volonté nouvelle. Son caractère profond se révèle de plus en plus, et il est toujours exempt d'une quelconque méchanceté ou agressivité, quelle que soit la situation proposée. Ceci m'avait déjà frappé durant l'épisode de la première pose du licol dans le box fermé, elle avait eu maintes fois l'occasion de me donner un coup et n'en avait jamais même esquissé le moindre geste. Ceci se confirme toujours aujourd'hui, elle est d'une profonde gentillesse naturelle.

Je vais la chercher un matin dans le pré. Je la retrouve couchée au soleil, avec les autres, profitant des premières chaleurs d'une de ces belles matinées d'avril. Elle me regarde approcher tranquillement, sans bouger. Je m'accroupis près d'elle, lui prodigue quelques caresses et après lui avoir passé le licol, l'invite à se lever et me suivre en direction du rond. Elle s'exécute sans opposition. J'ai déjà préparé le matériel que je prévois d'utiliser ce premier jour d'initiation à la selle.

J'ai depuis longtemps décomposé l'initiation à la selle en séquences progressives, surtout dans la difficulté du matériel utilisé. Pour moi, diviser le phénomène et prendre mon temps, beaucoup de temps, est une règle absolue que j'associe au succès de l'entreprise. Dans une première étape, poser un tapis de selle et l'enlever fait partie de la construction relationnelle élémentaire, de l'acceptation de la demande et de la coopération volontaire. Celui-ci ne revêt pas le caractère coercitif du sanglage, il n'est qu'un objet nouveau et inanimé à intégrer dans le tiroir de la mémoire du connu sans danger. L'unique difficulté est l'acceptation du geste qui permet de le poser sur le dos, geste qui sera répété et que nous retrouverons plus tard dans la pose de la selle, comme dans le passage de la jambe par-dessus le dos pour trouver l'étrier opposé. Ceci est fait dans le courant de la première phase de formation du cheval et intégré tout naturellement. Avant de passer à l'étape suivante, le cheval est capable de le garder sur le dos de longues minutes, tout en broutant tranquillement ou en marchant à la longe. Dans le travail d'intégration du tapis, je m'arrange toujours pour qu'il finisse par glisser sur le dos du cheval et tomber au sol sans que celui-ci n'esquisse plus aucun geste de surprise ou de peur. Une fois ceci acquis, j'utilise un tapis de monte à cru, que je peux sangler très progressivement. C'est un tapis sur lequel je peux également fixer des étriers légers à l'aide de sangles en nylon sur des boucles cousues à l'extérieur et faciles d'accès. Ce tapis a l'avantage d'être rembourré, mais souple, proche de celui posé précédemment tout en étant différent. C'est juste un autre tapis, ni plus ni moins. Le cheval doit l'accepter naturellement et être aussi détendu pour l'un comme pour l'autre. Le message qui est envoyé est que tout objet que nous posons sur le dos ne revêt aucun danger ou inconfort, ce qui est posé est également enlevé.

Sur une barre du rond de longe, j'ai posé en début de matinée l'ancien tapis utilisé depuis les premiers jours de sa désensibilisation, parfaitement accepté depuis longtemps, ainsi que le nouveau tapis de monte à cru auquel j'ai simplement retiré les étriers. Entrés dans le rond, je marche tranquillement avec Umma, faisant des huit, passant devant les tapis sans y prêter la moindre attention. À un moment donné, je m'arrête à la hauteur des tapis, elle pose son nez sur celui qu'elle connaît déjà, puis sur le nouveau qu'elle renifle plus longuement avant de mâchouiller. Je prends l'ancien sous le bras et marche vers le centre. Je le lui présente sur ses deux yeux, avant de le lui poser calmement sur le dos. Elle n'esquisse qu'un léger tremblement quand le tapis effleura son flanc, comme d'habitude, mais sans mouvement de recul. Nous marchons à nouveau dans le rond depuis quelques minutes quand nous nous arrêtons devant le tapis de monte à cru. J'enlève l'autre de son dos, le dépose sur la barre et prends le nouveau sous le bras en direction du centre, répétant alors le même rituel qu'avec le précédent. Elle l'accepte facilement, juste un peu plus de réticence due à la nouveauté. Mais une fois posé et comme il ne se passe rien de plus, elle se détend complètement à nouveau. Je descends la sangle en laine de mouton délicatement du côté droit, la lui présentant elle tourne la tête et la renifle sans plus. Je la saisis sous son ventre par le côté gauche et l'attache faisant attention à être au contact, mais pas trop serrée. Nous reprenons notre marche dans le rond, m'arrêtant après quelques minutes pour serrer la sangle un cran plus fort que précédemment. Outre une légère surprise due au contact, elle s'en accommode rapidement, je la libère de la longe, la laisse marcher et brouter les quelques herbettes naissantes du printemps sur les bords du rond, à sa guise pendant quelques minutes. Ensuite, je lui passe la longe à nouveau, nous dirigeant vers l'endroit où se trouve l'autre tapis, lui enlève celui posé sur son dos en exerçant une légère pression plus forte pour libérer la sangle, le pose sur le bord et sortons du rond. Je la dirige toujours à la longe vers le reste du groupe qui est resté au soleil, lui enlève le licol, petites caresses, bras autour de l'encolure pour l'embrasser derrière l'oreille et c'est tout pour aujourd'hui.

Les deux séances suivantes, espacées de quelques jours, sont exactement identiques à celle décrite précédemment. Même rituel, mêmes réactions, toujours à mâchouiller après chaque nouvelle phase, rien de particulier à signaler. Toujours dans le calme, la petite jument fait preuve de la même bonne volonté. Je laisse Umma tranquille une petite semaine et reprends ensuite le chemin du rond. Pour ce retour aux affaires, un exercice de rappel du vieux tapis et puis du tapis de monte à cru, sanglage progressif en deux fois, comme les séances passées, mais en version accélérée. Ceci me permet de constater que Umma a parfaitement intégré cette phase, elle a toujours ces petits sursauts et montées de stress aux gestes trop vifs ou au contact des flancs inattendus, mais sans commune mesure avec le passé. Elle garde ses yeux sur moi, me fait sentir la confiance malgré ses vieux démons de fuite que je peux encore ressentir, cachés dans l'ombre, toujours latents. J'accroche alors aux boucles du tapis les deux étriers, assez courts, un peu au-dessous de l'arrondi des flancs. Je la promène un moment à la longe, m'arrêtant de temps en temps pour bouger les étriers à la main, me plaçant sur ses côtés. La première fois, je sens clairement le fantasme de panique remonter instantanément et la pulsion de fuite s'exprimer. Elle fait trois foulées au galop autour de moi pour s'écarter au plus vite. Tenue en longe, il m'est facile de la garder dans un périmètre réduit. Au moment de son geste de fuite brusque, je suis obligé de lâcher l'étrier que je tiens dans la main, qui, en retombant, touche le flanc d'un léger contact. Sa réaction est à nouveau exagérée par rapport à l'impact somme toute léger et sans douleur d'un étrier creux et en matière plastique. Il lui faut plusieurs minutes pour retrouver son calme. Nous marchons tranquillement dans le rond en faisant bien attention à ce qu'elle n'esquisse aucun geste brusque. Je peux aisément imaginer ce qui pourrait se passer si les étriers se mettent à voleter et frapper ses flancs à une allure autre que le pas.

Nous l'avons vu dans la partie neurologique concernant les troubles liés à la réalité interne inconsciente : quand quelque chose, même de loin, réveille un souvenir, particulièrement s'il est lié à la peur ou la panique, le fantasme est réactivé accompagné de sa pulsion, et la réaction sera exactement la même que celle de la première fois. Dans le cas d'Umma : la fuite. Je reste convaincu que quoi qu'on lui ait demandé, dès lors que sa réponse n'a pas été celle désirée, une cravache ou une chambrière ont été utilisées pour renforcer la demande, ce qui a eu exactement l'effet inverse. Alors, c'est l'escalade. Cette jument a pris des coups, dès son plus jeune âge, sur l'arrière et sur les flancs, de même qu'elle a été bloquée par l'encolure et en tordant son oreille. Sans comprendre, par ignorance ou simple bêtise, que dans ces instants de panique, utiliser la force, la douleur ou n'importe quelle méthode coercitive ne fait que renforcer la peur, la panique et le besoin de fuir lors de toute interaction afin d'éviter tout contact. C'est exactement le contraire de ce qu'il est préconisé de faire. Par la violence, on n'obtient qu'une soumission non coopérative, et à la première occasion, le sujet fuit, par crainte de la douleur et en réponse à la peur panique. Plus le mal est fait dans un jeune âge, plus les traces seront profondes et complexes à endormir. Je dis volontairement *à endormir* et non *à effacer*, car elles ne s'effaceront jamais totalement, il restera toujours une trace. Ces traces générées écartent le sujet de la réalité, mais prennent le dessus et deviennent la réalité dans la perception que se fait du monde le sujet. Le modus vivendi répondant au modus operandi de l'interlocuteur. Là, c'est l'escalade, la fuite de l'un nourrissant la violence de l'autre, le mettant face à son incompétence et au besoin viscéral d'imposer sa volonté par n'importe quel moyen.

Je me rends compte à nouveau, si besoin était, à quel point le fil tissé depuis des mois est ténu et le mal profondément ancré en Umma. Chaque geste devant être mesuré et maîtrisé, sous peine de revenir en arrière dans le trauma et de devoir recommencer. Néanmoins, tout prend moins de temps, et chaque erreur peut être rectifiée bien plus rapidement que par le passé. Je garde à l'esprit que si le mal est toujours présent, le bien l'est également. Toutes les traces positives enregistrées depuis ces longs mois permettent à Umma, dans les moments de retour de son trouble comportemental, d'en sortir bien plus rapidement, le niveau de panique n'ayant plus aucune mesure avec celui exprimé au départ.

La suite de cette séance se concentre sur sa capacité progressive à intégrer les mouvements latéraux des étriers ainsi que leur impact sur ses flancs une fois relâchés par ma main. D'abord à une distance de dix centimètres, puis vingt, puis trente puis à angle droit. Ceci des deux côtés, évidemment. Je profite de sa concentration, puis de sa curiosité naissante sur ces deux objets qui pendent des deux côtés de son corps pour remettre un cran de plus au sanglage. Ceci ne pose aucun problème. À la fin du travail de cette matinée, je peux secouer les étriers et les laisser retomber sur ses flancs. Elle a toujours ce petit spasme musculaire au moment de l'impact, mais ne cède plus à la panique. J'alterne les séances de travail avec plusieurs jours libres. Lors de la dernière séance de travail de cette phase, j'amène Umma dans le rond, lui pose directement le tapis de monte à cru, la caresse brièvement avec les étriers sur les flancs, les relâchant également, variant hauteur et intensité. Ne constatant aucun signe d'inconfort, je la libère de la longe et la laisse aller et venir à sa guise dans le rond. M'approchant de temps en temps d'Umma, j'alterne caresses à la main, avec l'étrier et les petits impacts sur les flancs. Les premières fois, elle a un spasme musculaire sur le flanc, mais il disparaît assez rapidement. À un certain moment, elle a un sursaut et prend quelques foulées de galop, les étriers tapotant ses flancs de façon désordonnée, je sens la peur apparaître à nouveau. Je l'observe, calme au milieu du rond et quand je juge que l'intensité de la peur devient trop forte et plus difficile à contrôler, je demande à Umma son attention, de s'arrêter, ce qu'elle fait assez rapidement. Elle me regarde essoufflée, l'œil un peu hagard, mais néanmoins elle a réussi à se maîtriser. Je l'invite à me rejoindre, ce qu'elle fait. Que de chemin parcouru également ! Les résultats sont bien là et le sentiment de satisfaction tellement grand dans ces moments. Je lui enlève le tapis au milieu du rond, me dirige vers le bord pour y déposer l'objet, elle me suit. Je la caresse, lui passe la longe et partons retrouver les autres chevaux. Je lui enlève le licol, l'enlace, l'embrasse derrière l'oreille et la laisse libre. Elle a retrouvé tout son calme et broute paisiblement à mes côtés. Elle est prête à monter la difficulté encore d'un cran.

Après la phase du tapis de monte à cru, sanglé progressivement et auquel j'accroche de légers étriers, acceptée et intégrée, je passe à une étape qui comprend une première notion de poids, de superposition des éléments et donc d'un sanglage un peu plus prononcé, tout comme des étrivières et des étriers plus traditionnels. Pour cela, j'utilise une selle sans arçon. L'arçon est compensé par un rembourrage plus ferme de certaines zones du tapis qui rendent celui-ci plus rigide que celui de monte à cru, et s'apparente plus au tout premier utilisé, qui lui est un tapis utilisé normalement sous une selle de type western. La selle ressemble à une selle western, elle a un pont et un pommeau, un siège relevé, elle descend plus bas sur les flancs du cheval et a un ensemble étrivières/étriers proche du celui utilisé par les selles américaines. Dans cette partie de la formation, le cheval sera mis en mouvement, la selle va lui tapoter le dos et les étriers les flancs de manière désordonnée. Tous les éléments sont réunis pour que son état d'anxiété augmente de façon considérable, particulièrement dans le cas d'Umma et des réactions qui sont les siennes depuis le début dans pareille situation. Il est donc important de bien contrôler la vitesse que prendra le cheval, car dans un effet de force centrifuge, peu sanglées, ces selles ont une réelle tendance à tourner, et là, on prend le risque de se retrouver face à un vrai problème aux conséquences difficiles à prédire tant dans l'instant présent vécu par le cheval, comme dans les traces qu'elles pourraient laisser dans sa mémoire. Le but étant, comme toujours, que cette expérience contre nature pour le cheval soit vécue de la façon la moins traumatisante possible, afin qu'elle soit intégrée si ce n'est comme un moment de plaisir, du moins comme un acte anodin et sans danger. Pour cela, il va falloir faire redescendre le cheval dans ses fréquences, une fois le moment de stress passé, pour que la trace laissée ne soit pas une trace négative liée à une expérience traumatisante qui rendrait alors difficile le principe de remettre une selle ultérieurement.

J'ai laissé Umma tranquille pendant plus d'une semaine. Je continue à lui rendre visite évidemment, mais sans rien lui demander de particulier ni faire quoi que ce soit. Dans beaucoup de cas de ce genre, ne rien faire c'est faire beaucoup. J'avais eu d'autres chevaux à travailler et elle était venue vers le rond avec le reste du troupeau voir ce qui se passait là-dedans, toujours le même regard empreint de curiosité. La plupart du temps, après quelques minutes, les chevaux s'éloignent, vont faire autre chose ailleurs, puis reviennent et s'en vont à nouveau. C'est son cas et ça me fait plaisir de la voir passer la tête par-dessus les barrières, comme si elle cherchait le contact ou l'envie d'entrer à son tour.

Après ces quelques jours de repos, je vais la chercher dans le pré pour une session de répétition. Tapis néoprène standard, puis celui de monte à cru, sanglage, étriers, mouvements et contact des étriers. Tout est bien intégré, aucun signe de stress ni de résistance n'apparaît outre le désormais traditionnel spasme musculaire au premier contact des flancs, mais une fois passé l'effet de surprise, plus rien. Je remonte avec elle à la longe et le tapis sanglé sur son dos jusqu'à l'abri où les autres attendent à moitié somnolents, lui enlève le tapis, la caresse et pars chercher le reste du matériel qui est resté dans le rond.

Le lendemain, je remarque les chevaux couchés dans le pré pas trop loin du rond de longe. Je prends le tapis et la selle sans arçon et me dirige vers le centre du rond, dépose la selle renversée sur son pommeau et le quartier avant, le tapis en équilibre sur le quartier arrière. Je passe devant eux, aucun ne se relève ni ne prête trop attention à moi. Ils me regardent entrer dans le rond poser les objets que je tiens sous le bras sans montrer plus d'intérêt que ça. Au retour, je m'arrête près d'eux, m'accroupis et les caresse l'un après l'autre, sans qu'aucun d'eux ne se relève. Je pars les observer de plus loin et les laisse terminer leur sieste. J'ai maintenant le licol d'Umma à la main, et dès qu'elle se remet debout, je vais la chercher et l'emmène dans le rond. Après avoir marché quelques minutes le long du rond à main droite et main gauche, je raccourcis le diamètre de notre marche afin de nous retrouver proches de la selle en faisant le tour de celle-ci toujours sur ses deux mains, sur son côté gauche et son côté droit, pour qu'Umma puisse bien observer ce nouvel objet de ses deux yeux, dichotomie oblige. Je l'arrête devant la selle et la laisse la renifler ainsi que le tapis pendant quelques instants. Ensuite, je lui pose tranquillement le tapis, puis lui dépose en douceur la selle sur le dos, après avoir pris soin d'attacher les deux étriers avec une cordelette au niveau du pommeau. Je détache les étriers et les mets en position le long du flanc l'un après l'autre. Umma est très attentive à la nouveauté, un peu plus tendue qu'à l'accoutumée. Je fixe le collier de chasse lentement puis serre une première fois la sangle ventrale juste en contact, pas trop fort. Tout ceci ressemble finalement aux exercices de ces derniers temps, au-delà du poids, de la forme plus enrobante et du collier de chasse. Nous faisons quelques pas en suivant notre rituel habituel, puis je serre la sangle un cran plus fort. Surprise par cette nouvelle prise plus coercitive, Umma esquisse un mouvement de côté. Nous reprenons notre marche le long du rond, et en faisant des huit, je lui serre à nouveau la sangle un cran plus fort afin de limiter au maximum le risque de voir tourner la selle. Je sens la jument se gonfler, se contracter, avec l'apparition des premiers signes d'inconfort et de tension. Je détache la longe et m'écarte d'elle qui, bien que plus tendue, reste comme tétanisée sur place, signes avant-coureurs de la fuite à venir. Ne voulant pas la forcer à courir d'un geste qu'elle pourrait mal interpréter, je saute sur place tout en claquant fort des mains afin de provoquer chez elle le mouvement vers l'avant qui ne se produit pas. Elle saute littéralement en l'air et se met à galoper le long du rond, l'étrier extérieur tapant en même temps contre les barrières galvanisées et son corps, l'autre battant son flanc opposé d'un rythme désorganisé. Elle court, fait ses sauts-de-mouton, rue pour se débarrasser de l'objet oppressant et inconfortable, partagée entre la panique et le refus, dans une lutte violente contre cet ennemi qui s'accroche sur son dos comme le ferait un prédateur. Je reste calme au milieu du rond, me déplaçant au gré de ses mouvements et brusques changements de direction, gardant un regard attentif aux mouvements de la selle qui, je le sais, sur un dos rond, peut facilement tourner. Après quelques minutes de ce rodéo, Umma semble se calmer un peu et redescend dans ses fréquences pour ne finir que par trotter ou galoper, mais sur un rythme bien plus lent. Ceci lui permet de réaliser qu'au-delà du côté peu agréable de la chose, il ne lui arrive finalement rien, et que ce n'est vraiment pas douloureux. Elle marche maintenant, puis s'arrête, essoufflée, face à moi. Elle fait quelques pas dans ma direction, moi dans la sienne, je la caresse, la félicitant, je vérifie le sanglage qui s'est détendu, fais quelques pas à la longe pour la calmer et qu'elle finisse de reprendre son souffle, m'arrêtant de temps en temps, lui caressant le flanc avec l'étrier, reproduisant les exercices déjà assimilés. À un moment donné, je lui serre encore la sangle d'un cran, elle ne s'en offusque pas. Détachant la longe, je lui demande sans brusquerie quelques pas de trot, puis de léger galop, avant de repasser au trot puis au pas. Elle s'arrêta face à la porte de sortie, exprimant ainsi clairement que tout ceci avait assez duré ; je lui passe la longe, la ramène au centre, lui enlève délicatement la selle et le tapis que je dispose en équilibre comme au début de la séance. Umma est maintenant détendue, elle renifle l'ensemble posé devant elle. Nous sortons, je la libère et elle s'éloigne calmement vers les autres.

La selle est le seul élément qui dans son intégration a un début et une fin. On ne peut pas l'enlever une fois le processus commencé. Dès lors, correctement sanglée, on doit aller au bout. Notre responsabilité est de nous assurer que tout se passe du mieux possible, sans incident traumatisant, tout ceci étant déjà suffisamment mentalement exigeant. Dans l'inconscient cognitif du cheval, comme d'autres animaux de proie, celui qui s'accroche et ne lâche pas la prise est le prédateur. La selle est certainement comprise comme cela dans un premier temps, les gestes de fuite et de défense étant identiques à ceux observés dans la nature lors d'une attaque de ce type. L'absence de douleur la fait entrer dans une autre catégorie pour finalement être assimilée comme banale une fois posée et enlevée plusieurs fois sans que rien de désagréable ne se passe. Si tout est fait correctement bien sûr. Les problèmes que l'on rencontre liés à la selle sont souvent dus à la précipitation dans l'exécution du processus ou une blessure causée par la selle. Sans parler de l'action du cavalier une fois assis, évidemment.

Comme précédemment, les quelques séances suivantes sont orientées sur le renfort de l'acquis, la banalisation de l'objet et du fait de porter la selle. Le moment de tension initial s'amenuise rapidement pour finir par ne plus apparaître. Quand deux fois de suite, je lui mets la selle, lui demande un petit trot et galop, qu'elle exécute calmement pour finir par s'arrêter après quelques foulées, plus intéressée par les herbettes, me signifiant que tout ceci était devenu bien banal, je décide de lui poser une selle à arçon rigide.

Après le tapis de monte à cru et la selle sans arçon, j'aime utiliser une selle western du type *barrel racing*. Elle offre l'avantage d'être moins lourde que les selles western traditionnelles, plus petite et compacte également. Facile à déposer sur le dos d'un cheval, sans le geste circulaire classique nécessaire dans la culture des selles western. Bien que le poids ne soit pas un problème en soi, la douceur de la manipulation est importante au début. Ensuite, une fois acceptée normalement, n'importe quel type de selle pourra être utilisée tant que c'est une bonne selle, qu'elle s'adapte parfaitement à la morphologie du cheval et du cavalier, qu'elle ne gêne pas les épaules et ne touche pas le garrot du cheval. J'utilise des tapis en néoprène ou laine compressée de deux centimètres d'épaisseur, c'est absolument impossible de provoquer une quelconque blessure avec ce type de matériel.

Le jour prévu, je place comme d'habitude la selle de barrel en équilibre sur son quartier avant et le pommeau, le tapis en équilibre sur le quartier arrière, au centre du rond de longe. J'entre avec Umma à la longe, ferme la porte et la libère pour la laisser aller et venir à sa guise quelques instants. Elle s'approche de la selle, renifle ce nouvel objet, mordille le tapis qu'elle connaît depuis longtemps déjà, et se met à chercher quelques herbettes à brouter à proximité. Après quelques instants, je lui demande son attention, lui redressant la tête, lui pose le tapis, la selle et la sangle une première fois. Les étriers ne sont plus attachés, elle s'est habituée lors des dernières séances au contact sur son flanc lors du dépôt de la selle. Un léger spasme musculaire, comme à chaque premier contact, mais sans importance. Je lui demande de bouger et la laisse à nouveau vaquer à ses occupations herbeuses. De temps en temps, je passe près d'elle et lui tapote le flanc avec l'étrier ou mets du poids, bouge la selle sur son dos, tire sur la sangle pour vérifier la tension et sa réaction. Elle reste calme sans trop faire cas de mes gestes. Je lui demande à nouveau son attention en lui demandant de relever la tête et la sangle un peu plus serrée, il y a encore un peu de marge. Quelques instants plus tard, même rituel et un cran de plus, cette fois tout est prêt. Je lui demande de trotter, galoper, revenir au pas, repartir. Au-delà d'un geste d'inconfort, normal au début, dû à la compression d'un objet plus rigide, elle ne fait pas plus cas de cette selle ni des étriers.

En prévision et préparation de ce jour important, j'avais utilisé par le passé avec elle, un petit escabeau en plastique sur lequel je montais pour la brosser. Non pas qu'Umma soit grande, mais pour l'habituer à l'objet et à ma position un peu surélevée. Cela m'avait également permis de me coucher progressivement sur elle pour brosser le flanc opposé à celui où je me tenais. Elle n'est donc pas surprise de me voir prendre ce petit escabeau posé au bord du rond et de le déposer à côté d'elle. Je monte dessus, pose mon pied dans l'étrier, mets progressivement mon poids dedans et me soulève légèrement penché vers l'avant pour ne pas trop déséquilibrer la selle d'un côté. Umma ne bouge pas. Je descends sur l'escabeau et répète l'exercice encore trois fois, de chaque côté. Puis, je passe ma jambe lentement par-dessus et m'assieds dans la selle sans passer mon pied dans l'étrier opposé. Je la sens se crisper progressivement. Après avoir répété ceci des deux côtés, en restant quelques secondes de plus dans la selle à chaque fois, je remarque avec une certaine inquiétude que son état général exprime toujours de la crainte, que sa tension ne redescend pas, alors je la félicite et marche un moment avec elle. Elle se détend à nouveau tout en mâchouillant. Une fois devant l'escabeau, même exercice et de nouveau le retour de stress et de la tension. Je descends, marche à nouveau, elle se détend et j'estime que cela suffit pour aujourd'hui, lui enlève la selle et le tapis et nous sortons du rond. J'ai un sentiment étrange, quelque chose que je ne comprends pas. Umma est à nouveau calme et me suit tranquillement à travers le pré en liberté. Si elle le désire, elle peut sans hésiter s'éloigner et fuir, mais elle reste là, comme si la selle (objet) ne faisait pas partie de l'instant, et au moment de la selle (action), comme si l'acquis depuis de longs mois ne faisait pas partie de l'instant non plus.

Les jours suivants, je répète le même exercice avec toujours le même résultat. Je l'attrape sans problème, elle me suit calmement, je lui pose la selle sans difficulté, n'utilise plus l'escabeau pour monter. C'est là que le changement s'opère. Dès qu'on entre dans le processus du pied qui se pose dans l'étrier, son état somatique change, la tension monte et les signes de stress augmentent. Ceux-ci disparaissant quasi instantanément dès que je redescends, pourtant je ne lui demande strictement rien, je reste assis dans la selle, calmement, sans exiger d'elle quoi que ce soit. Je peux passer mon pied dans l'étrier opposé et rester le temps que je veux assis, la tension est toujours présente et ne disparaît qu'une fois descendu. À un moment, assis dans la selle depuis quelques minutes, je décide de lui demander de faire quelques pas sur un tout petit cercle, en bougeant dans la selle pour l'inciter à se mettre en mouvement. Rien n'y fait, par contre elle se met très clairement à trembler de l'arrière-main, des flancs à la croupe. Après plusieurs tentatives, elle esquisse quelques pas, tellement hésitants et dans un tel état de peur, que j'en suis tout retourné. Je fais bien attention à ne pas toucher ses flancs avec mes talons tellement la panique est à fleur de peau et prête à apparaître avec son fantasme et sa pulsion, à la première occasion. Je descends, elle se calme et mâchouille pendant quelques secondes. Je la laisse brouter quelques minutes, m'approchant de temps en temps pour la caresser puis la ramène vers le centre. Pareil. Au moment de bouger dans la selle et de lui demander quelques pas, les tremblements, le stress, la peur, la panique toute proche. Elle semble attendre que quelque chose de mauvais se produise, je peux lire dans son regard tout le désarroi du coup qui va suivre, qui ne vient pas, mais qui doit inévitablement arriver.

Mais qu'avaient-ils bien pu essayer de faire pour la laisser dans cet état de chaos mental ? Je me suis souvent demandé et j'en ai la quasi-certitude, qu'ils ont essayé de la monter, avec la même approche brutale appliquée tout au long de sa courte vie. Je les imagine à plusieurs, un la bloquant accroché à son encolure, un autre lui tordant l'oreille pour l'immobiliser, un troisième assis dans une selle, Umma tétanisée, paralysée par l'angoisse de la douleur et le dernier la frappant fort de l'arrière pour la faire avancer. Le point positif que je peux relever néanmoins, c'est la capacité qu'Umma a démontrée à maîtriser sa peur et sa panique. Je n'ose imaginer la même séquence lors de son arrivée chez moi, comme je ne veux pas imaginer ce qui lui était arrivé, tellement la violence avait dû être présente. Comme j'en suis toujours au même point, et qu'une fois dessus, je ne peux pas être le référentiel que je suis pendant les exercices au sol, je fais appel à Paul, la personne qui nourrit mes chevaux en mon absence, qu'Umma connaît bien. Je lui passe un licol plat auquel j'ai fixé des rênes en corde sur les boucles latérales. Une fois assis dans la selle, Paul l'invite à la longe à faire quelques pas. Bien qu'encore un peu tendue, elle l'est nettement moins avec une personne de contact visuel que seule livrée à elle-même, avec moi sur son dos. Paul continue de marcher en cercles, Umma à sa suite en longe. À chaque changement de direction, j'ouvre ma main et me penche dans le sens de la marche afin qu'elle prenne également conscience de ma présence, de mes actions et du déplacement de mon poids. J'utilise les mêmes mots que lors du travail au sol, l'encourageant et la félicitant à chaque instant. Son stress diminue considérablement après quelques minutes pour n'être pratiquement plus perceptible. Je descends et remonte fréquemment, alternant les moments de détente avec ceux montés. Après l'une des courtes pauses, je monte et Paul défait la longe. Il se déplace légèrement sur le côté d'Umma, agitant légèrement son bras vers l'arrière-main pour stimuler un mouvement de la jument vers l'avant pendant que j'utilise le claquement de langue employé pour lui demander le départ dans le travail au sol. Paul dose à ma demande minutieusement le mouvement de son bras, et bien que je sente que ce stimulus visuel fait remonter le trouble chez Umma, elle finit par faire quelques pas. Paul se met en marche à côté d'elle pendant que je leur indique les changements de direction désirés, ainsi que l'arrêt et le départ à nouveau. Je demande à Paul de s'arrêter tout en demandant à Umma de se diriger dans la direction opposée. Je fais encore deux ou trois cercles, l'arrête, descends et lui enlève la selle. Je l'embrasse avec effusion et je peux lire dans son œil pétillant le bonheur exprimé par le contentement. Paul revient lors de la séance suivante, puis ce n'est plus nécessaire, Umma a compris qu'il ne lui arrivera rien, elle est calme, a intégré le départ, l'arrêt, la gauche et la droite. Elle a comme tout le monde ses bons et ses mauvais jours, mais jamais elle n'esquisse un geste violent de défense, même quand clairement elle m'indique qu'elle en a assez.

J'aime monter en donnant les indications au cheval à la voix associée au déplacement du poids du corps. Je n'utilise pratiquement jamais les aides habituelles des jambes et jamais une cravache. Quand vous traversez une route en randonnée et qu'un véhicule arrive, vous avez besoin que le cheval soit immédiatement réactif, particulièrement en cas de danger. Quand on observe un cavalier qui utilise les talons pour donner un semblant de rythme perpétuel, on s'aperçoit que c'est un geste pavlovien, souvent il ne s'en rend même plus compte et le cheval non plus. Le cheval a cette capacité mentale de réussir à s'abstraire de tout ce qui est rythmique et régulier pour ne plus y prêter attention, et c'est le cas des talons. Dans le cas de cette route qu'il faut traverser, certains chevaux peuvent se planter au milieu et ne plus avancer, surtout en cas de danger, ils restent figés. S'il a l'habitude des talons et qu'il les a effacés de son esprit, vous pouvez talonner tout ce que vous voudrez, ce cheval restera figé sur place et le couple sera alors face à une vraie situation pouvant se compliquer rapidement. Tandis que si le cheval n'a pas l'habitude des talons et qu'il se fige au milieu de cette route ou toute autre situation du même genre, je peux vous assurer qu'au premier coup de talons, l'effet sera instantané et il fera un mouvement vif vers l'avant.

Durant les quelques semaines qui suivent, j'alterne des exercices au sol, toujours au pas, comme passer des barres de bois à différentes hauteurs, des bâches en plastique, des branches posées en vrac, puis les mêmes exercices, mais en selle. Nous faisons une première sortie en extérieur à la main et je remarque que dans ce cas de figure, elle se montre curieuse, volontaire et courageuse. Si l'on y ajoute sa morphologie, petite, robuste et compacte, son pied sûr et ses mouvements équilibrés, elle a tout pour faire une excellente jument de randonnée. Le temps d'un nouveau paradigme arrive. Il lui faut maintenant un électrochoc mental, un changement radical qui doit la stimuler, la faire évoluer, grandir, et surtout la sortir du confort de vie dans lequel elle s'est installée depuis deux ans qu'elle est arrivée chez moi. Elle démontre une confiance en elle renouvelée, beaucoup plus indépendante et autonome, abordant toute chose avec plus d'assurance. Elle s'impose dans la hiérarchie et reste proche du cheval dominant, ayant toujours besoin d'un référent sur lequel s'appuyer, équin ou non. Bien que les traces de ses troubles passés restent présentes, pouvant apparaître au moindre geste brusque ou coercitif, elle maîtrise sa peur et sa volonté de fuir, les limitant à quelques pas d'écart, sans plus. La panique, elle, reste endormie, n'ayant plus fait son apparition depuis un temps déjà considérable.

Quelques mois après l'arrivée d'Umma chez moi, j'avais donné un stage d'éthologie équine appliquée orienté particulièrement sur les troubles du comportement. Cette petite jument était le cas clinique idéal pour aborder l'importance des traces mnésiques de la réalité interne inconsciente, particulièrement celles liées à la peur. Une des participantes, Laurence, qui ne disait pas grand-chose pendant le stage, mais semblait observer Umma avec attention, m'avait demandé :

— Que pourrait donner Umma comme cheval de randonnée ?

— Eh bien, par ses origines barbe et espagnole, petite, compacte, centre de gravité bas, elle est robuste et porteuse. Quand tu la regardes descendre la butte au triple galop, c'est la plus rapide, elle ne trébuche jamais, évite les obstacles avec agilité... Sincèrement, je crois qu'elle ferait une très bonne jument de randonnée.

Elle la regardait souriante et pensive pendant que je lui donnais mon avis.

— Le problème, lui dis-je, c'est qu'avec la gravité de ses névroses, toute la partie mentale nécessaire à un bon cheval de randonnée est difficile à évaluer dans l'état actuel. Je ne sais même pas si elle s'en sortira complètement, partiellement ou pas du tout. Cela dépend également de sa volonté, on ne peut que lui offrir sa chance, à elle de la saisir.

— Je comprends, me répondit-elle, avec toujours cette même attitude pensive, l'air un peu ailleurs.

Quelques mois plus tard, je reçois un téléphone :

— Hello, c'est Laurence, je suis dans la région et j'aimerais beaucoup revoir Umma, je peux passer ?

— Pas de problème, je suis là. Tu verras, elle a changé. Quand veux-tu passer ?

— Dans l'après-midi, ça t'irait ?

— Parfait, lui dis-je, on t'attend, à plus tard.

Laurence arrive dans le milieu de l'après-midi, toujours calme et souriante. Nous parlons de choses et d'autres quand nous voyons les chevaux descendre de la partie haute du pré vers la zone où nous nous trouvons. Une fois entrés dans le pré, ils s'approchent puis vaquent à leur occupation favorite : manger l'herbe grasse qui ne manque pas en cette saison. Umma se tient toujours un peu plus loin de nous que les autres, les troubles ont la vie dure, elle s'est arrangée pour qu'il y ait un congénère entre elle et nous.

— Je peux m'approcher d'Umma et la caresser ?
— Tu peux, lui répondis-je, tu sais que ça peut demander de la patience, mais vas-y, essaie et voyons comment tu t'en sors.

Laurence arrive vers les chevaux, caresse ceux qui sont dans son périmètre et lui accordent de l'intérêt, Umma l'observant discrètement du coin de l'œil. Quand elle se dirige vers elle, évidemment, la jument se met à marcher dans la direction opposée. Laurence qui a assisté à des crises de panique d'Umma par le passé, mais remarqué également que son attitude n'est absolument plus la même ne s'en offusque pas, sachant à quoi s'attendre. Elle marche tranquillement dans les pas d'Umma, lui parlant d'une voix douce et posée. Après quelques minutes, Umma s'arrête, Laurence continue à marcher au même rythme jusqu'à arriver à la hauteur de son arrière-main, par le côté gauche, elle tend le bras d'un geste calme et lui caresse la croupe. Remontant lentement jusqu'à son encolure. Umma est attentive, toujours sur la défensive, mais se laisse faire quelques instants, avant de reprendre sa marche en avant et s'éloigner à nouveau.

J'ai attentivement observé la scène à distance et songe avec satisfaction au chemin parcouru avec cette jument, à tous ces mois difficiles. Le résultat, même en l'état actuel, loin d'être encore abouti, en valait la peine. Laurence me rejoint toujours avec le même sourire et le regard satisfait. Bien que ce ne fût qu'une simple et brève caresse, c'est un magnifique cadeau qu'Umma vient de lui faire, et la connaissant, elle le sait bien.
— Elle a beaucoup changé, c'est étonnant. Son attitude, bien que toujours méfiante et fuyante, n'est plus du tout la même qu'au jour du stage. Combien de temps ça fait qu'elle est arrivée chez toi ?
— Un peu plus d'un an. Oui, son amélioration est visible et elle progresse de jour en jour depuis quelque temps. On dirait qu'il y a eu comme un petit déclic dans sa tête et qu'elle aborde la vie avec un peu plus de sérénité. J'ai bon espoir pour la suite.

Après quelques instants de silence, elle me dit :

— J'ai bien réfléchi depuis la dernière fois, à tout ce que tu as dit d'Umma comme possible cheval de rando. Je suis intéressée, accepterais-tu de me la vendre ?
— Qu'est-ce que tu aimerais en faire ? Quel est ton projet de vie avec elle ? Parce que c'est un engagement sur du long terme.
— Mon rêve serait de partir faire une rando de plusieurs jours en Ardèche avec Umma.

Je la regarde songeur, amusé et un peu surpris malgré tout.
— Tu te rends bien compte que ce n'est pas pour tout de suite tout ça ? Son trouble est toujours présent et il y a encore beaucoup à faire avec elle. Il faut qu'elle reste ici encore au moins une bonne année.
— Pas de problème, je ne suis pas pressée.
— Et pendant cette année, il faudra que tu viennes ici trois ou quatre fois, pour la voir et travailler avec moi, te familiariser avec Umma, et qu'elle s'habitue à toi également. Que vous commenciez à tisser un lien, parce que le jour où elle partira d'ici pour aller là où tu lui auras trouvé de la place, tout changera sauf toi. Tu deviendras son point d'appui, sa référence.
— Aucun souci avec ça, au contraire, je me réjouis.
— Il est important également que tu choisisses bien le nouveau lieu de détention, je ne veux pas qu'elle aille n'importe où, le lieu devra respecter dans la mesure du possible les besoins fondamentaux de la jument, bien qu'on soit toujours obligés de faire certains compromis.
— Je comprends, tu viendras les voir pour me donner ton avis.

Je reste un instant silencieux, regardant Umma vivre sa vie au milieu de ce groupe si harmonieux, calme et paisible. Pourtant, elle a une vie à vivre, elle a besoin de nouveaux défis, d'être stimulée, de grandir et de se prouver à elle-même quelle jument extraordinaire elle peut être.
— C'est d'accord.

Pendant l'année qui a suivi, Laurence est revenue comme je le lui avais demandé. Elle assiste à des séances de travail, elle pratique quelques petites choses avec Umma, mais surtout, elle passe du temps avec elle, et bien que la jument la fasse marcher un peu à chaque visite, elle se laisse finalement approcher au point qu'à la fin, Laurence réussit à lui passer le licol et marcher en longe tranquillement avec elle. Nous travaillons à nouveau le chargement, elle monte, reste et descend du van maintenant très facilement et sans plus aucun signe de stress ou d'inconfort. Par contre, je suis toujours le seul à m'asseoir dans la selle et à faire quelques pas. En effet, c'est encore la situation dans laquelle Umma se montre plus crispée, là où la tension est toujours palpable. Les symptômes de peur peuvent s'atténuer, mais ne disparaissent jamais totalement. Alors, pour éviter qu'une situation dégénère et nous échappe, je n'ai encore jamais fait monter Laurence, sauf en tenant Umma en longe. Elles ne sont pas encore suffisamment à l'aise, ni l'une ni l'autre.

Le soir de la dernière séance, j'appelle Laurence pour l'informer que le moment d'un changement fort dans la vie d'Umma est maintenant nécessaire. J'ai décidé de la déménager là où j'ai mon cheval, chez un agriculteur qui détient également des chevaux. Il est au courant et a une place de libre actuellement. Umma sera en troupeau sur des hectares vallonnés et en box la nuit. L'agriculteur ne manipule pas les chevaux, ni pour les sortir ni pour les rentrer. Il tire deux fils formant un couloir donnant un accès direct aux pâturages, ouvre les portes le matin et les siffle le soir pour le retour. Elle passera dehors un maximum de temps, aura un espace privatif pour se nourrir et se reposer la nuit, les cycles de sortie inversés pendant la saison chaude. Les conditions à cette phase de transition sont idéales. La ferme située au milieu d'une clairière, en pleine forêt, offre un accès direct à la nature et aux chemins de randonnée. Proche de chez moi, je peux la voir tous les jours. Bien qu'à une heure de chez elle, Laurence pourra également la voir autant que possible. Il y a, à proximité, une petite structure dans laquelle nous pourrons continuer le travail et la formation de la jument. Je lui explique que cette phase intermédiaire, nécessaire avant son déménagement définitif, durera au maximum un an, mais peut-être moins. Elle doit maintenant prospecter les lieux de détention proches de chez elle et voir ce qui pourra convenir le mieux à Umma. Quelque chose d'approchant de ce que je lui ai trouvé chez cet agriculteur serait idéal.

Comme je dois déménager un autre cheval du troupeau quelques semaines plus tard dans une région proche de celle prévue pour Umma, nous décidons de profiter de cette occasion pour les faire voyager ensemble, ils se connaissent bien, sont très liés, ce qui offre l'avantage d'atténuer le stress possible des quatre ou cinq heures que va durer le voyage. Le jour prévu, tout se passe encore mieux qu'espéré. Les chevaux chargent dans la remorque facilement, l'autre se montrant étrangement plus nerveux alors qu'il est pour toute chose de nature plus placide en général. Après quatre heures de voyage, le premier cheval sort du van ; Umma est calme et sèche et elle ne répond même pas aux appels de l'autre qui, en s'éloignant, semble vivre cette épreuve bien plus nerveusement que je ne l'aurais imaginé le connaissant. Il reste encore une bonne heure de route seule à l'intérieur maintenant. Une fois sur place, elle descend de la remorque calmement, observant tout ce qui se trouve autour d'elle, nous la descendons dans le pré contigu à celui du troupeau, dans lequel elle va passer les premiers jours avant son intégration, et part au galop le long de la clôture une fois libérée en direction des autres. Je passe la voir plusieurs fois par jour durant cette première semaine, je dois m'assurer que tant à l'extérieur que dans le box, tout se passe au mieux. Elle semble s'adapter à sa nouvelle vie, aux nouvelles conditions, avec beaucoup de maturité et de naturel. Le box ne lui pose aucun problème, elle est entourée de ses nouveaux congénères qui peuvent ainsi s'habituer normalement à la présence de la nouvelle venue, tant à l'extérieur, qu'à l'intérieur. Après quelques jours, nous ouvrons la séparation entre les deux prés et Umma part retrouver les autres chevaux. Après les quelques signes obligatoires de hiérarchie pour lui signifier quelle est sa place dans le rang dans un premier temps, tout se passe sans problème. Je la laisse encore une semaine tranquille, avant de reprendre le travail avec elle. C'est à nouveau un grand espace avec de belles possibilités de fuite. J'ai averti Laurence qu'il y aura certainement un retour en arrière dans le comportement d'Umma, ce qui rendra à nouveau difficile l'approche et la pose du licol, mais que tout va reprendre son cours normal avec de la patience, rapidement. De toute manière, comme elle passe la nuit en box, il est facile de lui passer le licol une fois à l'intérieur et nous occuper d'elle à ce moment-là. Si j'arrive assez facilement à l'approcher dans le pré et même lui passer le licol, ceci est bien plus compliqué pour Laurence. Il lui faut plusieurs semaines pour y arriver et réduire le temps d'approche progressivement pour le limiter à moins de cinq minutes.

Tout ceci est normal dans les cas de troubles profonds. Particulièrement avec un sujet fuyant. Comme précisé dans une partie précédente, on n'efface pas les traces de la réalité interne inconsciente, on les endort avec de la bonne matière mnésique superposée. Mais quand quoi que ce soit, même de loin, vient réveiller par le rappel le souvenir endormi, le fantasme s'active instantanément, tout comme la pulsion qui l'accompagne. Ce qu'il faut garder à l'esprit, c'est que si le mauvais souvenir ne s'efface pas, le bon non plus. Dans le cas d'Umma, la fuite revient lors de cette nouvelle situation qui lui rappelle celles vécues d'une manière ou d'une autre, dans sa logique et sa perception de la réalité toute personnelle. Mais je sais également qu'elle va redevenir celle qu'elle était avant son départ de chez moi. Il suffit de se comporter de façon identique, ce qu'elle va reconnaître, et avec un peu de patience tout va rentrer dans l'ordre. Ensuite, je suis celui qui interagit avec elle depuis plus de deux ans maintenant, celui qui la protège et qui lui sert de référence dans les moments difficiles, c'est donc également normal que les résultats soient plus rapides avec moi qu'avec Laurence qui, bien que reconnue, n'a pas encore cette position de référentiel dans l'esprit d'Umma. Cela va prendre plus de temps, mais je le sais, cela va arriver. Patience et ténacité apportent toujours de bons résultats.

J'ai averti Laurence d'un plus que probable momentané retour en arrière dans le comportement d'Umma. Elle l'a compris et accepté, alors elle ne s'en offusque pas. Même les quelques fois où elle n'arrive pas à l'approcher, après plus d'une demi-heure de marche dans ce pré, elle ne laisse transparaître ni la déception ni l'agacement qui accompagnent souvent l'échec dans ce genre de tentative qui touche au plus profond de l'ego. Elle le prend toujours avec philosophie et détachement, confiante en ses capacités à retourner cette situation en sa faveur. Si Umma reste fuyante, on peut lire clairement sur elle que ce n'est plus la peur panique qui provoque cette réaction. C'est d'abord le réflexe pavlovien d'une stratégie qui a fonctionné longtemps, profondément ancré en elle, mais également un manque de bonne volonté. Je crois même qu'elle s'en amuse parfois, se construisant une nouvelle personnalité basée sur l'assurance nouvelle en ses capacités à affronter les difficultés et à les résoudre. Après le premier mois dans son nouvel environnement, elle est redevenue celle qu'elle était au moment de son déménagement, et elle se comporte comme si elle avait toujours vécu là. Son statut a changé également, elle est remontée sans faire de bruit dans la hiérarchie, affichant une joie de vivre et une confiance en elle qui fait plaisir à voir. J'ai commencé à la sortir à la main depuis une quinzaine de jours, seule, ou lorsque Laurence est là, accompagnée de mon cheval Músico qui se montre le guide idéal pour ce genre de situation. En effet, très expérimenté, avec un mental d'acier, il est sûr de lui en toutes circonstances, n'ayant peur de rien, traversant l'existence avec un aplomb et une insouciance qui rassure n'importe quel congénère en sa compagnie. De plus, cela crée un lien entre Umma et lui, ce qui facilite son intégration et les promenades à venir bien plus exigeantes. La jument progresse de jour en jour, petit à petit, mais inexorablement dans la bonne direction. Il suffit à présent de prendre soin d'arroser correctement ce mental retrouvé ou redécouvert, sans commettre d'erreurs pouvant lui rappeler ses traumatismes du passé, pour qu'Umma s'épanouisse définitivement et devienne celle que j'avais pressenti et espéré dès la première rencontre, malgré ce trouble comportemental si profond qui l'a perturbée si longtemps.

Nous sommes retournés dans le rond de longe de la voisine de l'agriculteur plusieurs fois déjà. Refaire et consolider ce que nous avons déjà travaillé par le passé. Elle se prête au jeu très facilement et ne montre aucune difficulté ni nervosité. Au contraire, je commence à sentir poindre l'ennui chez Umma, ainsi qu'une tendance à être réfractaire aux choses qu'elle a répétées plusieurs fois et qui ne lui posent plus aucun problème. Une attitude nouvelle, une adepte de la résistance passive, un peu traîne sabots. Je décide donc que nous allons dorénavant nous concentrer essentiellement sur la partie montée et envisager l'extérieur monté également.

Avant d'entreprendre un cheval au mors, je préconise une visite de contrôle chez un vétérinaire-dentiste équin. Surtout dans le cas d'une première visite, car si des dents de loup sont présentes, il va falloir les enlever, et donc il est important de sédater le cheval. Un simple dentiste équin n'a pas l'autorisation de sédater, bien que certains le fassent à leurs risques et périls en cas d'accident. Je n'ai jamais accepté qu'un dentiste affirme qu'on peut extraire une dent de loup sans sédation, c'est une aberration. Certaines sont très difficiles à extraire, il est nécessaire de décoller la gencive plus que dans les cas simples, et cela ressemble plus à une lutte qu'à autre chose. Il est hors de question d'infliger ce genre de traitement à un cheval sous peine de générer un trouble lié aux douleurs et de se compliquer l'existence à l'avenir en cas d'intervention dans la zone buccale, que ce soit pour l'administration d'un simple vermifuge, un abcès, les prochaines visites du dentiste ou simplement la pose du mors.

Je monte toujours un cheval en extérieur avec un licol en corde et sa longe, attachée sans mousqueton, sous la bride. Je n'utilise les rênes que pour le guider monté, mais en aucun cas pour le guider au sol. En cas de difficulté, les rênes sont trop courtes pour garder une distance de sécurité, surtout si le cheval relève la tête, et le mors peut blesser la bouche du cheval. Avec le licol sous la bride, j'ai exactement la même prise que durant tout le travail au sol ou la balade à la main, j'ai une distance de sécurité suffisante qui me permet d'être réactif tout en gardant le contrôle de la tête. C'est également utile pour l'attacher en cas de besoin, ou de le libérer du mors si nécessaire en gardant une prise de contact. C'est un cavalier au long cours qui me l'a suggéré, il y a bien longtemps, et j'en ai fait une habitude incontournable après en avoir constaté l'utilité en bien des situations.

Umma a eu droit à sa visite du dentiste, un bon coup de râpe sur les surdents et l'extraction d'une dent de loup. Tout s'est passé sans problèmes et après les quelques jours nécessaires à la cicatrisation, je décide de lui apprendre le mors. Tout d'abord, à chaque fois que j'en ai l'occasion, je lui introduis la longe dans la bouche, la laisse la mâchouiller et passe par-dessus ses oreilles de façon à lui fabriquer une sorte de bride-mors en corde. De cette manière, je peux commencer à lui demander de céder son encolure en exerçant une légère tension d'un côté ou l'autre de la bouche. Une fois ceci intégré sans difficulté, je lui pose un mors à simple brisure, américain, accroché à une bride simple, sans sous-gorge ni frontal. Pas trop serré ni trop lâche, de façon à ce qu'elle ne puisse pas passer sa langue par-dessus tout en se familiarisant à l'objet métallique dans sa bouche. Après quelques minutes, je lui donne une petite ration d'orge dans une mangeoire, la laisse manger et boire, lui enlève le mors en le faisant glisser tête vers le bas très lentement, la laisse tranquille quelques instants, puis recommence pour finalement la laisser brouter une petite demi-heure avec le mors dans la bouche. Comme j'ai déjà exercé la cession avec mes rênes de fortune en corde précédemment, la demande avec des rênes attachées au mors ne pose pas plus de problèmes, outre l'inconfort habituel du novice à ce genre de contrainte. Elle comprend très rapidement la base du fonctionnement de tout ceci. Quelques séances identiques pendant cette semaine de travail, et l'ensemble de la bride est accepté sans aucune défense.

La selle est toujours ce qui pose un problème. Pas l'objet en soi, qu'elle a parfaitement intégré, on peut la lui lancer sur le dos sans qu'elle ne bouge et la sangler gentiment sans qu'elle montre un quelconque inconfort. Mais une fois montée, la communication ne passe plus. Ceci commence au moment de mettre le pied dans l'étrier, je reconnais le spasme musculaire, même léger, mais toujours là, que j'ai vu tellement souvent par le passé. Elle se tend et bien qu'elle accepte le cavalier, il lui est pratiquement impossible de bouger. Toujours bloquée et tétanisée. Elle peut me suivre à la longe avec Laurence sur le dos, mais je vois parfaitement qu'elle le fait bien malgré elle et en s'abstrayant d'une situation qui lui est mentalement inconfortable. Une fois, j'ai même essayé de ne pas la tenir en longe, mais de la stimuler depuis l'arrière en agitant la corde. J'ai vite cessé de le faire. Le trouble remonte instantanément à la surface, elle accélère le pas de manière désordonnée, passant au trot, absolument pas à son affaire, et je sens même la panique arriver quand elle sent bouger quelque chose sur son dos sans coordination avec ses mouvements. Laurence n'étant pas encore une cavalière assez expérimentée pour ce genre de situation, nous travaillons avec elle tenue en main, en répétant inlassablement les mêmes codes vocaux et la même gestuelle corporelle qui seront utilisés plus tard, en situation réelle. Pour l'instant, nous concentrer sur les bases du départ au pas, l'arrêt, la gauche et la droite est déjà une entreprise en soi.

Après plusieurs semaines de travail, seul ou en compagnie de Laurence, Umma a accepté le départ au pas comme étant sans danger. Même si elle n'est pas totalement détendue, son niveau de stress a baissé à un seuil plus que tolérable. Elle s'arrête, tourne à gauche et à droite facilement. Accélérer l'allure du pas au trot est toujours problématique, l'accélération physique semble reliée au trouble mental plus qu'au mouvement en soi.

Il vaut mieux convaincre que vaincre. Cette phrase est, je crois, tirée d'un proverbe africain. Elle m'a toujours semblé particulièrement juste quand il s'agit des chevaux. Maintenant, pour convaincre, il faut d'abord suggérer. Dans des cas comme celui d'Umma, le cheval vous raconte sa vie, à sa façon. Il vous dit qu'il n'a aucun bon souvenir de ceci ou cela, vous dit ce qui lui convient ou non et de la manière qui lui convient ou non. C'est avant tout un travail de diagnosticien. Il faut être à l'écoute et chercher la faille, parce qu'il y en a toujours une. Alors il faut suggérer des solutions possibles, jusqu'à trouver celle qui convient. Quand la porte s'entrouvre, que le rai de lumière apparaît, alors il faut mettre le pied dans l'ouverture et s'engouffrer dans la brèche délicatement. J'utilise des sons pour les différentes demandes, a priori pas de jambe, jamais de cravache. J'utilise les mêmes sons dès le début du travail avec un cheval, du travail au sol à la selle. Si au sol on devient le référent visuel, une fois en selle le cheval ne nous voit plus, mais par contre nous entend. La cohérence évite toutes les méprises. J'utilise donc le même son pour le départ au pas, au sol comme en selle. Pareil pour le trot et le galop. Ce qui fonctionne avec la plupart n'a pas de succès avec d'autres, pour diverses raisons. Dans la grande majorité des cas, le départ au pas, au trot et au galop est travaillé en liberté dans le rond. Tout se passe habituellement très bien et en douceur. Dans d'autres cas, travailler avec une longue longe est utile. On peut tenir le cheval à une certaine distance d'une main, lui enseigner la demande en le stimulant d'un mouvement de l'autre main et le stopper dès que le cheval donne la réponse adéquate. Si nécessaire, on peut lui toucher l'arrière du bout de la corde pour appuyer légèrement la demande. J'aime mieux une corde souple qu'une chambrière classique rigide. La corde est un seul et même objet, je peux ressentir et contrôler le mouvement des deux mains, donner plus de distance ou de stimulation, jouer avec la tension et le relâché de façon bien plus subtile, comme lâcher la corde d'une main si nécessaire tout en la gardant dans l'autre main, sans jamais perdre le contrôle. Alors qu'une longe dans une main et une chambrière dans l'autre peut être à double tranchant. On peut donner une double demande sans s'en rendre compte et troubler le cheval, *avance* d'une main et *arrête* de l'autre. En général, on reconnaît très facilement un cheval qui a été longé de manière classique, il a perdu les codes de langage et s'arrête latéralement. Ce qu'un cheval par nature ne fera pas, c'est offrir son flanc et se mettre en danger. Il préférera se mettre de face ou très légèrement de côté.

Ici, le trouble d'Umma l'empêche de se connecter à la demande simple qui lui est faite. Comme je ne peux pas la stimuler de l'arrière et encore moins la toucher, je dois donc trouver une autre solution.

J'ai repris les bases en liberté. Sellée et bridée, je lui indique les sons du départ au pas, au trot et l'arrêt aux deux allures également. Je vois bien qu'au fond, elle a compris ce que je lui demande, mais elle met toujours trop de temps à s'arrêter et a toujours tendance à passer du trot au galop, signe de fuite. Je décide de revenir à la longue longe, comme au début, pour pouvoir ensuite la libérer à nouveau. La longue longe me permet de maîtriser la distance de travail et pouvoir agir instantanément dans le cas du passage du trot au galop, comme dans la réactivité de la demande de l'arrêt. Je peux ainsi raccourcir la distance qui la sépare de moi, la courbe courte rendant plus difficile le galop, et l'arrêter immédiatement. Tout ceci prend du temps, mais s'affine petit à petit au point qu'après quelques séances, je peux lui demander le pas, le trot, l'arrêt, dans un ordre aléatoire sans difficulté. Umma reste calme, toujours vive certes, mais plus de traces de tension, simplement réactive. Je passe à la phase montée, et dès que j'estime que la réponse n'est pas exactement celle voulue, je redescends et travaille l'exercice en longe à nouveau. Tout se passe de mieux en mieux, sauf le passage au trot qui au sol est bon, mais monté, demande une certaine maîtrise tant la tendance à l'accélération et l'envie de fuite sont sous-jacents.

J'ai averti Laurence de faire très attention lors du changement d'allure et de ne pas se la laisser passer au galop. Un jour, elle m'appelle pour me dire qu'elle s'est retrouvée par terre. Comme la jument ne partait pas au trot, elle lui avait donné un léger coup de talons, Umma était partie subitement dans un trot accéléré et saccadé, elle avait commencé à rebondir dans cette selle de façon désordonnée pour finalement ne plus maîtriser la situation, Umma était partie en sauts-de-mouton et elle s'était retrouvée par terre. Laurence s'excuse, s'accable de toute la culpabilité et espère ne rien avoir cassé dans le travail qui demanderait bien des efforts à nouveau. J'essaie de la rassurer, bien que contrarié, ne sachant pas ce que tout ceci peut avoir déclenché à nouveau. Par chance, d'après les dires de Laurence, tout ceci n'a pas duré longtemps et elle n'a pas insisté. Le point auquel je m'accroche est qu'Umma, une fois libérée des chocs sur son dos, s'est arrêtée et n'a montré aucun signe de détresse. Elles sont rentrées à la ferme calmement toutes les deux, comme si rien ne s'était passé.

Nous sommes retournés tous les trois dans le rond quelques jours après l'incident. J'ai donné des indications à Laurence de manière à reproduire la situation, mais cette fois je serai en selle et elle devra stimuler Umma en agitant les bras derrière elle afin qu'elle passe du pas au trot à chaque fois que cela prendrait du temps. Je ne veux pas user des talons. Au premier départ brusque, j'ai senti son intention de résoudre la situation par les sauts-de-mouton, comme pour vérifier que la stratégie utilisée précédemment n'était pas due au hasard, mais bien la solution. Sans lui laisser le temps de rentrer dans son jeu, je la bloque par une volte courte et sèche, l'arrêtant l'encolure pliée, le nez près de ma botte. Je reste calme, lui parle, la laissant redescendre dans ses fréquences, puis la remets au pas. Je lui demande le trot. Laurence agitant les bras, Umma accélère, mais sans mauvaise intention, encore, encore. Puis avec Laurence sur le dos et moi la stimulant de l'arrière, elle ne le refait plus. Par contre, sans stimulation de l'arrière, le passage au trot est toujours difficile, elle met beaucoup de temps ou alors repasse au pas après quelques foulées, l'accélération ne venant qu'avec mon insistance à garder l'allure.

Un jour, je retourne dans le rond, Umma sellée et bridée à la ferme comme d'habitude. Je me souviens encore de cette belle matinée ensoleillée, calme et paisible. Le genre de jour qu'on aimerait ne jamais voir finir, de ceux qui vous transmettent un sentiment de plénitude et de sérénité, comme si le temps n'existait plus. Sur le chemin entre la ferme et le rond je n'ai croisé personne, et chez la voisine il n'y a pas signe d'âme qui vive non plus. J'ai toujours apprécié ces instants de solitude, particulièrement en compagnie d'un cheval. Umma semble calme et sereine également. J'entame la séance par quelques tours au pas, tranquilles et lents, puis des huit et toutes les variations de direction qui me passent par la tête, me focalisant sur la finesse de la main et sa réponse à la sollicitation du mors. Tout se passe bien. J'essaie ensuite le passage au trot, et comme d'habitude, la réponse n'est pas celle escomptée. J'insiste un peu, mais cela commence à ressembler aux jours de travail précédents. Je sens un léger sentiment de déception et tristesse m'envahir lentement. Ne voulant pas me laisser submerger par ces émotions, je descends et recommence la même demande avec la longe accrochée au pommeau de la selle. Elle s'exécute sans difficulté, réalisant l'exercice à la perfection. Je lui demande l'arrêt auquel elle répond instantanément, comme un vieux cheval de cirque. Elle se tient en face de moi, à un mètre environ, néanmoins un peu tendue, je le vois bien. Nous nous regardons, bercés par le chant des oiseaux, le son des insectes volants aux alentours, et ce vent qui fait danser délicatement les feuilles des arbres. Le temps est comme suspendu. À un moment donné, Umma laisse échapper un profond soupir, comme si elle avait retenu son souffle depuis des années et qu'elle exhalait tout l'air contenu dans ses poumons en une fois. Elle baisse la tête et s'approche très lentement pour finir par appuyer sa tête contre ma poitrine. Je suis totalement désarmé, elle n'a jamais eu un tel geste d'abandon. Je lui caresse délicatement les deux oreilles tout en sentant son souffle calme et chaud contre moi. Lui embrasse le haut du crâne en lui disant que rien n'a vraiment d'importance, que je ne lui en veux absolument pas, que je l'aime toujours et qu'elle est une jument extraordinaire.

Je remonte lentement en selle, elle ne bouge pas. Je reste assis quelques instants, immobile, elle ne bouge pas. Je lui demande le pas, elle s'exécute tranquillement, puis lui demande à nouveau le trot. Elle part calmement au petit trot, encolure basse et détendue. Le reste de la séance est un pur bonheur. Elle répond au quart de tour parfaitement à la moindre demande. Je me sens envahi d'un sentiment de bonheur indescriptible. Je l'arrête, reste immobile quelques instants, puis descends. Je l'embrasse fort, l'enlace, lui disant combien elle a été extraordinaire. Umma a le même regard pétillant de satisfaction de la difficulté surmontée, elle mâchouille. Sur le chemin du retour, j'ai du mal à contenir les larmes qui me montent aux yeux. Je repense à ces deux ans et demi d'efforts, de succès, d'échecs, de doutes, de ténacité... comme tout ceci valait aujourd'hui la peine, tant les sentiments de joie, de satisfaction sont indescriptibles, proportionnels à l'investissement de tous ces longs mois.

Cette journée est restée gravée dans mon esprit, je ne l'ai jamais oubliée. Tout comme Umma, pour qui j'ai un attachement et une affection toute particulière qui, je le sais, perdurera toujours.

Il y a des chevaux qui semblent avoir une aptitude toute particulière à vous toucher le cœur, c'est comme ça. Cela m'est arrivé quelques fois, pas souvent. Ceux-là vous marquent au plus profond du cœur et de l'âme. Vous pouvez créer des liens d'amitié ou avoir de l'affection pour beaucoup, d'autres vous laissent plus indifférents. Comme tout ce qui touche au relationnel, on a plus d'affinités avec celui-ci ou celui-là. Et puis il y a les exceptions, ceux qui vous transpercent et vous marquent pour la vie. Umma fait partie de ceux-là.

Ces chevaux particuliers sont souvent perturbés ou traumatisés, donnant des signes extérieurs de profonde détresse, de mal-être. Ce sont des inadaptés, qui ne comprennent pas le monde dans lequel l'homme les force à vivre, aux antipodes du leur et de leurs besoins pour s'épanouir. Et d'un autre côté, ils transmettent également une volonté de s'en sortir, ils ne comprennent simplement pas ce que l'on attend d'eux. C'est un problème de communication unilatérale. L'interlocuteur ne s'intéresse pas à eux, il impose ses idées, sa manière, sa méthode et la cause à effet. Il pense plus à vaincre qu'à convaincre, et c'est là qu'apparaissent les troubles. Une demande mal formulée, une réponse qui n'est pas celle attendue, mais que le cheval pense être juste, et la violence fait son entrée. Elle peut être sournoise, coercitive, physique ou mentale, parfois tout contenir en même temps. À une femme qui me demandait mon avis sur l'origine du trouble de son cheval auquel elle affirmait être si attachée et pourtant si agressive et autoritaire avec lui, j'avais pris en exemple les cas de violence conjugale pour essayer de lui faire comprendre que son comportement était justement le générateur du trouble :

— *Vous savez, lui avais-je dit, l'homme qui bat sa femme prétend aussi l'aimer. L'amour peut prendre différents visages. Bien étranges parfois, aux antipodes de ce qu'il est censé normalement représenter et exprimer.*

J'ai remarqué que ces chevaux perturbés, enfermés dans une prison mentale, mais qui vous expriment à leur manière la volonté qu'ils ont de s'en sortir, agissent souvent de la même façon. Arrive un moment, le moment, leur moment où ils baissent la garde, comme s'ils étaient arrivés au bout de leur résistance, ils vous regardent comme épuisés de tant d'années de lutte mentale, expirent profondément, puis baissent la tête en signe d'abandon. Comme s'ils vous disaient :

— *Bon, qu'est-ce que tu veux ? Je te fais confiance, mais ne me trahis jamais ou tu me perdras pour toujours.*

En général, c'est ici que l'on sait que l'on est arrivé au bout du trouble. À partir de là, on peut parler formation du cheval et non plus thérapie. Si la névrose reste sous-jacente, toujours prête à faire son travail sournois de pollution mentale, elle va perdre progressivement de sa force, et le fil qui est si ténu au départ se consolide pour devenir de plus en plus résistant et endormir le mal de manière à ce qu'il ne puisse plus s'exprimer, ou alors qu'il soit maîtrisable par le cheval d'abord, puis par nous ensuite.

Dans le cas d'Umma, je sais comment nourrir son ego, lui montrer qu'elle est forte et qu'elle peut aborder toute situation qui lui semble complexe avec assurance. C'est le message que j'essaie de lui faire comprendre depuis le début, et maintenant que le mur du trouble semble être franchi, tout va être bien plus facile. Elle m'a déjà montré qu'elle a compris mes demandes depuis longtemps, mais que la névrose l'empêche d'y répondre correctement. Ceci est certainement le cas pour tout le reste. Je ne vois donc pas de raison d'y revenir. Elle me fait confiance, alors je lui fais également confiance. Nous allons avancer dorénavant sur des choses nouvelles, essentiellement pratiquées en extérieur.

Avant de m'aventurer en forêt seul avec elle, il me reste le galop à tester. En contrebas du rond se trouve un carré de dressage classique, suffisamment grand. Je descends avec Umma un après-midi, lui demande le pas et le trot sans problème. À la vue de l'espace ouvert devant elle, je sens son envie d'accélérer le trot, mais plus pour des raisons de fuite, plutôt par envie de se libérer totalement du carcan dans lequel elle a été enfermée. Je l'encourage à passer au galop, ce qu'elle n'ose faire puisque c'est justement ce que nous avons travaillé si longtemps. Elle en a pourtant envie, et après quelques encouragements à la voix plus marqués, elle part au galop. Un galop un peu désordonné, j'en conviens, mal maîtrisé, mais tellement libérateur. Je la laisse partir dans tous les sens, à sa guise, lui demandant petit à petit de ralentir, puis d'accélérer à nouveau, de passer au trot, puis au galop, pour enfin lui demander de s'arrêter. Elle souffle fort, respire fort. Je descends, l'embrasse et la laisse reprendre son souffle en marchant tranquillement dans le carré. Une fois sereine à nouveau, je remonte et poursuis les transitions d'allure avec un peu plus de précision et de maîtrise. Elle a compris, elle est prête, je vais lui permettre de se libérer totalement cet après-midi-là.

Je me dirige à pied jusqu'à la lisière de la forêt. Depuis le carré, il y en a pour dix minutes, le temps suffisant pour qu'Umma retrouve totalement son calme. Arrivés dans un espace plat et suffisamment dégagé pour pouvoir réagir en cas de problème, je m'assieds dans la selle et lui demande de marcher. Umma semble un peu déroutée, son pas hésitant ne sachant trop où aller. C'est un espace ouvert qui doit paraître infini à ses yeux, et elle ne semble pas trop comprendre le but de l'action. Elle est un peu tendue, mais tellement curieuse de découvrir le monde de cette façon également. Un sursaut de temps en temps, un arrêt bref, je l'encourage et lui exprime mon admiration de manière effusive, exagérant chaque petite victoire sur ses craintes initiales dans les situations qui lui semblent revêtir un danger. Arrivés sur un sentier forestier bordé d'arbres, bien canalisé, je lui demande le trot. Elle est tout émoustillée et volontaire, tout ceci semble beaucoup la stimuler et lui plaire. Je l'emmène vers un plus long chemin, plus large, toujours bordé d'arbres, mais en légère côte. Je sais que sa condition physique actuelle ne lui permet pas d'arriver au bout de cette allée au galop lancé, elle va ralentir, passer au trot peut-être, éventuellement au pas, bien que l'excitation de la nouveauté aidant me fait penser l'inverse. Je lui demande le galop.

Elle part fort, comme dans le carré, et je la pousse à se laisser aller au plus profond d'elle-même, de libérer toute cette charge contenue en elle une bonne fois pour toutes. Arrivés aux deux tiers du chemin, je la sens ralentir, mais rester au galop. Elle sait donc s'écouter et gérer son effort, c'est un bon indicateur. Elle finit sa route au petit trot et je la passe au pas, le temps qu'elle récupère son souffle. Sur le chemin du retour, j'alterne le pas, le trot et le petit galop lent cette fois, ce qu'elle accepte sans contrariété. De retour à la ferme, au pas et sèche de toute transpiration, je lui enlève la selle, l'embrasse et la ramène dans le pré avec le groupe. Je le regarde s'en aller tranquillement, se rouler, s'ébrouer, puis se mettre à brouter au milieu du troupeau. Elle a l'air absolument calme. Je la laisse tranquille quelques jours, de façon à ce que le temps de repos fasse son travail d'assimilation des événements passés, puis la sors à nouveau en forêt, à la main, montée, toutes les allures et m'arrangeant pour la stimuler au travers de nouvelles difficultés, poursuivant sa formation de cheval de randonnée.

Les chemins étant durs, caillouteux et exigeants pour un cheval pieds nus, Umma a été ferrée des quatre pieds dès les premiers signes d'inconfort au milieu de l'été. Ensuite, nous sommes sortis à deux avec Laurence et mon cheval Músico. Tout se passe vraiment bien. On travaille la séparation, puis les retrouvailles, les difficultés de terrain plus complexes, pas tant pour Umma qui se montre très volontaire et efficace, pied sûr et un excellent sens de l'équilibre, mais plutôt pour Laurence qui doit également gagner en expérience avant de pouvoir se lancer seule à l'aventure. Je fais appel à une amie, meilleure cavalière, pour tester Umma avec mon cheval plus véloce et résistant. J'ai besoin de voir comment elle se comportera en perdant un cheval de vue dans l'effort. Nous partons pour une belle balade plus sportive, et arrivés à l'endroit voulu, je lui dis de me suivre à vive allure, de la laisser se gérer, elle n'arrivera certainement pas à tenir la distance à la même vitesse que lui et que je l'attendrai au bout du chemin. Umma s'accroche tant qu'elle peut à Músico qui, comme tout bon cheval compétiteur qui se respecte, est piqué au vif par la petite jument qui ne veut pas lâcher prise. Je le retiens un peu avant de le laisser partir à pleine vitesse. Je vois l'écart se creuser petit à petit avant que les virages ne mettent suffisamment de distance entre nous pour ne plus les distinguer. Arrivés en bout de chemin, je les entends arriver au petit galop quelques instants plus tard. Mon amie me dit que Umma a très bien géré la situation, ne s'est pas inquiétée de ne plus nous voir, n'a pas appelé, a essayé de garder le rythme pour finalement ralentir et finir sa course à l'allure qui lui convient. Pour moi, c'est parfait. Elle sait gérer la séparation, l'effort, elle est sûre d'elle, autonome, elle peut partir seule, à plusieurs, cela ne change pas son tempérament.

L'hiver arrive, Umma découvre les joies et les difficultés de la neige qu'elle ne connaît pas en cette quantité, à cette altitude. L'effort n'est pas le même non plus. Sa condition physique s'améliore au rythme de ses sorties en terrain. Elle a beaucoup gagné en expérience, Laurence sort seule ou avec d'autres cavaliers maintenant. Le printemps et les beaux jours de retour, après près d'une année à la ferme, le temps pour Umma de s'installer définitivement dans sa nouvelle vie était arrivé. Un lieu a été trouvé, le déménagement programmé à l'arrivée des premières herbes dans les prés.

Umma monte dans la remorque sans difficulté. Le trajet dure à peine plus d'une heure. Elle descend calmement, observant le nouvel environnement avec le même œil vif habituel. Après quelques jours séparée physiquement des autres, elle s'intègre tout naturellement dans le groupe de chevaux avec lesquels elle va vivre. Le rythme de vie reste le même que dans la ferme précédente, c'est-à-dire la plus grande partie de la journée dehors en groupe, et le soir en box, un espace tranquille et privatif tout en restant en contact visuel avec ses congénères. Bien que l'endroit parfait n'existe pas dans l'absolu, que des compromis sont toujours nécessaires, celui-ci semble être satisfaisant. Finalement, c'est Umma qu'il faut écouter, et elle donne l'impression de s'en accommoder. Évidemment, tout n'est pas effacé totalement, les traces des troubles, bien qu'endormies, n'attendent que les premiers signes reconnus pour refaire surface et se rappeler à notre bon souvenir. Laurence a à nouveau un peu de peine à l'attraper dans le pré, pour finalement retrouver la relation normale qu'elles ont construite depuis plus d'un an. Les choses prennent un peu plus de temps que dernièrement, mais sans commune mesure avec le passé. Les peurs, quand elles apparaissent, sont maîtrisées, ne dépassant jamais un seuil parfaitement tolérable.

Toujours la même histoire, encore et encore, surtout chez les chevaux qui ont un vécu traumatique : *quand quoi que ce soit, même de loin, rappelle un souvenir, une trace de la réalité interne inconsciente, particulièrement s'il est lié à la peur et encore plus à la peur panique, le fantasme remontera en surface accompagné de la pulsion qui lui est associée, et la réaction sera la même que celle de la toute première fois.* C'est cette réaction qui a permis à l'homéostasie de retrouver ses valeurs stables. Elle est donc reconnue comme la solution. Avec le travail de thérapie effectué, la réaction passe simplement à des niveaux très bas avec le temps. Ils peuvent même être imperceptibles pour celui qui n'a pas l'œil exercé ou qui n'a pas connaissance du trouble passé.

Maintenant qu'elles ne sont plus qu'en binôme, qu'elles doivent continuer de construire leur relation, Umma pose quelques difficultés somme toute assez banales et tellement habituelles. Elle s'arrête devant la remorque, refusant de monter, sans être agressive, simplement vissée dans le sol en bonne adepte de la résistance passive. Elle agit avec la même tactique en balade également, refusant d'avancer à un certain moment ou de passer à un endroit précis, souvent le même.

Ici aussi, nous sommes face à une règle de vie fonctionnelle et propre à l'espèce. Dans la construction de la relation, le cheval doit savoir clairement la place qu'occupe l'interlocuteur dans son échelle hiérarchique. S'il se situe au-dessus ou au-dessous de lui. Encore plus dans une recherche de rôle référentiel. Le cheval va poser la question à sa façon : « *Es-tu vraiment celui que tu prétends être ?* » Si la réponse n'est pas en adéquation avec la position hiérarchique recherchée, il est impossible d'être considéré comme tel. C'est un des problèmes récurrents que l'on rencontre si souvent dans le couple cheval-cavalier, une des bases de l'incompréhension et d'une mauvaise relation. Beaucoup aimeraient être considérés comme le référentiel, mais n'interagissent absolument pas comme tel, surtout au sol. Le problème peut évidemment s'accentuer en selle.

La deuxième question que le cheval va poser est la suivante : « *Et si je fais ça, que se passe-t-il ?* » C'est un animal qui a besoin d'un cadre clair et défini, le flou ne lui convient absolument pas, encore moins s'il s'agit de relationnel ou de demandes liées au relationnel. Là aussi, la réponse doit être en accord avec la position désirée dans son échelle de valeurs, et le rôle joué par l'interlocuteur doit être cohérent. C'est également une source de conflits dans la relation, de méprise. Si la réponse n'est pas celle escomptée par le cheval, il ne pourra pas considérer son interlocuteur comme légitime. Il peut finalement céder, souvent par peur de la douleur, contraint, mais le regard qu'il portera sur celui qui agit de la sorte ne sera pas celui espéré, loin de là. Le problème reviendra sur le tapis pouvant s'accentuer avec la réitération, jusqu'à devenir dangereux. Il est important d'agir juste et au bon moment, de façon cohérente et régulière.

Tout ceci a déjà été abordé, mais je crois indispensable de le répéter encore.

Je leur rends visite de temps en temps, pour aider Laurence à résoudre les petites difficultés rencontrées et surtout lui indiquer comment se comporter. C'est moi qu'elle doit remplacer aujourd'hui. La difficulté du comportement adéquat à adopter réside avant tout en la connaissance du trouble passé d'Umma et de ne surtout pas être agressif. Ce que j'aime à appeler une « autorité courtoise ». Toujours lui expliquer avant d'agir avec une fermeté bien dosée, que c'est elle, la jument, qui a généré le problème. Clairement, à chaque visite, Umma exprime sa joie de me voir. Ceci est tout à fait normal, je suis celui qui a passé son temps avec elle, surtout pour la sortir des ténèbres. Cette trace aussi perdure, je le sais, comme je sais également qu'elle s'atténuera avec le temps. Laurence s'en amuse plutôt :

— Voilà, c'est ça, papa est là, sauve-moi !

Mes visites s'espacent au rythme des besoins décroissants. Elles mènent leur vie de couple à leur rythme, créant leur nouveau langage commun ensemble, avec des hauts et des bas, mais toujours dans la bonne direction. Je suis venu avec Músico me promener avec elles, puis elles m'ont rendu visite également, tout se passe bien. Je sens également qu'Umma ne porte plus sur moi le même regard. Elle s'est progressivement émancipée, et bien qu'elle montre toujours de l'affection pour moi, je ne lui suis plus indispensable. C'est une règle de la vie à laquelle je suis préparé depuis quelque temps, et j'ai besoin également de le ressentir pour me libérer d'elle, m'en aller rassuré. En cas de besoin, elles pourront compter sur moi.

Un jour d'été, je reçois un message de Laurence sur mon téléphone :

— Un petit coucou de nous deux. Nous sommes parties faire une randonnée de plusieurs jours en Ardèche. Tout se passe parfaitement bien.

Je regarde les quelques photos qui accompagnent le message avec beaucoup d'émotion, un sourire figé sur mon visage.

Certaines rencontres vous marquent tout particulièrement, elles sont vécues bien plus intensément que d'autres, elles vous bouleversent profondément pour toujours.

DEUXIÈME RÉCIT
– ABRUZ

Quand on achète un cheval, on ne devrait regarder ni la couleur, ni la race, ni le sexe et encore moins les papiers de ses origines. On n'achète pas un vase, mais un être vivant et surtout, on cherche l'autre moitié de notre binôme. Les vendeurs vous chantent toujours les louanges des origines : son père a gagné ceci, sa mère cela, son grand-père a fait ci ou ça, mais on ne monte pas sur des papiers, on monte sur un cheval. Celui-ci peut avoir la meilleure des généalogies du monde, cela ne garantit en rien la qualité du cheval, surtout en fonction de l'activité pour laquelle on le choisit. Si c'est un cheval d'extérieur que l'on cherche, que son père ou sa mère aient gagné telle ou telle course ne fera pas forcément de lui un cheval fiable en terrain difficile, au milieu des bois ou au bord d'une route en plein trafic. Tout comme le meilleur des chevaux de trait, tout champion du monde de débardage de bois en forêt qu'il soit, il ne gagnera certainement jamais le Grand Prix d'Amérique ou le Grand National. À chacun son domaine, on ne tracte pas une roulotte avec un Pur-sang arabe, comme on ne court pas en endurance avec un Shire. Le bon sens doit prédominer dans le choix. Il faut tenir compte également de la taille et du poids du cavalier, comme de la taille et du poids du cheval. Le binôme doit être un ensemble harmonieux et pensé en fonction de l'activité exercée. Si c'est un cheval d'extérieur que l'on recherche, pour de la randonnée sur tout type de terrain et de dénivelé, un cheval pas trop grand est recommandé, compact, souple, porteur, mais agile et volontaire. Avec un centre de gravité bas, de bons aplombs lui permettant de se faufiler entre les arbres et d'aborder les pentes avec équilibre, dans le sens de la montée comme de la descente, au-delà d'une sélection de races ou de croisements appropriés, de couleur ou de sexe. Quand on rend une première visite à un cheval, outre son état général, il doit se passer quelque chose, comme dans tout couple qui se forme. Sentir que le courant passe dans les deux sens, pas de manière unilatérale. Le ressenti est important et doit être objectif, même si l'on parle d'émotionnel, ce qui reste toujours abstrait et subjectif. Un acheteur devrait se faire accompagner de quelqu'un avec des compétences en la matière, un regard neutre et un avis désintéressé. Quelqu'un qui peut donner un avis objectif et être de bon conseil.

Je cherchais un cheval pour compléter le petit groupe que j'étais en train de constituer et avec les mêmes caractéristiques. Un cheval jeune, pas débourré, peu manipulé, pas trop grand. J'en avais sélectionné certains sur un site de vente de particuliers qui s'essaient à l'élevage, et celui-ci en faisait partie. J'aimais bien les origines et le croisement, il avait une bonne tête sur la photo, et la vendeuse n'habitait pas trop loin de chez moi. Nous avons convenu d'un rendez-vous le lendemain, sommes allés le voir dans un pré où elle avait rassemblé les quelques jeunes qu'elle avait à vendre. Elle me l'a montré du doigt, il se tenait en haut d'une petite colline et nous observait avec attention depuis notre entrée dans le pré. J'ai marché jusqu'à lui, il m'a regardé arriver, je l'ai caressé sur tout le corps et lui ai demandé de me donner un antérieur qu'il a fini par lever après un refus initial. Il était visiblement peu manipulé, mais montrait de la curiosité pour tout ce que je faisais, quelques mouvements de défense au moment de lui toucher les oreilles, et également au contact des membres postérieurs. Rien de bien méchant. Les autres chevaux décidant de se déplacer plus loin, il a suivi le mouvement au petit trot. Je l'ai regardé s'éloigner et suis retourné vers lui. Il m'a regardé arriver avec la même curiosité que précédemment. Je l'ai à nouveau touché partout, soulignant les mêmes gestes de dégagement du contact aux oreilles et postérieurs, il y avait un peu de travail de désensibilisation à faire de ce côté-là, mais cela ne me semblait pas très compliqué. Il s'est laissé passer le licol, a suivi quelques pas à la longe sans trop de résistance pour un cheval inexpérimenté. Je l'ai libéré et après quelques instants à m'observer, il est retourné retrouver les autres sans trop se presser. Il me plaisait bien. Je suis retourné vers la vendeuse, nous sommes tombés d'accord sur le prix et avons décidé que je viendrais le chercher le lendemain matin.

Abruz était un poney de trois ans et demi, un croisement Connemara et probablement Barbe, je ne m'en souviens plus avec exactitude. Connemara j'en suis sûr, avec encore plus de sang, le Connemara ayant déjà des gênes de ce type par ses croisements ibériques et arabes entre autres, tout au long de son histoire. Quand on le voit galoper, la queue relevée, on remarque la souche d'Afrique du Nord très distinctement. Classé « poney », mais assez grand pour l'espèce. C'est une méprise fréquente que de catégoriser comme poney tout cheval au-dessous d'un mètre cinquante. Une particularité physique au niveau de la tête, souvent ignorée, fait également partie des critères : la forme du crâne et la proportion sont caractéristiques de la race, plus courte et davantage carrée. Cette erreur trouve son origine dans la réglementation des concours hippiques au niveau des tailles. Pourtant, certains Camarguais ou Arabes peuvent mesurer moins que le mètre quarante-neuf ferrés ou quarante-huit non ferrés réglementés, mais restent des chevaux, c'est le cas d'Umma, du récit précédent, qui est plus petite qu'Abruz, mais reste un cheval du fait de ses origines. Tandis qu'Abruz, frôlant le mètre cinquante, est classé comme poney en raison de sa souche Connemara et sa caractéristique crâniale également, celle-ci respectant les critères de l'espèce.

La vendeuse est au rendez-vous, à l'heure fixée le lendemain matin. Je lui dis que pour éviter de devoir lui ramener son matériel, j'ai apporté un licol et une longe. Comme le jour précédent, les chevaux sont au sommet de la petite colline. J'entre dans le pré et monte vers le hongre qui se tient un peu à l'écart des autres. Je le caresse, lui passe un licol en corde puis un licol plat par-dessus, que je n'utiliserai que pour l'attacher à l'une de ses boucles latérales une fois chargé. J'accroche ma longe au licol en corde et l'invite à me suivre, ce qu'il fait après quelques secondes d'hésitation, calmement, vers la sortie où se tient la vendeuse, à qui je demande de se déplacer vers la sortie du van, de manière à ce que le cheval puisse la voir depuis l'entrée. On arrive vers la remorque, je monte dans le van, et comme quelques minutes auparavant, après quelques secondes d'incertitude, le hongre me suit à l'intérieur sans opposer la moindre résistance. C'est une remorque dans laquelle les chevaux se tiennent en oblique, ils peuvent passer la tête à l'extérieur une fois entrés. Je ferme la séparation et ressors fermer délicatement les portes arrière. Pendant que la vendeuse lui maintient la tête hors du van avec la longe, je referme le pont qui sert de demi-porte de sortie puis l'attache au licol avec une petite longe latérale. Seulement une fois à l'intérieur, remarquant qu'il est confiné et privé de la possibilité de sortir, Abruz appelle ses congénères et exprime un peu de contrariété en grattant le plancher. Je paie rapidement et pars en direction de la maison. Sur l'écran relié à la caméra de surveillance installée dans le van, je constate que le bref voyage se passe bien, il ne bouge pas trop, absorbé par le spectacle du trafic et des paysages qui défilent par sa fenêtre. On arrive sur place, j'ouvre la porte de sortie, descends la rampe, enlève la sécurité, attache la longe, le libère de celle de transport et du licol plat, lui demande de descendre et comme ce qui semble être inscrit dans son tempérament, après quelques secondes d'observation, sort du van comme si rien ne s'était passé. Je le libère du licol en corde et il part au même petit trot vers les autres chevaux qui se tiennent dans le parc voisin de celui que je lui ai préparé pour les premiers jours, avant d'être intégré dans le groupe.

Sur la place sèche, il y a deux abris, un de quatre places et l'autre de deux, disposés en L. Ce qui permet un contact progressif et une préparation à mon système d'abri-box modulable. La zone est séparée en deux, en biais depuis le milieu de la petite barre du L. Je ferme la deuxième porte du petit abri, ainsi que la séparation intérieure. De cette façon, les chevaux peuvent aller vers lui, passer la tête par la porte et lui, de l'intérieur il peut les voir tout en étant en sécurité dans un espace privatif assez grand. Après deux ou trois jours, j'ouvre la seconde porte extérieure, ce qui permet aux autres d'entrer dans son espace clos, de se voir et de se sentir à travers la séparation intérieure en toute sécurité. Abruz peut également entrer et sortir de l'abri à sa guise pour le moment, surtout s'il se sent oppressé. Il a son pré privatif, contigu à celui des autres, et son abreuvoir.

Après quelques jours de séparation, j'ouvre l'accès entre les deux parcs et les laisse faire. Ils se rejoignent gentiment, l'air de rien, et comme Abruz n'envoie aucun signe d'une quelconque revendication hiérarchique, rien ne se passe. Il faut dire que les autres sont également d'un tempérament pacifique pour le moment. L'un d'eux est considéré comme le plus haut de la pyramide, cela semble convenir à tout le monde, donc une fois que ceci est transmis au nouveau et que celui-ci l'accepte de bon gré, il n'y a aucune raison de l'agresser. Il ne demande qu'à faire partie du groupe.

La hiérarchie est également une donnée mouvante, elle peut être remise en question ponctuellement soit par un nouveau congénère intégré dans le groupe, soit par un membre du groupe qui, en prenant de l'âge, révèle un tempérament plus revendicateur. Même à l'intérieur du groupe, les mouvements sont constants. Un nouveau venu, qui commence habituellement au bas de l'échelle, peut se retrouver bien plus haut en quelques mois. Rien n'est jamais réellement figé, sauf dans le cas des bas de rang qui ne cherchent rien de plus que la protection du groupe et laissent volontiers les autres se mettre d'accord sur la position qu'ils aimeraient occuper, ou alors les dominants au caractère bien affirmé qui ne trouvent pas d'opposition suffisamment forte ou convaincante et restent en haut de l'échelle sociale.

Les mois s'étaient écoulés et je l'avais laissé gentiment mûrir au sein du groupe. J'avais du travail avec les autres chevaux en formation, et avec lui, je n'étais pas pressé. Il était très juvénile dans la tête, il aimait jouer et avait encore des réminiscences du comportement caractéristique des poulains. En outre, il gardait toujours ce caractère curieux. Il se tenait souvent à une courte distance quand on intervenait auprès des autres et regardait très attentivement ce qui se passait. Après quelques instants d'observation, il s'approchait et demandait de l'attention, il voulait toujours participer à ce qui se faisait. Par contre, j'avais également remarqué qu'encore trop jeune mentalement, il ne comprenait pas toujours correctement ce qui lui était demandé, et alors on prenait le risque en insistant qu'il ne l'assimile pas comme il se devait. Il était en phase de construction et je tenais absolument à nourrir et encourager sa joie de vivre, sa curiosité, sa spontanéité, son côté drôle et joueur et son envie de participer à tout ce qui était proposé. Donc, je faisais bien attention à ne lui demander ou exiger que ce que j'étais certain qu'il assimilerait correctement et qu'il serait capable de mettre en relation avec ce qu'il avait déjà acquis petit à petit depuis ces mois à la maison. D'abord les fondamentaux, ensuite des demandes plus exigeantes. Consolider une relation de confiance qu'il montrait volontiers en toute situation.

Il avait ce côté joueur espiègle qu'ont certains chevaux, qui font penser à ceux du cirque et à leurs numéros. Un jour où j'étais penché en avant, il s'était approché tout doucement, je m'étais retourné, et voyant que c'était lui, j'avais continué ce que j'étais en train de faire. Il s'était alors penché et avait saisi délicatement les gants qui dépassaient de la poche arrière de mon pantalon pour finalement partir au galop avec son butin entre les dents, fier de son coup. Il aimait que je coure alors après lui pour récupérer tous les objets qu'il me dérobait à l'improviste, me baladant dans toutes les directions avant de se laisser rattraper et me rendre ce qu'il m'avait emprunté. Dans ces moments-là, on pouvait lire sur lui toute la joie et l'amusement intérieur qui l'habitaient. Je ne peux compter le nombre de fois qu'il m'a enlevé le chapeau, les gants, une veste posée à côté de moi ou même une râpe de maréchalerie pendant un parage. Il était surprenant, divertissant et imaginatif, c'était vraiment étonnant. Comme la fois où entré dans le parc avec un utilitaire pour ramasser des planches d'anciennes clôtures démontées, Abruz avait été le seul à m'observer du haut de la petite côte surplombant le pré dans lequel je m'affairais. Après quelques instants, il s'était approché et avait fait le tour du véhicule avec circonspection, avait même passé sa tête par les fenêtres ouvertes, puis s'était intéressé de près à ce qui dépassait latéralement du petit monospace, c'est-à-dire un rétroviseur. Après avoir brisé d'un coup de dents le miroir, il avait arraché en partie le support avant de s'en aller tranquillement voir si l'herbe était plus verte ailleurs. Il fallait toujours être sur ses gardes, avoir mille yeux en sa présence, le jeune hongre étant toujours prêt à saisir la première occasion se présentant à lui pour exécuter son numéro de pickpocket favori. Espiègle et malicieux, mais aucune méchanceté, le roi des bons types.

Après l'avoir laissé se poser dans le groupe, je l'avais emmené dans le rond de longe pour commencer sa désensibilisation et sa mise en confiance. La base de la formation sur laquelle tout le reste se construit. Comme il était proche, je gardais ce trait de caractère au centre de nos contacts en prenant garde à le nourrir correctement et à bon escient. Inutile de demander à ce cheval de courir en rond, de le chasser quand il n'y avait aucune raison pour cela. Seulement quand la réponse n'était pas celle attendue, non par incompréhension, mais par manque de volonté, je l'avais éloigné de moi. Il avait fait deux ou trois tours et demandait rapidement à revenir. Il donnait alors la réponse désirée. J'avais remarqué au cours de ces premières séances qu'il avait l'air d'avoir un petit problème pour donner ses postérieurs, et dans l'introduction à l'attache, il ne semblait pas du tout à l'aise dès que la longe se tendait et qu'il se sentait bloqué, alors que cela ne lui posait aucun problème en main. J'en ai déduit qu'il avait dû être attaché et que cela ne s'était pas très bien passé. Pareil pour ses postérieurs, il avait une défense prononcée en direction de celui qui tenait le pied, ce qu'on appelle un « coup de pied en vache ». Là aussi, c'était un indicateur que quelque chose ne s'était pas bien passé de ce côté-là. Dans les deux cas, il n'avait pas compris le sens de l'action et s'était certainement défendu, avait éventuellement paniqué. C'était particulièrement frappant dans son cas, car il acceptait absolument tout avec placidité et curiosité, toujours de bon cœur. Dans le cas des postérieurs, je remarquais clairement qu'en insistant sur la demande il ne la comprenait pas, mais entrait dans une spirale de défense qui l'écartait de plus en plus du simple geste proposé. Il le prenait comme une agression coercitive et non comme une demande de coopération.

Je n'ai jamais compris l'intérêt de systématiquement chasser un cheval quand il entre dans un rond et qu'il n'y a aucune raison de le faire. Il ne va certainement pas le comprendre. On se comporte le reste du temps d'une manière avec lui et dès qu'on le met dans un rond, on le chasse, on l'écarte de nous. Pourquoi ?!? Quand un cheval se comporte avec ses congénères de la sorte dans un pré, on le reconnaît comme un geste inapproprié. Aucun cheval dominant ne chassera un autre cheval sans avoir une raison de le faire : soit il veut sa place, manger ce qu'il mange, ou répond à une provocation, même légère.

On peut mettre toutes sortes de terminologies à tous les actes méthodologiques voulus, à part l'intérêt de les rendre faussement ésotériques, ils n'en sont pas moins illégitimes et incongrus. C'est le principal problème de toutes ces méthodes et techniques, elles rigidifient les gens, annulent toute réflexion et remise en question, mais surtout ne tiennent absolument pas compte de l'individu. Dans le cas d'Abruz, pourquoi le chasser d'entrée s'il n'a absolument rien fait pour cela. Il apprécie notre compagnie et la recherche, il est proche des gens, alors il est essentiel de cultiver ce trait de caractère. Il faut s'arranger pour lui demander quelque chose et lorsque la réponse n'est pas en adéquation, avec la certitude qu'il l'a compris et qu'il agit de manière volontaire, alors seulement dans ce cas il faut lui signifier notre mécontentement. Mais il est essentiel de lui faire comprendre qu'il est celui qui a généré la situation. Alors oui, puisque ce qu'il apprécie et cherche c'est d'être près de nous, l'action négative sera de le chasser pour lui exprimer que sa réponse ne nous a pas convenu.

Toute action de notre part doit être mise en perspective et répondre à une interaction précise : une réponse à une demande. Le dosage de notre action, comme la qualité de l'action, revêt également une importance capitale.

Il était convenu de l'introduire dans un stage de débourrage, mais le jour prévu à cet effet, j'expliquai aux participants que nous allions le laisser de côté. Je ne l'estimais pas mentalement prêt, bien que coopérant avec toute la bonne volonté du monde sur bien des sollicitations et n'offrant aucune difficulté majeure. Je ne voulais pas reproduire le problème rencontré avec ses postérieurs et à l'attache dans un acte précipité qui aurait exigé un effort mental supérieur au reste.

Le débourrage reste une phase qui peut être mal perçue par le cheval, celle-ci se situant à la limite de sa culture. Bien que l'étalon grimpe sur la jument ou que le poulain pose ses antérieurs sur le dos d'un congénère, ces gestes sont toujours brefs et compris dans l'instant. Par contre, aucun congénère ne se pose sur le dos d'une jument ou d'un autre cheval sous peine d'une réponse forte immédiate. Et je ne parle même pas ici de celui qui oserait ce geste sur un dominant.

Abruz était joueur et curieux, mais faisait preuve en bien des situations d'une attitude très juvénile. Il avait cette insouciance propre aux jeunes chevaux, non seulement avec moi, mais avec ses congénères également. Il avait besoin d'être mieux préparé afin de vivre et d'intégrer cette expérience de la bonne manière. Je le laissai donc de côté pour l'instant, ne travaillant avec lui que sur ses postérieurs qu'il avait toujours du mal à donner spontanément et sur le principe de l'attache.

En ce qui concerne ce dernier point, l'attache, c'était très étonnant. J'avais repris ce travail depuis le début, il semblait l'avoir compris. Pourtant, deux ou trois fois, j'avais constaté des signaux d'alerte qui me faisaient le soupçonner d'être capable de « tirer au renard ». Jusque-là, j'avais toujours fait en sorte d'enrouler la longe autour d'une barre sans la fixer par un nœud, afin de lui montrer qu'il n'était pas pris, ce qui lui permettait de faire quelques pas de recul comme pour vérifier qu'il pouvait toujours s'en libérer. Dans ces cas, il restait calmement sur place, je pouvais le ramener vers la barre en tirant sur la queue de la longe. Je sentais bien néanmoins que quelque chose de plus fort pourrait se passer si Abruz se sentait pris, de manière inattendue, c'est-à-dire sans donner de signes avant-coureurs qui me permettraient de le libérer avant que la panique ne prenne le dessus. Je restais comme lui, toujours sur mes gardes, attentif à chacun de ses mouvements suspects dans cette situation.

Je priorisais d'autres chevaux, plus préparés que lui, le laissant toujours aller et venir à sa guise autour du rond. Il montrait vraiment beaucoup de curiosité et d'intérêt à tout ce qui se passait là-dedans avec les autres. Il pouvait rester toute la séance à observer ce que je faisais et comment l'autre réagissait. Au moment de sortir du rond, il se précipitait vers la porte avec des signes clairs de vouloir entrer à son tour, mais je ne le laissais pas faire. Je sentais son impatience et une frustration grandissante de ne jamais être le suivant. Ce petit manège durait depuis des mois. À chaque fois qu'il me voyait préparer le matériel dans le rond, aller chercher un autre cheval du groupe, il s'arrangeait pour arriver le premier devant la porte d'entrée, et à chaque fois, je l'en écartais gentiment pour me laisser passer avec l'autre. Il ne s'en éloignait jamais, comme s'il attendait patiemment l'instant d'inattention qui lui permettrait de se faufiler dans le rond de longe. Je me souviens d'un matin où durant une séance, il avait fini par se coucher devant la porte et s'était endormi à force d'attendre. J'avais dû le réveiller pour qu'il se lève et nous laisse ressortir. De temps en temps, je le laissais entrer après le travail et l'observais du coin de l'œil tout en ramenant l'autre cheval auprès des autres. Abruz s'approchait alors du tapis et de la selle posés sur une barre, les reniflait et les mordillait. Je ne sais plus combien de fois il avait balancé le vieux matériel par terre, d'un mouvement de tête tout naturel et sans esquisser la moindre crainte ou surprise du bruit occasionné ou de l'impact sur ses antérieurs. Je revenais alors vers lui, ramassais les objets et partais les ranger, suivi d'Abruz, jusqu'au portail principal.

C'était vraiment un cheval attachant et j'avais beaucoup d'affection pour lui, je n'ai aucun doute qu'étant un animal émotif par excellence, il le ressentait et me le rendait à sa manière. Outre les gestes d'inconfort lors du travail de ses postérieurs, qui avançait bien, jamais il n'avait eu un quelconque mouvement agressif de quelque type que ce soit, ni avec moi ni avec ses congénères. Ce n'était absolument pas un cheval conflictuel, bien au contraire.

Le temps était passé, le groupe avait changé également. Des membres étaient partis et d'autres étaient arrivés, avec des caractères plus forts et des revendications hiérarchiques plus évidentes. L'entente toute pacifique et la sérénité du petit troupeau précédent avaient cédé la place à plus de tensions et de rivalités. Ceci était particulièrement visible avec un membre perturbateur qui tenait absolument à s'accaparer la jument de tête, au caractère bien trempé également, au détriment d'un autre hongre qui la désirait aussi, mais n'en avait pas les armes. C'est étonnant comme, bien que remis périodiquement à sa place, ce dernier retournait pour une nouvelle tentative, toujours infructueuse. Abruz devait s'adapter et trouver sa place. Il n'a jamais eu la moindre marque de morsure ou de coup sur lui, et je ne l'ai jamais vu en provoquer non plus. Il savait observer son monde, avait clairement décrété que toutes ces tensions ne le concernaient pas, et les autres l'avaient bien compris. Au moindre signe, il se retirait calmement, ou mieux encore, quand certains entraient dans l'abri, il s'éclipsait discrètement ailleurs avant que les problèmes n'apparaissent. Il n'était jamais au mauvais moment au mauvais endroit, c'était vraiment étonnant à observer. Un vrai stratège de l'esquive du conflit, d'une efficacité redoutable, connaissant parfaitement ses limites, ce qui lui convenait et ses priorités.

Il continuait systématiquement à venir observer le travail effectué avec les autres, il ne s'en lassait pas, même avec le temps. Il assistait à tout avec le même intérêt : travail au sol, désensibilisation, initiation à la selle, à la monte. J'avais travaillé également certaines choses avec lui, d'autres non, comme tout ce qui concernait la selle. Je lui avais bien posé un tapis sur le dos, mais rien de plus. Un jour que je traversais le pré avec une selle et le tapis sous le bras en direction du rond pour travailler un autre cheval, je l'avais remarqué, comme d'habitude au sommet de la petite colline, qui m'observait avec attention. Je ne sais pas pourquoi ce jour-là plus qu'un autre, arrivé près du rond, je me suis retourné. Il était toujours là, je sentais son envie de venir tellement forte que je l'ai invité à me rejoindre.

— Allez viens ! Viens, Abruz ! Aujourd'hui c'est pour toi !

Je n'ai pas fini ma phrase que je le vois dévaler la petite pente au galop, il me passe à côté et entre dans le rond à la même vitesse, la queue en panache, tout excité et peut-être aussi de peur que je lui ferme la porte comme à l'accoutumée. Il se plante au milieu du rond et me fait face. Je vais chercher le matériel posé sur la barre et le dépose à côté de lui. Il n'en perd pas une miette. Il renifle la selle et le tapis qu'il connaît déjà, et je lui passe un licol pour avoir une prise et un contrôle sur ses déplacements. Je lui pose le tapis sur le dos, puis la selle sans trop de ménagement, le sangle une première fois et le fais marcher à la longe. Il me suit d'un pas léger et satisfait de lui. Après quelques tours, je le sangle à nouveau et le libère de la longe. Il me regarde attentif, ne perdant pas un seul de mes mouvements et attendant la prochaine demande avec une certaine impatience dans le regard. Je lui demande de faire quelques pas seul, puis le trot et enfin le galop. Ni les mouvements saccadés de la selle sur son dos ni les étriers tapotant ses flancs ne le font changer d'attitude, il répond à chaque demande de changement d'allure et de direction avec la même application. Après dix ou quinze minutes de ce petit jeu, je lui demande de s'arrêter et l'invite à me rejoindre. Je lui passe le licol, le félicite avec effusion, fier de lui, et lui demande de me suivre à l'extérieur du rond. Au milieu du pré, je lui enlève la selle, le tapis, le licol et après l'avoir félicité à nouveau l'encourage à retrouver les autres.

Je ne crois pas avoir jamais vu une telle expression de fierté, d'autosatisfaction et de bonheur chez un cheval que ce jour-là. Il est parti au galop, hennissant, l'air altier, la queue relevée comme s'il flottait sur un nuage après l'exploit accompli. Il était comme les autres maintenant. Sa joie malheureusement n'eut que peu d'écho, il s'agitait autour des autres dans une totale indifférence générale. Le monde du cheval peut être, à des égards, impitoyable. L'histoire qu'il avait envie de raconter n'intéressait visiblement personne, et je me sentais bien déçu pour lui parce que ce qu'il venait d'accomplir méritait bien plus d'intérêt que ça.

Quelques jours plus tard, j'allai le chercher et l'invitai à me suivre. Ce qu'il fit de bon cœur comme chaque fois.

— Allez viens Abruz, on y retourne !

Une fois dans le rond, je lui demande de s'arrêter au milieu. Le matériel s'y trouve déjà. Il s'y intéresse comme d'habitude et attend la suite qu'il a déjà assimilée. Je lui pose le tapis, la selle, le sangle une première fois et lui demande quelques pas, puis un petit trot. Il s'exécute sans opposer la moindre résistance ni donner de signes d'inconfort. Je l'arrête, le sangle d'un cran de plus et de nouveau le même exercice dans les deux directions. Après quelques tours, je l'invite à me rejoindre et le sangle à nouveau, au point définitif. À nouveau quelques tours et même le petit galop pour tester ses réactions. Il est parfait, aucun stress, tranquille et même joyeux de faire quelque chose. Après quelques minutes, je l'arrête et le ramène au centre du rond. Je lui mets un licol plat auquel j'ai accroché des rênes en corde à ses boucles latérales. Je mets le pied dans l'étrier, un peu de poids et il écarte un antérieur pour s'équilibrer. Je me hisse, reste en équilibre un petit moment et passe ma jambe très lentement par-dessus son dos afin de me poser tout en douceur dans la selle. Abruz est attentif, la sensation est nouvelle et semble un peu le décontenancer. Je descends et recommence quelques fois le même processus des deux côtés. De temps en temps, je fais une petite pause pour lui permettre de bien intégrer ce qui est en train de se passer, suivie de quelques pas pour revenir au milieu du rond et recommencer. Mise à part une légère surprise exprimée à la réception de mon poids sur son dos, il n'a exprimé absolument aucun refus. La dernière fois assis en selle, je lui demande d'exécuter quelques pas. Le sentant un peu étonné par tout ceci, je lui fais exécuter un tour sur lui-même des deux côtés, puis au moment de tourner encore, le déséquilibre légèrement afin de l'obliger à exécuter quelques pas vers l'avant cette fois. Ce qu'il fait d'une démarche hésitante, essayant de trouver son équilibre et la juste position pour se déplacer avec un poids inattendu sur le dos. Je remarque bien que tout ceci l'excite déjà moins que la simple pose de la selle ou que l'observation à distance. Il ne s'attendait pas à la charge et ne semble pas trouver tout ceci vraiment nécessaire. Après quelques pas, un arrêt, encore un tour puis quelques pas à nouveau, je descends, lui enlève la selle et le tapis et l'emmène hors du rond. Je le libère de son licol et le laisse s'en aller à son rythme.

Il ne partit pas au petit galop, la queue en panache et fier de l'exploit réalisé cette fois. Je pouvais l'observer retourner vers les autres, dans un pas un peu lent, absorbé dans ses pensées et intégrant à sa manière tout ce qu'il venait de vivre, classant l'événement dans les tiroirs de sa mémoire. Bien que ne donnant aucun signe de stress, son attitude reflétait parfaitement que l'expérience ne l'avait pas enchanté outre mesure.

Abruz est un très bon exemple d'apprentissage par imitation. Il a une personnalité qui se prête vraiment bien à cela. Il est observateur, analyse à sa façon tout ce qui l'entoure, l'intègre, le classe et agit en conséquence avec une rare capacité d'anticipation pour un équidé. Je ne pense pas que l'on puisse parler exclusivement de *neurones miroirs*, bien que celles-ci jouent certainement un rôle également dans l'apprentissage par imitation. Le tapis et la selle étant absents de la culture originelle du cheval, il s'agit d'abord d'intégrer ces objets dans son cognitif conscient. Ensuite, l'acte de monter sur son dos existe également dans sa culture et éventuellement, dans ce cas, les *neurones miroirs* jouent un rôle important. En effet, même de manière brève, l'étalon monte sur la jument pour se reproduire, le poulain pose ses antérieurs sur le dos de sa mère et dans le jeu avec ses congénères. Rester sur son dos de façon prolongée est par contre l'acte du prédateur. Il est clair que toutes ces séances et ces répétitions à me voir travailler la selle et monter sur ses congénères ont très clairement été intégrées par Abruz. Lors de ces heures d'observation à côté du rond, il les a faites siennes et était mentalement prêt quand je le lui ai proposé. Aucune surprise du côté matériel. Par contre, étant incapable, vu son architecture cérébrale, à se projeter en situation au-delà de sa seule observation, il ne s'attendait pas à mon poids sur son dos et la contrainte ou l'inconfort générés lors du déplacement. L'accepter aisément à l'arrêt est une chose, déplacer la charge en est une autre.

La troisième séance se déroule deux ou trois jours plus tard. Comme toujours, je vais le chercher et l'amène dans le rond où se trouve déjà le matériel posé au milieu. Cette séance va me permettre de jauger le souvenir qu'il a gardé de la précédente, et surtout dans quel tiroir de sa mémoire il a classé l'expérience. Pour ce qui est du tapis et de la selle, il ne bouge pas et n'a aucune réaction négative particulière. Visiblement, ceci est très bien intégré. Par contre, au moment où mon pied se pose dans l'étrier et que j'y mets du poids, lui indiquant que je vais monter et m'asseoir sur son dos, il s'écarte de moi exprimant clairement que cette partie de l'exercice ne lui a pas vraiment plu. Je le place à nouveau et entame le même mouvement. Il s'écarte encore. Puis une troisième fois et son attitude est identique. Il a parfaitement décomposé le phénomène, et c'est bien l'idée de devoir porter un poids supplémentaire qui le dérange.

Au moment de réagir lors d'une réponse du cheval inappropriée, il est capital de s'assurer que ce n'est pas dû à une douleur, mais bien à un manque d'envie de coopérer. Dans son cas, je sais que ce n'est pas une douleur, d'une part parce qu'il l'aurait éventuellement signalée lors de la pose de la selle et du sanglage (j'utilise un bon matériel, approprié, le tapis néoprène de deux centimètres d'épaisseur protège le dos d'une éventuelle blessure due à la selle et sert également de bon amortisseur), d'autre part, je ne suis pas très lourd et ne reste pas assez longtemps sur lui pour que cela provoque un problème qui demande un traitement ou une manipulation. Tout au long du processus, il est resté calme ; en s'écartant, il me signifie simplement :

— *Tu vois, cette partie ne me* plaît *pas trop, je n'en ai pas envie.*

Je sais que ce que je lui demande n'est pas difficile, ni très exigeant. Encore moins pour lui. Il a été invité à collaborer trois fois. À chaque fois, il a refusé calmement, mais clairement, en s'écartant de moi. Il a généré la situation par sa réponse, et ma réaction sera dans ce cas de le chasser. C'est un cheval proche qui cherche le contact, qui n'est pas habitué à être repoussé, bien au contraire.

Avant ma troisième tentative, je passe les rênes autour du pommeau de la selle. Dès son refus de me laisser faire en s'écartant de moi une nouvelle fois, je le chasse avec véhémence, lui signifiant ma désapprobation. Je lui demande quelques tours du rond au galop, avec des changements de direction assez brusques. Après quelques instants, je l'arrête, le laisse réfléchir un peu, puis l'invite à me rejoindre. Je le laisse reprendre sa respiration, mais pas totalement. S'il me laisse monter, je le laisserai reprendre son souffle une fois en selle en échange. S'il refuse, il se trouve déjà dans une situation inconfortable qui va à nouveau s'amplifier.

Je pose mon pied dans l'étrier pour la quatrième fois, il ne bouge pas, mais au moment où je me dresse avec mon poids, il fait les mêmes pas de côté que précédemment. Je saute de la selle et le chasse à nouveau avec la même détermination. Quelques tours au galop, sur les deux mains et je le laisse s'arrêter et réfléchir. Je m'approche de lui, le caresse et le ramène au centre. Je le bascule un peu des deux côtés pour qu'il finisse par écarter ses antérieurs afin d'être mieux équilibré. Une fois bien campé sur ses membres, je pose mon pied dans l'étrier, me hisse en douceur et m'assieds dans la selle. Il n'a pas bougé, je le félicite et lui caresse l'encolure. Après quelques instants à l'arrêt, je lui demande quelques pas en avant. Comme il ne bouge toujours pas, je le déséquilibre légèrement d'un côté, l'obligeant ainsi à bouger ses pieds et se mettre en marche, nous faisons quelques pas puis je l'arrête. Encore un instant sur la selle et je descends calmement, le félicite encore, le caresse et l'embrasse. J'enlève la selle, le tapis, lui enlève le licol et les rênes et le laisse quelques instants dans le rond, se détendre et intégrer les informations tout en broutant les quelques herbettes encore présentes. Comme il ne fait pas mine de vouloir sortir, je décide de renouveler l'expérience. Je lui passe le licol, remets le tapis, la selle et remonte sur son dos. Il n'a pas bougé. Sans lui demander quoi que ce soit d'autre cette fois, je descends, lui retire tout à nouveau et nous retournons dans le pré. Je le libère du licol et le regarde partir de son pas tranquille retrouver le groupe un peu plus loin.

Je sais qu'Abruz n'est pas conflictuel, bien au contraire, sa nature le pousse à éviter les conflits. Le fait de lui proposer plusieurs fois la possibilité d'agir correctement et qu'il ne le fasse pas, c'est lui faire porter la responsabilité de l'impasse dans laquelle nous nous trouvons. Le chasser est aller contre sa nature qui le pousse à ne pas générer de situation inconfortable, et celle-ci l'est devenue. Le remettre dans cette même situation, sachant qu'il ne coopère toujours pas, est le moyen de souligner le point qui me dérange et lui signifier qu'il commet une erreur. Le sachant placide de nature, je sais qu'il va lâcher prise rapidement et jouer le jeu. Finalement, tout ceci est exempt de douleur ou de contrainte coercitive. Je lui demande simplement sa coopération. Il est libre d'exprimer sa contrariété de façon douce, mais il doit apprendre qu'un refus catégorique de sa part générera une situation désagréable, sa coopération lui rendra par contre son confort. Une fois cette donnée intégrée, elle me sera utile dans le futur également. Un canal de communication par lequel je comprendrai alors, que s'il refuse avec insistance, ce sera sa manière de m'indiquer qu'il y a un problème plus important comme une douleur ou une gêne, par exemple.

Toutes les séances suivantes se déroulaient bien. Il ne bougeait plus au montoir, mais était toujours un peu réfractaire à se mettre en marche. Convaincu qu'il avait néanmoins parfaitement compris et intégré tout le processus en soi, je le laissais donc à nouveau de côté pour me concentrer sur les autres chevaux, un en particulier qui devait s'en aller dans les prochaines semaines. Abruz venait toujours près du rond ou observait ce qui s'y passait depuis le haut de la colline, mais il semblait avoir pris de la bouteille après cette nouvelle expérience, son comportement était plus affirmé, toujours espiègle et joueur, mais moins enfantin. Je l'avais testé à nouveau dans le van, il n'offrait aucune résistance et se montrait toujours curieux et volontaire. J'avais donc décidé de le sortir à la main pour une balade en extérieur, sa première sortie éloigné d'un groupe depuis son arrivée à la maison.

Je l'ai chargé un matin dans la remorque et nous sommes partis faire une petite promenade à la main. Après une grosse demi-heure de route, nous sommes arrivés à une place que j'affectionne tout particulièrement pour entreprendre ou tester les chevaux en extérieur une première fois. Le départ se situe dans une clairière, et cette balade offre de tout : de la forêt, des chemins caillouteux, d'autres sentiers plus souples, un peu d'asphalte, un petit village, pas trop de trafic et surtout, c'est une boucle qui prend une bonne heure pour revenir au point de départ. Tout ce processus, au-delà d'observer le cheval seul en extérieur, me permet de renforcer le message « on s'en va, mais on revient », tant avec la ferme que l'on quitte, mais que l'on retrouve, qu'avec le van, que l'on quitte et que l'on retrouve également.

J'avais décidé d'essayer une ou deux variantes jamais explorées auparavant et évidemment, je me suis perdu. La balade qui initialement devait durer une heure s'est transformée en un exercice de deux heures et demie, le temps de retrouver ma route et la remorque à nouveau. Abruz a vraiment été irréprochable, je dois le souligner. Il n'a montré ni crainte ni stress en aucune situation, un peu surpris tout de même de tomber sur un chien, une voiture, une moto ou de croiser des promeneurs. Les seuls instants où j'avais senti l'excitation monter avaient été au moment de tomber sur d'autres chevaux dans un pré, et un peu plus encore en croisant des cavaliers. Il les avait observés avec l'envie d'aller les retrouver, mais restait toujours attentif à mes demandes et n'avait jamais lutté ou montré de contrariété. Nous avions à chaque fois continué notre route, et il avait retrouvé son calme rapidement. Je sentais néanmoins qu'il commençait à trouver le temps long et que la plaisanterie durait plus que ce qu'elle aurait dû, particulièrement sur terrain dur ou gravillonneux. Il faut dire que pieds nus et habitué aux surfaces naturelles, cette entrée en matière sur des terrains abrasifs devenait inconfortable à la longue, et je devais lui enlever fréquemment les petits cailloux incrustés dans ses pieds. À la fin de notre périple et à la vue de la remorque au bout du chemin, il avait exprimé de la satisfaction, ce son guttural caractéristique, commun à tous les chevaux, et accéléré légèrement l'allure. Il était alors remonté dans le van sans hésiter, refait la grosse demi-heure de route sans difficulté, était descendu avec la même attitude placide et reparti au petit trot retrouver les autres qui, cette fois, l'attendaient. La vue du van les avait interpellés et le membre du groupe retrouvé avait causé plus d'animation que d'habitude. Quelques instants plus tard, la vie du troupeau avait repris son cours normal. J'étais allé le retrouver, le caresser et vérifier qu'il n'avait pas d'autres petits cailloux incrustés. Il se comportait avec moi comme si rien ne s'était passé et visiblement, il ne m'en tenait pas rigueur.

Le problème de ses postérieurs était résolu, il donnait ses pieds sans aucune difficulté et se laissait parer sans aucune défense. Par contre, le problème de l'attache n'avait jamais totalement disparu. Je pouvais l'attacher, mais je devais rester toujours très attentif. Au moindre signe de panique, je devais le détacher rapidement, et une fois qu'il sentait la tension de la corde se relâcher, il se détendait à nouveau et restait tranquillement à sa place. Un jour, alors qu'il se tenait absolument calme à l'attache dans le rond, dans un moment d'inattention, je lui avais tourné le dos et m'étais un peu éloigné de lui. Sans donner aucun signe avant-coureur, il avait paniqué et tiré au renard. Le temps de me retourner, de faire les quelques pas jusqu'à la corde, au moment de le libérer, il s'était retrouvé par terre. Je l'avais laissé se relever, retrouver ses esprits, son calme et l'avais ramené vers la barrière. J'avais alors passé la corde autour d'une des barres, mais au lieu de faire un nœud, j'avais enroulé la corde de deux tours pour créer une résistance sans pour autant qu'il se sente bloqué en cas de panique. Il était resté sans bouger. J'avais décidé néanmoins de ne plus l'attacher avec un nœud dorénavant, pour éviter de reproduire une situation qu'il n'arrivait pas à dominer complètement avec le temps. Toutes les solutions proposées pour l'aider à résoudre le problème ne semblaient pas concluantes. Alors comme avec une simple boucle autour de la barre ou dans l'anneau d'attache il ne bougeait pas, je m'en contentais. Inutile d'insister pour le moment. Le côté aléatoire de cette problématique rendait sa solution plus difficile aussi. Attaché et en situations similaires, certaines fois il ne se passait absolument rien, et d'autres, il montrait des signes d'inconfort grandissants sans aucune raison particulière. C'était sa seule et unique zone d'ombre, il fallait l'accepter. Je me suis souvent demandé ce qu'il avait bien pu subir à l'attache dans sa prime jeunesse pour qu'un cheval avec cette capacité d'analyse, sachant toujours adopter le juste comportement afin de désamorcer les moments de tension, ne trouve pas la solution définitive à ce trouble comportemental. Que pouvait-il bien se passer dans sa tête dans ces moments de panique occasionnels ?

Quels que soient les succès obtenus pour résoudre une problématique donnée, avec beaucoup de chevaux et une approche similaire, il y en a toujours un pour remettre en question ce qui a fonctionné avec d'autres, une façon de vous dire :

— *Tu vois, ça, avec moi, ça ne fonctionne pas. Alors, cherche autre chose !*

Les techniques et méthodes figent les gens et les empêchent de se remettre en question en essayant de trouver une solution nouvelle à un problème déjà rencontré par le passé. Chaque individu est différent, tout ne fonctionne pas toujours avec tout le monde, et c'est justement dans les cas exceptionnels qu'il est nécessaire de rester humble et ouvert à de nouvelles idées. Finalement, c'est le cheval qui vous dit ce qui lui convient ou pas, le dogmatisme n'est certainement pas la clé de tous les succès.

L'un de mes pensionnaires, un petit Pur-sang arabe que j'avais gardé, travaillé et remis en état était prêt à partir. Il ne manquait plus que le test en terrain avec sa propriétaire. Je l'avais appelée pour l'en informer et nous avions convenu d'une date de visite. Elle était venue passer le week-end à la maison afin de pouvoir calmement tester le cheval, discuter de son historique clinique et mettre au point les modalités inhérentes à son déplacement chez elle. Le lendemain de son arrivée, nous l'avions testé dans le rond de longe, et maintenant nous devions le sortir en extérieur.

— Je te propose qu'on sorte faire une petite balade en extérieur pour voir comment il se comporte monté. À la main, il ne pose aucun problème, il sort seul sans aucune difficulté.

— D'accord, mais toi, tu vas monter quel cheval ? Ils sont tous en début de débourrage.

— Je pensais monter Abruz.

— Abruz ? Mais il débute ! Tu ne l'as monté que trois ou quatre fois dix minutes en quelques semaines et dans le rond !
— C'est vrai, mais je pense qu'il est mentalement prêt. J'ai confiance en lui, en ses capacités et l'on fait d'une pierre deux coups.

Nous avons préparé le van, chargé les chevaux sans difficulté, ils étaient calmes. J'avais repéré un petit sentier le long d'un ruisseau à quinze minutes de la maison, sur du terrain tendre, avec deux ou trois difficultés potentielles. Une route nationale fréquentée de l'autre côté du cours d'eau, ce qui nous offrait une distance de protection en cas de problème, une petite ferme avec des chevaux en bordure de chemin, un petit pont à traverser, quelques promeneurs avec des chiens. Une bonne entrée en matière qui devait nous occuper une petite heure. L'arabe avait eu de gros problèmes d'abcès aux pieds et sa corne fraîchement reconstituée devait être préservée. Les deux chevaux étaient pieds nus et je tenais à éviter des terrains trop abrasifs ou exigeants.

Arrivés sur place, nous avons déchargé les chevaux, les avons sellés et sommes partis quelques minutes à pied tout d'abord. Ensuite, je lui ai demandé de monter son cheval. J'ai alors marché avec Abruz à la main à côté d'elle, puis je suis monté dessus. Après quelques secondes à l'arrêt et calme, je lui ai demandé de se mettre en route. Il est parti devant sans aucune difficulté, d'un pas bien décidé, observant tout ce qui l'entourait avec la même curiosité habituelle. Pas une fois il ne s'est retourné pour s'assurer de la présence de l'autre cheval qui suivait tranquillement à quelques dizaines de mètres à une allure plus posée. Une caravane de motards est passée en parallèle sur la route, il n'y a même pas prêté plus attention que cela. Il n'a vraiment réagi qu'à la hauteur des chevaux collés aux barrières délimitant leur espace au bord du chemin. Comme lors de sa balade à pied, il avait clairement envie de les rejoindre, mais après lui avoir intimé de poursuivre sa route à deux ou trois reprises, il est reparti de son pas décidé. Le reste n'a été qu'une partie de plaisir et je reconnais avoir été particulièrement fier de lui, quand après un instant d'hésitation, il a traversé le petit pont étroit qui enjambait le ruisseau. Il était une nouvelle fois surprenant et faisait preuve d'un très bon mental.

Nous étions sur le chemin du retour à une dizaine de minutes de la remorque quand tout à coup, il s'est arrêté. Je lui ai demandé de se remettre en route, mais rien n'y a fait. À un certain moment, il a tranquillement tourné sa tête et regardé mes jambes, l'air de dire :

— Là, tu vois, j'en ai assez pour aujourd'hui. Je sais que tu as des jambes, alors marche un peu toi aussi.

Je l'ai regardé amusé, il y avait dans son attitude, son regard, ce qu'il exprimait de tout son être, cette malice qu'il avait montrée dans bien des situations depuis le premier jour. J'ai alors ri et suis descendu.

— D'accord, ça va, j'ai compris.

Je l'ai caressé, embrassé, lui ai dit combien j'étais fier de lui, et nous avons fini le reste du trajet à pied, suivis par l'autre cheval qui, plus âgé et avec plus d'expérience, s'était comporté avec la patience d'un vieux baroudeur. Nous avons enlevé les selles, chargé les chevaux et sommes rentrés à la maison avec une agréable sensation de bien-être. Tout s'était passé parfaitement, et une fois de plus, Abruz m'avait impressionné.

Les quelques semaines suivantes m'ont servi pour confirmer qu'il avait parfaitement enregistré les informations et que tout ceci ne lui posait aucun problème. Je le montais de temps en temps, dans le rond ou le pré, et améliorais le trot. Il était parfois un peu fainéant et se plaisait à vérifier si son mode opératoire de l'arrêt et du refus d'avancer fonctionnait systématiquement. Il comprenait petit à petit que cela ne menait nulle part et collaborait progressivement de mieux en mieux. Je ne tenais pas trop à le fatiguer non plus, il devait finir sa croissance et consolider ses articulations pendant quelques mois encore. Il était vraiment amusant à observer et faisait toujours la joie des visiteurs avec ses tours spontanés de cheval de cirque.

Une connaissance qui avait assisté à l'un de mes stages et connu Abruz m'appelle un jour en me demandant de lui trouver un cheval pour sa fille, à qui elle voulait faire un cadeau. Je lui demande alors de me décrire la personnalité de sa fille ainsi qu'une description du cheval qu'elle recherche, sa morphologie, son caractère, ses aptitudes, en sachant que je ne m'occupe que de chevaux d'extérieur, pour la balade et la randonnée. Après l'avoir écoutée attentivement, je lui dis :

— En ce qui concerne ta fille, je te fais confiance. En ce qui concerne le cheval, tu te rends compte que tu viens de me décrire Abruz ?

— Oui, mais je ne savais pas ce que tu allais en penser, alors je n'ai pas osé te le demander.

— Je pense que si la description que tu me fais de ta fille se rapproche de la réalité, effectivement, un cheval comme Abruz serait parfait. Le mieux serait que tu viennes le revoir et si vraiment tu penses que c'est lui, alors on en parlera plus sérieusement.

Elle est revenue un week-end avec une amie, six yeux valent toujours mieux que deux. Elle l'a revu et je voyais bien qu'elle était sous le charme, comme s'il était déjà chez elle. Elle l'appréciait simplement pour qui il était et espérait lui offrir la meilleure vie possible. Elle vivait dans une région avec de grands pâturages, il serait en troupeau et en liberté dans la petite écurie qu'elle louait provisoirement, puis déplacé avec ses deux autres chevaux dans une autre structure tout près de chez elle, aux mêmes conditions. Tout ceci me convenait et j'étais convaincu qu'il était compris, qu'il allait recevoir toute l'affection et l'attention qu'il méritait. Je lui ai conseillé d'être attentive à l'attache, il pouvait être imprévisible sans logique apparente, mais qu'il restait tranquille en passant simplement la corde à l'anneau ou autour d'une barre.

Je l'ai transporté un jour de printemps. Il a fait quelques heures de route qu'il a supportées avec la même aisance qu'il abordait toute chose dans la vie. Il est descendu tout tranquillement bien qu'un peu ankylosé et s'est rapidement familiarisé avec son nouvel environnement. L'intégrer au petit groupe à cette période de l'année fut un jeu d'enfant, tous étant bien plus intéressés par l'herbe fraîche que de se créer des conflits hiérarchiques, les trois chevaux étant plutôt passifs. Je sais qu'il a essayé une ou deux tentatives d'arrêt en balade, sans grand résultat, alors il a finalement abandonné l'idée et n'a plus recommencé. J'ai eu l'occasion de le revoir lors de deux randonnées organisées. Il s'est comporté de manière admirable, volontaire, avec ce très bon mental et ce pied sûr dont il avait toujours fait preuve, qualités indispensables au bon cheval d'extérieur.

Je suis heureux qu'il soit resté le même petit cheval espiègle, joueur, joyeux, observateur et surtout, simplement heureux de vivre.

TROISIÈME RÉCIT
– KALINE

De tous ces chevaux croisés sur ma route au long de toutes ces années, certains m'ont laissé une trace plus profonde. Ceci est peut-être dû aux difficultés rencontrées pour résoudre certains troubles, ou alors par la facilité de la résolution une fois qu'ils vous ouvrent leur cœur. D'autres vous touchent simplement par la gentillesse qui se cache derrière une attitude agressive et la reconnaissance dont ils font preuve quand vous les libérez de l'enfer émotionnel dans lequel les gens, toujours les gens, les ont plongés. Il suffit bien souvent de simplement s'intéresser à eux et leur prodiguer juste l'amour et l'attention qu'ils méritent. Ces chevaux vous touchent si profondément qu'ils changent votre perception des autres et vous poussent à toujours les avoir à l'esprit au moment d'interagir avec un cheval qui vous les rappelle. Comme si un peu de leur esprit vous avait pénétré et qu'il se réveillait au moment voulu pour vous murmurer tout doucement :

– *Souviens-toi de moi, il me ressemble.*

Ils guident vos gestes dans l'ombre et vous aident bien souvent à trouver le juste chemin dans la recherche de la solution. C'est du moins comme cela que je le perçois, je suppose que pour d'autres c'est différent, chacun est son propre monde.

J'ai reçu un jour un appel d'une jeune femme qui semblait vraiment au bout du rouleau avec sa jument. La description qu'elle m'a faite des événements était vraiment inquiétante et les dangers potentiels bien réels. Ce n'était plus la peur de l'accident, elle avait dépassé ce cap, c'était de la détresse. Avec un enfant en bas âge et s'étant fait éjecter de la jument plusieurs fois, elle l'avait remise entre les mains de cavaliers plus expérimentés. Le dernier en date s'était retrouvé à l'hôpital avec de multiples fractures et un traumatisme crânien. La description qu'elle faisait de la jument était alarmante et je me demandais bien comment et qui avait réussi à la mettre dans cet état de trouble au point de devenir aussi dangereuse et agressive. À la main, elle était plus ou moins gérable, selon les jours et ses humeurs. Je lui avais demandé si elle pensait pouvoir la charger dans une remorque et elle me répondit qu'elle l'avait déjà fait quelques fois avec l'aide d'autres personnes et des cordes en un temps relativement bref et un état de stress acceptable.

– Je comprends, alors voilà ce que je vous propose : dans un cas comme celui que vous décrivez, il faut que je puisse avoir accès à la jument à n'importe quel moment et pour un temps que je ne peux chiffrer pour l'instant. Il y a une écurie à une heure de chez vous dans laquelle je visite plusieurs chevaux, je m'y rends pratiquement tous les jours. L'idéal serait que vous puissiez la laisser sur place le temps nécessaire. C'est envisageable ?

– Oui, bien sûr. Je dois annoncer mon départ de l'écurie, ce qui ne devrait pas être un problème, ils ont peur de la jument et m'ont demandé de partir dès que possible.

– Je vois. Je vais organiser votre arrivée avec la personne qui gère l'endroit et vous tiens au courant au plus vite. Je pense qu'en fin de semaine cela devrait jouer. Ça va pour vous ?

– C'est parfait, pour moi c'est un soulagement vous savez, je ne sais plus comment faire avec elle. Lors du dernier accident, on m'a même conseillé de l'euthanasier.

Après avoir raccroché, sa dernière remarque m'avait laissé un peu perplexe. Je me demandais dans quoi je m'embarquais et quel genre de fauve j'allais voir descendre de la remorque. J'avais déjà entendu l'argument de l'euthanasie par le passé, avec des chevaux qui s'en étaient sortis finalement, pas tous malheureusement, mais la grande majorité. C'était un terme fort à ne pas prendre à la légère, et je pensais au fond de moi que cette jument, comme tous, méritait une autre chance, à elle de la saisir !

Certaines personnes n'ont ni les connaissances ni les compétences pour aborder certains problèmes, mais sont convaincues de pouvoir s'en sortir seules. Quand finalement elles doivent se rendre à l'évidence, au lieu de se remettre en question et d'accepter leurs propres limites, elles envisagent alors de vendre le cheval, ce qui correspond à passer la patate chaude à un autre ou à l'euthanasier, ce qui évidemment est plus radical. Pourtant, par leurs actes et la réitération des erreurs commises, elles sont souvent à l'origine du problème. Elles ne s'intéressent pas à l'autre, ne sont pas à l'écoute de l'autre et imposent leur manière de faire, incapables qu'elles sont de changer de paradigme. Le tristement si répandu argument de l'ignorant borné : « *on a toujours fait comme ça !* ».

Le matin fixé, nous avons vu arriver à l'écurie une vieille remorque au toit bâché qui avait dû servir dans le passé au transport de moutons à en croire l'odeur qu'elle dégageait, le très jeune couple, l'enfant en bas âge dans les bras de sa mère et un petit chien nerveux qui ne faisait que de courir dans tous les sens et d'aboyer sans arrêt. Après les présentations de rigueur et avoir fait un peu connaissance, nous avons ouvert la rampe à l'arrière de la remorque. L'intérieur sombre comme une mine de charbon ne laissait voir de la jument, qui se tenait étrangement calme, que sa croupe.

– Le chargement et le voyage se sont bien passés ? ai-je demandé.

– Oui, très bien. Pour éviter des problèmes, on a fait sédater la jument avant de la charger.

Je ne suis pas un adepte de ce genre de procédé, sauf dans les cas d'urgences vétérinaires évidemment. La sédation fausse tout, la difficulté du chargement, le comportement durant le transport et le vrai tempérament du cheval quand il descend. De plus, en fonction du produit utilisé, un des effets secondaires peut être le coup de pied. Tout ceci rend le cheval plus imprévisible, particulièrement quand l'effet sera terminé et qu'il se retrouve dans un autre environnement ou qu'il est simplement surpris par ce qui lui arrive.

– Avant tout, je vais vous demander d'enfermer le chien dans la voiture, il électrise l'ambiance et je tiens à ce que tout ceci se passe dans le calme. Ensuite, afin d'éviter d'éventuels problèmes, je vais me charger de faire descendre la jument.

J'ai ouvert la porte à l'avant et suis entré à l'intérieur du van. L'odeur était saisissante, il était évident que s'ils l'avaient chargée à chaque fois là-dedans, elle avait dû, avec raison, montrer une certaine réticence à y entrer, même moi je n'y serais pas monté ! Au premier coup d'œil, on remarquait qu'ils avaient dû lui mettre une bonne dose de sédatif. Elle dodelinait encore de la tête, signe que l'effet du produit était toujours actif. J'en profitais pour lui passer un licol en corde équipé d'une longue longe pour me tenir à distance et pouvoir réagir en cas de réaction inappropriée. Je la poussai doucement d'une légère pression de la main sur le poitrail, et elle se mit à reculer en titubant. Je m'arrangeai au mieux pour la diriger en ligne droite afin qu'elle ne trébuche pas sur le bord de la rampe. Une fois dehors, je jetai enfin un regard sur la jument à la lumière du jour et l'amenai dans un petit pré contigu à celui des autres chevaux. Elle avait un peu de foin, de l'eau, de la compagnie, le réveil ne devait pas être excessivement traumatisant.

Durant les quelques minutes que durèrent le déchargement du cheval et son passage dans le pré, la jeune femme n'avait pas vraiment prêté attention à la scène. Occupée à discuter avec la personne qui gérait l'endroit, elle s'était tenue à l'écart, tenant toujours le bébé dans les bras. Son mari ne s'y était pas plus intéressé, au contraire, il semblait plus attiré par une vieille voiture en ruine abandonnée sous un hangar que par ce qui se passait à quelques mètres. Quant au petit chien, inutile de préciser qu'il n'avait cessé d'aboyer dans la voiture. Au moins, le son était atténué et il ne courait plus autour de nous. Après avoir constaté que tout s'était finalement bien passé, la jeune femme me laissa à peine le temps de lui expliquer comment j'envisageais la suite et que je ne manquerais pas de la tenir au courant de tout, qu'elle pouvait passer la voir quand elle le voulait. Elle acquiesça rapidement, toujours le même sourire figé sur son visage, remonta en voiture rejoindre le mari qui avait déjà refermé la remorque et mis le moteur en route, puis repartirent en nous faisant un signe de la main.

Pas un seul instant elle n'avait eu un geste ou un regard pour la jument. Je restais pensif en les regardant s'éloigner avec un étrange sentiment d'abandon. La célèbre « patate chaude » en moins assumée.

Kaline était une jument Franches-Montagnes, FM comme on dit familièrement, de cinq ans. Petite pour la race, mais bien charpentée, trapue, avec de l'os et en surpoids comme c'est souvent le cas. Elle dégageait cette sensation de force tellurique, de puissance comme souvent chez les chevaux de trait du Jura. Avec une épaisse encolure qui la faisait ressembler physiquement à un mâle, on pouvait deviner la puissance musculaire sous la couche de graisse.

Le jour de son arrivée, elle n'avait vraiment pas fière allure. Son poil était terne, elle était visiblement très négligée. Sa crinière était sale et pleine de nœuds, sa queue était un amas de crins collés par ses divers excréments et sécrétions de chaleurs. Elle était recouverte de crasse et dégageait une forte odeur d'urine. Bien que son regard sembla doux, elle regardait tout le monde avec une certaine méfiance sans réellement fuir dès qu'on essayait de l'approcher. Un comportement antagoniste qui pouvait très bien cacher un bon caractère déformé à travers les mauvaises expériences vécues au contact des gens. J'avais décidé de la laisser se poser, l'intégrer au groupe, et ensuite la prendre gentiment en main. J'allais profiter de ces premiers jours pour créer un premier contact avant le nécessaire bilan de santé qu'elle semblait bien mériter. Ses sabots étaient en très mauvais état, et comme elle ne se laissait pas toucher facilement d'une manière générale, il était actuellement difficile d'avoir un tableau clinique clair. Si l'état extérieur était à ce point pitoyable, je n'osais imaginer l'intérieur. D'abord bien la soigner, la remettre en état avant d'entamer sérieusement le travail mental.

La rentrer dans son box au soir de ce premier jour fut déjà une indication. Impossible de rentrer les autres avant elle. Dès qu'elle se sentait seule, la panique prenait le dessus et l'on ne pouvait pas savoir jusqu'où cela pouvait nous emmener. Impossible de la rentrer avant les autres, non plus. Elle se plantait dans le sol, reculait et avait commencé à se cabrer une ou deux fois quand j'avais insisté un tout petit peu. Je décidai donc de laisser son futur voisin de box à l'extérieur, le temps de rentrer les autres et de les ramener dans l'écurie les deux ensemble. Ce petit subterfuge fonctionna et je m'empressais d'avertir la personne chargée de sortir les chevaux le lendemain matin, de prendre le même type de précautions.

En arrivant sur place le lendemain, je remarquai une ambiance agitée. On m'informa alors qu'oubliant mes consignes de la veille, la palefrenière avait laissé Kaline seule dans l'écurie le temps de sortir les autres chevaux. À son retour, elle l'avait trouvée très agitée, réussissant à peine à lui passer un licol. Une fois dehors, la jument avait commencé à tirer fort vers l'avant, n'arrivant plus à la retenir, elle avait perdu l'équilibre et ne voulant pas lâcher la longe, s'était fait traîner sur quelques mètres, lâchant finalement sa prise. Kaline avait fui jusqu'au bout de l'allée, puis trouvant le portail fermé avait fait demi-tour au galop. La femme avait alors ouvert son parc du jour précédent et faisant opposition de son corps, avait dirigé les pas de la petite FM dans le pré. Il lui avait par contre été impossible de l'approcher pour lui retirer le licol et la longe qui traînait toujours par terre. J'entrai alors dans le pré et m'approchai de la jument, m'arrêtant à quelques pas d'elle. Bien que sa respiration était encore accélérée, elle avait néanmoins repris un peu ses esprits et retrouvé un semblant de calme. Elle me regardait arriver, collée aux fils séparant les deux prés, indiquant son irrépressible besoin du groupe et son envie de le rejoindre. La transpiration de l'instant de panique précédent accentuait la puanteur qu'elle dégageait et que je pouvais sentir déjà à quelques mètres d'elle. Elle me laissa faire les quelques pas qui nous séparaient sans bouger. Je lui retirai le licol, lui caressai l'encolure en lui parlant doucement, et ressortis du pré. Elle ne m'avait pas lâché du regard quand je m'étais éloigné, comme surprise que je n'aie eu aucune demande. En sortant, j'annonçai à la palefrenière que je viendrais l'aider à rentrer les chevaux en fin d'après-midi et que je me chargerais de Kaline.

Nous avons mis en place un protocole qui m'est cher, que j'ai déjà utilisé dans plusieurs écuries et qui fonctionne très bien. Ce système évite toute manipulation ou tension inutile au moment de la sortie et du retour dans l'écurie. Plus besoin de les sortir ou rentrer un par un ou deux par deux, ce qui offre un gain de temps non négligeable également, en fonction du nombre. On conçoit un couloir amovible assez large à l'aide de fils plats et d'enrouleurs automatiques, de la sortie de l'écurie au pré désigné. On ouvre toutes les portes des boxes et les chevaux sortent seuls le matin, en groupe, calmement, à leur rythme. Au retour le soir, il suffit de préparer le couloir, de laisser les portes des boxes ouvertes, de les appeler et ils rentrent également de leur propre chef. Les chevaux comprennent en quelques jours quel est leur espace personnel respectif et ils y pénètrent seuls tout naturellement, sans aucune difficulté. Il suffit d'être présent et de réguler en cas d'erreur, mais en général tout ceci se passe sans problème. Le plus simple est d'être à deux personnes au retour, une les appelle et l'autre les réceptionne, ce qui facilite encore plus le principe.

> *– Aujourd'hui, nous allons changer la façon de faire. Nous allons les rentrer un par un, je veux que Kaline observe la séquence. D'abord la moitié du groupe, ensuite la FM et l'autre moitié en dernier, toujours un par un, en respectant l'ordre hiérarchique du groupe. Moi je reste ici avec elle pour intervenir en cas de problème.*

J'entrai dans le pré de la jument, m'approchai d'elle et lui plaçai le licol en corde cette fois et la longue longe. Je lui fis faire un tour sur elle-même des deux côtés pour qu'elle prenne conscience que la prise et l'action n'étaient plus celles du licol en nylon plat auquel elle était habituée. Surprise d'abord, elle resta quelques secondes à me regarder avant de mâchouiller.

– C'est bon ! Tu peux commencer à les rentrer !

À chaque cheval qui sortait du pré, je la rapprochais un peu de la sortie, et à chaque tentative de me prendre la main, je donnais un peu plus de fermeté à la prise afin de lui faire sentir la pression des nœuds du licol, lui faisais faire un tour sur elle-même en la ramenant quelques mètres en arrière. Une fois la moitié des chevaux rentrés, je demandai à la palefrenière de m'ouvrir la porte et me dirigeai vers la sortie avec Kaline. Je sentais bien qu'elle était surprise par la nouveauté et profitai de ces instants de doute pour marcher d'un pas décidé en direction de l'écurie. Dès que je la sentais accélérer un peu le pas et arriver à ma hauteur, je lui faisais exécuter un ou deux petits cercles brefs et inconfortables avant de me remettre en marche. Les derniers mètres se firent tranquillement. Je la rentrai dans son box et aidai la femme à ramener le reste du groupe, toujours un par un, sauf les deux derniers. La petite jument observait toutes ces manipulations avec attention. Je m'étais rendu compte qu'elle s'était retenue durant tout l'exercice, mais j'avais pu me rendre compte également de sa force, et qu'en cas de conflit, elle serait bien plus difficile à maîtriser. Je devinais qu'elle était consciente de sa puissance et que celle-ci l'avait aidée à se sortir des situations qu'elle n'appréciait pas. C'était son arme de défense absolue, je devais m'y préparer.

– Attends-moi demain matin, je viendrai t'aider à sortir les chevaux, je veux reproduire ce qui s'est passé aujourd'hui et c'est moi qui la sortirai.

Le lendemain, j'entrai dans son box et lui posai un licol en corde bien serré sous les ganaches. Puis, une fois dehors, je dis à la palefrenière de sortir les chevaux comme à son habitude. Une fois que je fus hors de sa vue, Kaline se mit à tourner en rond dans son box, à hennir et venir s'écraser contre la porte, de plus en plus fort. Elle commençait à se cabrer, secouer la tête, elle exprimait son mécontentement avec véhémence. Observant la scène appuyé contre le mur sans bouger, je la laissais faire quelques minutes quand soudain, moi aussi je me jetais contre la porte, criant, tapant du pied, sautant et bougeant les bras. J'agissais exactement comme elle. Surprise, elle recula au fond du box, moi aussi je reculai contre le mur. Quand elle recommençait, je reprenais de plus belle. Ce petit jeu dura quelques instants, puis j'ouvris la porte et toujours avec énergie, je lui dis tout en m'approchant :

– Je sais que tu n'es pas contente ! Je sais que tu veux sortir ! On l'a tous compris ici, mais tu ne peux pas le dire autrement ? Tu ne peux pas attendre quelques secondes ? Moi aussi je peux crier, hurler, taper du pied, sauter... Tu trouves ça agréable, toi ? Non ! Eh bien moi non plus, alors maîtrise-toi un peu, réfléchis et reste concentrée sur moi ! Je sais que tu peux y arriver.

La jument était en nage, tremblante, et me regardait approcher d'elle, les yeux écarquillés, tendue, tandis que je parlais avec force et énergie. J'accrochai le mousqueton à la boucle du licol, fis un nœud au bout de ma longue longe et reculai vers la sortie. Je n'avais cessé de lui parler tout le long de ces quelques gestes. Elle était comme tétanisée et je ne voulais pas perdre le contrôle de la situation avant d'être ressorti du box, ma longue longe en main. Je sentais bien qu'au moindre faux mouvement, elle pouvait très bien me passer sur le corps pour sortir. Finalement, je me tus, laissant la tension retomber, restant immobile et calme. Au moindre de ses pas dans ma direction, j'élevais le bras, me redressais et lui intimais de ne pas le faire. Comme elle était redescendue en pression et acceptait mes demandes de rester éloignée, je l'invitai doucement à me suivre vers la sortie de l'écurie, sans la perdre de vue, la remettant à distance même sans raison, pour simplement la surprendre et garder le contrôle. Une fois dans la cour, je lui tournai le dos en me dirigeant vers le pré des chevaux. À ma demande, le couloir avait été défait après la sortie du groupe. L'espace était donc grand ouvert, comme le matin précédent. Une fois dans la cour, toujours à deux mètres derrière moi, je sentis la pression remonter d'un cran, particulièrement à la vue des congénères. La corde se tendait petit à petit, le souffle de la jument s'accélérait, et l'énergie s'accumulait comme une marmite à vapeur. Visiblement, elle préparait son coup. J'avais rassemblé mes mains jointes au niveau du nœud que j'avais fait au bout de la longe, j'étais prêt. Au milieu de la cour, je l'entendis accélérer du pas au trot pratiquement sur place, le temps de faire deux pas de côté pour m'écarter et gagner de l'angle, elle passa aux foulées de galop une fois à ma hauteur. Ne lui laissant pas le temps de s'installer dans son idée, je tirai de toutes mes forces sur la corde, vers l'extérieur et vers le bas, pivotant pratiquement sur moi-même. Son encolure se plia en deux et avec la force centrifuge, elle vola pratiquement au-dessus du sol pour se retrouver à l'arrêt face à moi. Kaline était abasourdie, ayant de la peine à croire ce qui venait de lui arriver. Elle me regardait fixement comme si je détenais de super pouvoirs, et mâchouillait. Je m'approchai lentement, calme, en lui parlant doucement et la caressai tout en continuant mon chemin vers le pré comme si rien ne s'était passé. Elle me suivit sans résistance. Une fois dans le pré, je lui enlevai le licol en lui expliquant :

> *– Ce n'est pas grave ma belle, tu as juste commis une erreur d'appréciation, mais je suis sûr que tu as compris et que tu ne le referas plus.*

Je me chargeai de la rentrer et de la sortir les jours suivants, jusqu'à son intégration dans le groupe. La charge émotionnelle de la sortie diminua progressivement, comme celle du retour quand je la rentrais volontairement en dernier. Elle esquissa une amorce de tentative à nouveau le lendemain, mais une prompte réaction étouffa le projet dans l'œuf. Je passais de temps en temps la chercher dans son pré, la promener un peu, la sortir et la ramener. À la fin de la semaine, elle marchait en longe normalement, toute résistance ou défense avaient disparu, avec moi comme avec les autres personnes qui devaient la prendre en charge ponctuellement. Elle était maintenant intégrée au groupe, la phase de soin pouvait commencer.

Dans des cas comme celui-ci, de chevaux qui vous arrachent le bras ou vous traînent par terre comme un vulgaire lacet, de chevaux conscients de leur force et de leur puissance, qui ont essayé et résolu le problème de cette manière à maintes reprises, qui en ont fait un mode opératoire, le licol plat et la longe de manège ne sont d'aucune utilité. Au contraire, ils utilisent le licol plat pour s'appuyer dedans, sans ressentir aucune gêne d'aucune sorte, c'est un outil à leur service. Ceux qui refusent d'avancer s'appuient en reculant sur sa partie posée derrière les oreilles et ceux qui tirent plongent leur nez dedans, comme dans un harnais. Sans parler de ces licols agrémentés d'amortisseurs en néoprène ou en peau de mouton, qui en plus d'être inefficaces dans les cas de défense ou de fuite, les rendent plus doux et agréables. Les cordes utilisées dans les manèges sont également inutiles, trop courtes, trop fines, aucune prise possible.

Dans ces cas-là, l'équipement est essentiel. Le licol en corde n'est absolument pas un licol éthologique. Un licol éthologique n'existe pas, il n'y a pas de licol dans la culture du cheval. Le licol en corde est juste l'ancêtre du licol plat ; les boucles métalliques ont simplement remplacé les nœuds. L'intérêt du licol en corde réside justement dans ces nœuds qui appuient sur des endroits précis, à hauteur des trous sous-orbitaires, et de son matériau, la corde, qui fait de lui un bon outil éducatif. Si le cheval tire, se plante, et tire en arrière, il ne peut plus s'appuyer, la corde exercera une pression désagréable, mais c'est lui qui rend l'acte désagréable. Pareil s'il tire, les nœuds vont appuyer, ce qui le rend également désagréable. À la bonne taille et posé correctement, serré sous les ganaches, il offre la prise nécessaire pour bloquer un cheval qui fuit, ou agir sur un cheval qui se plante, résiste ou recule.

La longe a une grande importance également, elle doit avoir un bon diamètre, permettant une bonne prise en main et une bonne longueur également. Trop courte, elle ne permet pas de se dégager suffisamment ; trop longue, elle permet au cheval de prendre trop de vitesse. Entre 3 mètres et 3,5 mètres est une bonne longueur. Ensuite, il est important de porter des gants. La corde brûle les mains, et si vous devez retenir un cheval, la chaleur vous fera lâcher la corde. Enfin, avec un cheval qui fuit, faire un nœud au bout de la corde est très utile, il permet d'appuyer les mains jointes et de décupler l'action des deux bras en même temps. En cas de besoin, il est difficile que la corde échappe des mains quand le geste est exécuté avec précision au bon moment.

La première séance dans le rond eut lieu une fois que la jument fut intégrée dans le groupe. Ceci me permettait de la tester sur la séparation et le retour, prise à la main. Elle n'était pas très à l'aise au moment de quitter les autres, mais n'offrait plus la résistance du début. Elle montrait juste de l'inquiétude, un pas lent, une légère tension dans la corde, mais elle suivait malgré tout. Une fois dans le rond, elle laissa exprimer la charge accumulée durant la première semaine, elle explosa littéralement à la première stimulation. Elle se mit à courir dans tous les sens, avec ruades et sauts-de-mouton, un mélange d'excitation et de nervosité. Je la laissai faire quelques minutes puis, une fois l'excitation disparue, je lui demandai des changements de direction opposés aux siens. Exactement le contraire de ce qu'elle décidait de faire : elle tournait à gauche, je lui demandais à droite et vice versa. Une fois son attention obtenue, la même chose avec les allures : elle voulait trotter, je l'envoyais au galop et inversement, jusqu'à obtenir le pas, le trot, le galop de manière acceptable sur les deux mains. Finalement l'arrêt, le départ au pas, le trot, le galop, le trot, le pas et l'arrêt à nouveau.

Ce qui va suivre est valable évidemment pour les chevaux ne présentant pas de trouble comportemental avéré nécessitant une intervention thérapeutique avant d'établir un rapport plus traditionnel.

Le cheval est un animal qui fonctionne sur les opposés. Je veux dire par là qu'à toute chose, tout acte ou tout geste correspond son opposé significatif. Par exemple, quand nous voulons le faire venir vers nous,

nous lui demandons d'abord de partir. C'est ce que fait un dominant du groupe avec un nouveau venu. Avant de le laisser entrer dans le cercle, il le chasse. Dans le même ordre d'idées, quand nous voulons contrôler sa tête, il nous faut d'abord contrôler ses pieds. Ceci permet d'établir une relation utilisant une codification mimant leur langage hiérarchique, mais exempt de confrontation physique. La confrontation physique ne peut être justifiée qu'en cas d'attaque du cheval et comme un acte d'autodéfense avant tout. Nous pouvons nous montrer plus ou moins autoritaires selon les cas et les nécessités de l'instant, ou émettre un signal corporel ponctuellement plus agressif si l'action le demande, mais jamais de façon injustifiée selon la logique du cheval et non selon notre logique ou notre interprétation souvent anthropomorphique d'une situation donnée.

Il s'agit ici de respecter un mode de fonctionnement naturel. Je laisse d'abord la liberté de mouvement à la jument et je l'observe. Puis, après quelques instants, j'adopte petit à petit un comportement plus interventionniste en demandant des changements de direction à l'opposé de ceux qu'elle choisit, chaque fois plus précis et réactifs. Une fois sa totale attention obtenue, je lui impose les allures opposées à celles qu'elle choisit et lui dicte les directions. Il s'agit avant tout d'un dosage précis de la quantité et la qualité de la pression qu'on exerce afin d'obtenir la réponse désirée. Une fois ceci obtenu, je lui demande l'arrêt.

Le cheval doit s'arrêter et nous faire face. C'est le signe qu'il est avec nous, dans le respect de son langage. C'est également à ce moment que l'on sait s'il a été longé ou non. Le fait de longer un cheval perturbe ses codes naturels, il ne s'arrête plus de face, mais latéralement. Il faut alors lui réapprendre les codes et lui enseigner à nouveau à s'arrêter face à nous. Longer est une arme à double tranchant, c'est un exercice qui, mal exécuté, trouble le cheval. Il est stimulé par l'arrière à l'aide d'une chambrière et retenu à la longe par l'avant, il peut recevoir un double message antagoniste du type « *avance/arrête* ». L'équitation de tradition classique est remplie d'exercices et d'outils de ce genre qui ont été inventés par l'homme, pour l'homme, bien souvent à des années-lumière du monde intrinsèque du cheval. Dans le cas du cheval qui connaît les codes, il ne sera remis en mouvement que lorsque la réponse n'est pas celle espérée et avec la certitude qu'il a compris ce qui lui est demandé.

C'est à nous de l'inviter à venir vers nous, et non à lui de décider s'il a envie de venir ou non. C'est une erreur à laquelle j'assiste souvent dans le travail au sol mal appliqué. Dans la nature, le dominant le laisse entrer dans le cercle, jamais un subalterne ne prendra l'initiative, il attend d'être autorisé à le faire. Il nous incombe d'endosser des attitudes inspirées de celles du « *dominant* » si l'on souhaite obtenir sa collaboration.

J'avais remarqué que la jument avait dû être longée, mal longée. Les arrêts étaient imprécis, hésitants et très en retard. De plus, elle ne venait pas vers moi quand je l'invitais, ne comprenant pas une demande contraire à celle de ne pas bouger qu'on avait dû lui inculquer d'une façon draconienne. Ceci serait corrigé par la suite, ce n'était finalement pas grand-chose. Dans l'ensemble, en fin de séance, elle était assez volontaire et réceptive. La tension initiale et l'anarchie de ses mouvements ayant assez rapidement cédé la place à une interaction constructive. Je lui avais demandé de donner les pieds, ce qu'elle faisait mal et de manière brutale avec quelques défenses aux postérieurs. Nous avions travaillé ceci plus en douceur, puis étions retournés dans le pré, rejoindre le troupeau. Elle m'avait suivi calmement. Une fois le licol enlevé, elle était restée près de moi à brouter tranquillement, comme soulagée et rassurée de tout ce qui s'était passé dans le rond.

Les deux jours suivants, nous étions retournés dans le rond. Tout se passait de mieux en mieux, je lui avais indiqué que j'attendais qu'elle s'arrête face à moi, puis qu'elle s'approche quand je l'invitais à le faire. Ceci au licol et à la longe dans un premier temps, puis en liberté. Au final, je n'avais fait que réveiller quelque chose d'inscrit dans son instinct, son inconscient cognitif d'équidé, et elle l'avait très rapidement retrouvé. Nous avions travaillé l'attache également. Elle donnait les pieds de mieux en mieux et montrait à chaque fois une envie de bien faire et de coopérer. Nous étions bien loin du lion qu'on m'avait décrit. Elle semblait en fait d'une nature douce et affectueuse.

En fin de semaine, j'étais décidé à la laver de fond en comble. L'odeur était devenue insupportable, deux semaines à se coucher la nuit dans son box en plus de l'état dans lequel elle était arrivée, rendait sa promiscuité vraiment incommodante. Une amie qui présentait ses chevaux lors d'exhibitions m'avait passé tout un tas de produits qu'elle utilisait habituellement, et qui, m'avait-elle assuré, allaient venir à bout de toute la crasse incrustée sur Kaline. Je l'avais sortie du pré et attachée à un anneau dans la cour. Surprise d'abord par le contact de l'eau tiède et le bruit de la douche, elle semblait apprécier l'expérience. Intriguée par le jet qu'elle cherchait à mordiller chaque fois que je le lui présentais, elle avait fini par boire à même la poignée de douche. L'eau lui plaisait, c'était certain. Je l'avais savonnée, à la brosse, à l'éponge, rincée puis à nouveau savonnée ; j'étais stupéfait de la couleur brunâtre de l'eau qui coulait le long de son corps. Le flot semblait être sans fin au point de la soupçonner d'être en train de déteindre pour apparaître grise finalement. La queue était encore plus dramatique. Je pense l'avoir lavée une bonne dizaine de fois au shampoing, la laissant tremper dans un bidon, brossant les crins et la dénouant avec patience. Comment avait-on pu laisser cette pauvre jument dans cet état d'abandon ? Une fois lavée et séchée au soleil, elle avait fière allure, elle semblait avoir beaucoup apprécié les deux heures passées à prendre soin d'elle. Kaline n'avait pas bougé, elle s'était laissé faire sans montrer à aucun moment de signes d'impatience.

Elle me donna ses pieds docilement, comme attendant la suite. Ils étaient vraiment dans un triste état, fourchettes pourries et ulcérées, corne pas entretenue, une catastrophe. Depuis le premier jour, j'avais remarqué que ses crottins étaient liquides, ceux du matin dans son box également. Pas une fois je ne l'avais vu faire les boulettes de crottins que le système intestinal du cheval fabrique. Je lui avais donné un peu d'orge aplatie, j'avais également constaté qu'elle en mettait la moitié à côté de sa mangeoire, signe d'un plus que possible problème de dents. Comme je n'avais trouvé aucune trace de visite vétérinaire dans son document d'accompagnement, j'avais donc appelé sa propriétaire qui, par ailleurs, n'était pas venue lui rendre une seule visite depuis son arrivée :

– Bonjour, je vous appelle pour vous dire comment va Kaline et vous demander deux ou trois choses.
– Ah oui, bonjour… Elle semblait gênée par mon appel.
– J'ai besoin de savoir où elle en est au niveau des vaccins grippe et tétanos, la date et la marque de son dernier vermifuge, ainsi que la dernière fois qu'elle a vu un maréchal.
– Ah oui… alors les vaccins je ne sais pas, je crois que dans les documents que je vous ai passés doit se trouver son carnet de vaccination. Le vermifuge, je ne sais pas, et pour le maréchal, c'était tellement compliqué qu'il n'est jamais revenu… Je n'en ai pas appelé un autre, je me suis dit qu'elle userait sa corne naturellement.
– Je vois, vous voulez dire que depuis trois ans que vous êtes sa propriétaire, vous ne l'avez jamais vaccinée, ni vermifugée ?
– C'est ça
– Elle n'a jamais vu un vétérinaire ?
– Non
– Et le maréchal ? C'était quand cette histoire ?
– À peu près deux ans…
– Et vous n'avez rien remarqué en lui curant les pieds ?
– Eh bien disons que c'est tellement difficile de lui prendre les pieds que je ne le fais jamais.
– Ils sont dans un triste état, comme ses crottins. Elle a déjà vu un dentiste ?
– Pas à ma connaissance.
– Pourtant elle a été travaillée avec un mors, juste ?
– Oui, mais elle se défend beaucoup.
– Je crois qu'il serait vraiment judicieux de la faire examiner par un vétérinaire, par un dentiste et un maréchal-ferrant, vous êtes d'accord ?
– Faites comme vous pensez être le mieux, je vous fais confiance.
– Vous pensez passer la voir ? Elle a bonne mine, vous verrez.
– Ah oui ? J'essaie de passer la semaine prochaine, je suis très prise ces temps-ci, et avec le petit, vous savez…
– Je comprends, une petite visite serait néanmoins une bonne chose. Essayez de passer si vous trouvez un moment, je vous montrerai où nous en sommes, le travail avance bien.

– D'accord, je vous appelle.

À la suite de ce téléphone qui en disait long sur l'état clinique général dans lequel Kaline devait se trouver, j'avais appelé un ami vétérinaire-ostéopathe, lui expliquant le cas, un autre vétérinaire qui s'était spécialisé dans la dentisterie équine, ainsi qu'un bon maréchal-ferrant, patient et avec beaucoup d'expérience. Nous avions convenu de commencer le soir même par la vermifugation, un examen clinique général et une plus que nécessaire manipulation ostéopathique. Le lendemain matin, l'examen des dents qui, j'en étais pratiquement sûr, nécessiterait l'extraction des dents de loup, puis terminer par la visite du maréchal-ferrant pour une intervention minutieuse sur les pieds et un soin des fourchettes qui pouvaient s'avérer douloureux.

À la vue des crottins liquides, leur couleur, leur odeur nauséabonde, et après avoir indiqué au vétérinaire que d'après moi, elle ne devait jamais avoir vu un vermifuge de sa vie, il lui administra un traitement fort qui devait être répété à une semaine d'intervalle. Il lui fit une prise de sang pour un bilan sanguin. Il soupçonnait des carences multiples. Il lui fit une injection grippe/tétanos, le rappel étant programmé un mois plus tard.

– Elle doit être en souffrance, me dit-il, mal dans son corps et depuis longtemps. L'aspect général n'est pas bon, son teint, son œil, sa robe, le poil terne, non, pas bon.

– Et tu n'as rien vu ! je viens de la laver en profondeur cet après-midi, tu ne peux pas imaginer l'état dans lequel elle a été amenée.

– Elle pourrait bien avoir des ulcères, seule une gastroscopie pourrait le confirmer.

– Pour les éventuels ulcères, je vais lui donner de la luzerne, c'est de l'or vert, plein de calcium. Ensuite, au calme, dehors toute la sainte journée, à l'herbe en bonne compagnie, dans un mois elle ne sera plus la même.

– J'en suis convaincu, elle va déjà commencer à se sentir mieux dès qu'on l'aura débarrassée des œufs et des vers. Je te tiens au courant dès que j'ai les résultats des analyses, compte un jour ou deux. À qui j'envoie mes factures d'honoraires ?

– Je te donne le nom et l'adresse de la propriétaire, elle est au courant de ta visite. Je te propose d'attendre avant de la manipuler, le maréchal passe demain, après le dentiste, laissons-la récupérer un peu pour l'examen ostéopathique.
– Oui, c'est mieux comme ça. Elle a l'air douce. Dans son état, elle pourrait exprimer de la mauvaise humeur.

Comme lors de la séance de douche et de nettoyage de sa queue, Kaline était restée calme et docile. Elle avait l'air d'apprécier la compagnie et qu'on s'occupe d'elle encore une fois.

Le lendemain matin, à la première heure, arriva le vétérinaire-dentiste. Le voyant arriver, j'avisai le maréchal qui attendait mon appel pour se mettre en chemin. Il serait là dans une demi-heure, prêt à intervenir sur les pieds de la jument dès que le dentiste aurait terminé son travail. Nous avions convenu que dents de loup ou pas, mieux valait la sédater pour cette première visite afin d'éviter tout stress inutile, de rendre la situation inconfortable pour tous et faciliter le travail du maréchal également. Après l'injection du sédatif, il commença son examen.
– Bon Dieu ! Je peux t'assurer que cette jument n'a jamais vu un dentiste de sa vie. Les surdents sont tellement importantes qu'elle a les joues et la langue en sang. Je comprends qu'elle ne mange pas bien, elle doit vraiment souffrir.
– Et les dents de loup ?
– Deux ! Et pas toutes petites !
– Tu peux croire qu'ils l'ont montée avec un mors ? Elle a même été débourrée à l'attelage ! Et ils se plaignent qu'elle se défend.
– Toute cette tension qu'elle a dans le dos pourrait bien être due en bonne partie à l'action de la main sur le mors avec des dents dans un tel état. Tu l'as montée ?
– Non, pas encore, j'attends de la remettre en état avant de voir comment elle se comporte. Je veux écarter tout type de douleur avant de la tester.
– Tu lui offres une nouvelle vie, c'est une renaissance pour elle, elle devrait te remercier.
– J'ai l'impression qu'elle a déjà commencé. Je te donne le nom et l'adresse de la propriétaire pour ta facture.

Lui limer les dents et extraire les dents de loup prit une grosse demi-heure. Profitant de l'effet encore actif du sédatif, le maréchal se mit au travail. C'était un homme jovial et toujours de bonne humeur. Pourtant, durant tout le temps que dura son intervention, il ne dit pas un mot. Je l'entendais marmonner des mots incompréhensibles et me jeter des regards qui en disaient long sur ce qu'il découvrait au fur et à mesure. Son silence, inhabituel chez cet homme plus enclin à exprimer sa joie de vivre qu'à la tristesse, son expression sérieuse valait plus que tous les mots. Je voyais de la tristesse en lui, de la rage par moments, les dents serrées pendant qu'il remettait en état les pieds de Kaline. Je crois même avoir vu des larmes apparaître dans les yeux de cet amoureux des chevaux. Je sentais l'odeur de pourriture de ses fourchettes, mêlée à celle des produits de soin et de la corne coupée et râpée. Quand il eut terminé, je l'observai ranger son matériel, toujours silencieux, et lui demandai :

– Alors ? Verdict ?

– Il y a des gens qui devraient être interdits d'animaux. C'est une honte de laisser les pieds de cette jument se désintégrer de la sorte. La corne est dans un triste état, des seimes, des fourmilières, un abcès qui a éclaté, jamais soigné, je pense qu'ils ne s'en sont même pas aperçus. L'état des fourchettes est une horreur, perforées, pourries, c'est étonnant qu'elle ne boite pas plus que ça. J'ai tout ouvert, creusé, nettoyé et désinfecté. Tu as des tampons imbibés à changer tous les jours pendant une bonne semaine, la corne est réparée, reconstruite, je te laisse du matériel pour les soins, tu sais comment faire. Il n'y a pas un pied de bon, je suis écœuré, je ne connais pas ces gens et je ne veux jamais les voir.

– Je te passe les coordonnées pour ta facture. On va la sauver, c'est bien, une nouvelle vie commence pour elle.

– Tu veux la sauver ? Rachète-la ! C'est la seule manière, sinon je suis sûr que dans un an tout sera redevenu comme avant pour elle. Le pire, c'est qu'elle est gentille, le produit ne fait plus d'effet depuis un moment déjà et je peux t'assurer que ce que je lui ai fait n'est pas agréable vu son état. Eh bien, elle n'a pas eu une seule défense. Ces gens ne la méritent pas.

Je regardais Kaline, je pensais à ses dents extraites, son mal de crâne, ses pieds, les mots résonnaient encore dans ma tête, mais bien que lisant un peu de tristesse dans ses yeux, elle avait pourtant l'air soulagée d'être là.

– Tiens-moi au courant si tu as besoin que je revienne, me dit-il en partant.

Je ramenai la petite FM dans le pré avec les autres et l'embrassai pour la première fois. Je la regardai s'éloigner tranquillement, se dirigeant vers un arbre sous lequel elle passa le reste de la journée. Une difficile journée, mais tellement nécessaire pour elle. Je la laissai tranquille quelques jours, lui rendant visite au pré ou au box, pour la caresser et l'embrasser, lui prendre les pieds et vérifier les pansements de ses fourchettes. Tout allait bien, aucune complication ne dut être signalée. Les analyses sanguines étaient arrivées depuis quelques jours, je devais la complémenter en sels minéraux, oligoéléments et elle eut droit également à une double injection de sélénium. Ce premier mois avait été rude, mais les changements physiques étaient évidents, tout comme son humeur, elle se révélait vraiment douce et affectueuse. Durant ces jours de repos, elle eut enfin droit à une double séance d'ostéopathie, les blocages suivaient tout le système vertébral, de la mâchoire aux membres postérieurs, en passant par le bassin. Ses débuts dans la vie n'avaient pas dû être qu'un beau chemin parsemé de pétales de roses, mais elle était encore jeune et nous pouvions certainement lui offrir un autre paradigme pour le reste de son existence.

Après ce premier mois de remise en forme focalisé sur la construction d'une relation saine avec la jument, je l'emmenai dans le petit carré de sable pour lui poser une selle sur le dos et la monter une première fois. J'avais encore en tête la description qu'on m'avait faite des tentatives passées, ainsi que des cavaliers à terre ou à l'hôpital. Je savais qu'elle avait été débourrée à l'attelage, et je savais également par qui. Cette personne, connue dans la région pour ce type de travail, avait une réputation de rudesse qui dépassait le simple cadre des chevaux. Bien que ne la connaissant pas personnellement, j'avais eu l'occasion de la voir à l'œuvre une fois et j'avais été marqué par la brutalité qui émanait d'elle et de tous ses gestes... « Il faut lui montrer qui c'est qui commande » dans sa plus édifiante illustration.

J'avais amené, comme toujours, le matériel au centre de l'espace de travail. Une fois dans le carré avec la petite FM, je l'avais libérée du licol et elle restait à côté de moi, me suivant dans tous mes déplacements. En faisant le tour de la selle, j'avais remarqué que la jument n'y avait pas prêté attention. Visiblement, elle l'avait volontairement ignorée, elle savait ce que c'était, son utilité, et ne paraissait pas enchantée par l'idée.

Il faut absolument chercher la coopération du cheval, sa collaboration, faire en sorte que l'idée vienne de lui. On obtient de bien meilleurs et plus durables résultats que ceux obtenus avec des techniques coercitives qui contraignent, qui ne laissent pas le choix, qui rendent le cheval fuyant, ce qui est exactement l'opposé de ce qui est recherché.

Je partais du principe que j'allais lui réapprendre la selle depuis le début, mais en accéléré puisqu'elle avait déjà de l'expérience, mauvaise certes, mais que j'allais pouvoir utiliser pour retourner la situation en ma faveur. Nous étions au milieu du carré et elle était libre de partir si elle le voulait. Elle n'avait pas de licol, pas de longe, aucune entrave d'aucune sorte. Je lui présentai le tapis et attendis qu'elle y prête un peu d'intérêt, qu'elle le renifle avant de le lui poser sur le dos. Comme elle n'avait aucune réaction, qu'elle ne bougeait pas, je passais à la selle que je lui posai délicatement sur le dos. Là, elle esquissa un mouvement de recul et s'écarta de moi. Je fis quelques pas pour la rejoindre et elle recula à nouveau. Comme j'avais eu le temps de saisir la selle et le tapis, ils restèrent dans mes mains à son mouvement de recul. Je retournai au centre et les déposai à nouveau au sol. La jument se trouvait toujours à quelques mètres, elle m'observait sans bouger. Je la rejoignis, la caressai et l'invitai à me suivre au centre du carré, toujours libre de ses mouvements, ce qu'elle fit. Je recommençai le processus avec le tapis, puis la selle. Cette fois, elle resta près de moi. Je la sanglai, pas trop serré, et passai le collier de chasse pour éviter qu'elle tourne en cas de problème fort. Je me mis à marcher en lui demandant de me suivre. Je marchai en faisant des huit, des voltes, changeant de direction sans l'avertir. Elle restait fixée sur moi et me suivait partout. Je sanglai à nouveau et me mis à courir, elle me suivit au trot. Je vérifiai l'impact des étriers sur ses flancs. Visiblement, le problème ne résidait pas dans l'objet, mais bien dans l'acte. Je savais qu'elle n'avait pas de douleurs et qu'avec le matériel utilisé, elle ne devait ressentir aucune gêne particulière. La solution se trouvait dans les méandres de sa mémoire, et c'est là qu'il fallait agir.

Dans des cas similaires, l'origine du problème est souvent concentrée au niveau du mors. Elle avait les dents dans un triste état, des surdents, des dents de loup, je peux facilement imaginer un mors d'attelage, dur, utilisé par une main très autoritaire et les douleurs subséquentes. Comme à la monte, les défenses fortes étant une réponse à la contrainte malgré les signes d'inconfort donnés, la gêne et les douleurs. Dans ces cas-là, la première chose à faire est d'enlever le mors, et le problème disparaît de lui-même en peu de temps. Outre au niveau de la bouche et de la mâchoire, le mors peut être la cause de douleurs au niveau des vertèbres cervicales, tout le long du dos, et peut même être responsable de boiteries.

Je lui plaçai un licol plat avec des rênes en cordes. Je la sentis se crisper dès que mon pied se glissa dans l'étrier. Je lui parlai calmement, la caressai, me hissai lentement, passai ma jambe de l'autre côté sans mettre mon pied dans l'autre étrier, prêt à sauter en cas de problème. Je ne voulais surtout pas me battre avec elle, surtout ne pas reproduire ce qu'elle connaissait déjà. Elle était tendue, je le sentais bien. Pourtant, elle restait sur place, attendant le coup qui devait suivre, je suppose. Après être resté deux ou trois minutes sans bouger, assis dans la selle, je la vis mâchouiller, je déplaçai alors mon poids légèrement vers l'arrière tout en basculant de côté avec une légère aide des rênes pour la déséquilibrer et mettre ses pieds en mouvement. Son pas était accéléré, et par son attitude elle semblait attendre le combat à venir. Son encolure était tendue et raide comme un tronc d'arbre. Demander un semblant de flexion était pratiquement impossible, tout son être était campé dans la résistance et l'affrontement. Au moindre geste des mains et au contact des rênes, sa tête se relevait dans un réflexe compulsif pavlovien de défense et de tentative d'esquive de l'action d'un mors inexistant, cause de tant de douleurs et de désagréments. Enfermée dans son trauma, dans sa réalité interne inconsciente, elle était incapable de se connecter à la réalité et de prendre conscience de l'inexistence du mors dans sa bouche. Je décidai donc d'aller encore plus loin. Je l'arrêtai et descendis rapidement, lui laissant reprendre contact avec l'instant présent. Je lui enlevai le licol et les rênes, et lui plaçai une corde nouée formant une large boucle autour de l'encolure, puis je remontai en selle.

Ma première demande fut de reculer, et non d'avancer. Elle poussa sa tête vers l'avant, cherchant le contact du métal, une fois, deux fois, puis trois. Je le laissai réfléchir, voyant qu'elle était déstabilisée par l'absence du mors et des rênes. Cette fois, elle l'avait remarqué. Le travail de déconstruction pouvait commencer. D'abord, je me concentrai sur la cession d'encolure, un vrai travail de bûcheron. Je basculai de tout mon poids sur les côtés pour lui demander de changer de direction. Sa tête cherchait toujours le contact vers l'avant ou une défense vers le haut, mais petit à petit, le réflexe s'amenuisait, et après une demi-heure, il avait totalement disparu. Moi, j'étais en nage, l'exercice était épuisant. Quelle force elle avait dans cette encolure, quelle intensité dans la résistance ! La deuxième partie de la séance fut bien plus légère, elle avait compris et lâché prise partiellement. Les changements étaient plus réactifs et plus légers, nous avions même essayé le trot et un petit galop. Les départs et les arrêts étaient chaque fois meilleurs. Tout ceci avait duré plus d'une heure et demie, et pas une seule fois elle n'avait fait mine de me virer. Au contraire, elle était attentive et faisait de son mieux pour me contenter. Je descendis, l'embrassai et la caressai, la félicitant et heureux de la voir mâchouiller dans une attitude calme et détendue. Je la ramenai à l'anneau d'attache, lui enlevai la selle, lui curai les pieds, brossai sa sueur et la ramenai d'un pas tranquille au pré. À nouveau libre, elle resta vers moi, puis au moment de m'en aller, me suivit jusqu'au portail. Elle était attachante et douce, tout le contraire de la description qu'on m'en avait faite.

Ce premier mois s'achevait sur une note très satisfaisante et encourageante. Kaline demandait de plus en plus d'attention et semblait non seulement chercher la compagnie, mais l'apprécier avant tout. Elle me montrait de plus en plus de signes d'affection et d'attachement, sa manière peut-être d'exprimer de la reconnaissance. J'avais beaucoup de plaisir à passer du temps avec elle, la sortir promener à la main ou la monter dans le carré. Elle allait de mieux en mieux, elle était de plus en plus facile, la monter au licol était sans danger, comme avec une corde autour de l'encolure. J'avais renforcé et amélioré l'acquis sur la quinzaine suivante, je sentais vraiment sa confiance et son attachement, comme elle devait sentir les miens.

Le mors restait quelque chose d'inconfortable, une très mauvaise trace dans sa mémoire et sa réalité interne inconsciente. Je l'avais laissé manger avec le mors plusieurs demi-journées pour banaliser l'objet et peut-être lui associer quelque chose de positif. Je l'avais montée au licol ou à la corde avec le mors dans la bouche, sans pour autant l'utiliser, puis introduit dans des demandes en binôme avec des doubles rênes attachées au licol et au mors, pour enfin l'utiliser seul. Même si cela n'avait vraiment plus rien à voir avec son comportement des débuts, le mors restait un objet déplaisant bien que n'étant plus douloureux. Je le sentais dans son corps, elle était toujours un peu plus tendue avec lui que sans lui. Comme elle ne posait absolument aucun problème montée au licol, j'avais décidé de la sortir en balade montée sans le mors, uniquement au licol. Elle ne causa jamais aucun problème, au contraire, elle en redemandait et partait d'un pas alerte et volontaire. Les seuls moments un peu plus tendus se produisaient à la rencontre d'autres chevaux. Elle voulait toujours les suivre, et il fallait être insistant et convaincant pour qu'elle continue sa route sur un autre chemin qu'eux. Ceci s'améliora avec quelques balades et en travaillant la séparation en promenade. Nous partions à plusieurs, prenions des chemins différents et nous retrouvions un peu plus loin. Une fois qu'elle comprit qu'on se séparait, mais qu'on se retrouvait, elle l'intégra sans plus opposer de résistance. Kaline allait tellement bien que j'avais même testé la corde autour du cou en extérieur avec succès. C'était un petit bijou d'écoute et d'attention, avec cette envie toujours croissante de bien faire et de me contenter.

À la fin du deuxième mois, la petite FM impressionnait tous ceux qui l'avaient vu arriver, ainsi que ceux qui ne la connaissaient pas d'avant. J'étais tellement fier d'elle et satisfait de son évolution que j'appelai sa propriétaire pour lui donner encore des nouvelles et l'inviter à venir lui rendre visite, ce qu'elle n'avait encore pas fait depuis le jour où elle l'avait amenée.

– Bonjour, comment allez-vous ? Je vous appelle pour vous donner des nouvelles de Kaline.

– Ah oui, bonjour... Comment va-t-elle ?

– Elle va vraiment bien, vous devriez venir la voir, vous seriez très surprise, vous n'allez pas la reconnaître.

– Ah oui ? Le travail avance ? Elle progresse bien ?

– Bien est un mot faible, elle est extraordinaire. Je la monte sans aucun souci, dans le carré et en extérieur, sans mors, juste avec un licol et des rênes bricolées.

– Vraiment ? J'ai du mal à le croire...

– Alors, pourquoi ne pas venir vérifier par vous-même ? Vous pourriez la monter pour constater les progrès.

– Tiens ! Bonne idée, ça fait longtemps que je n'ai pas eu droit à une séance de rodéo...

– De rodéo ? Absolument pas ! Je vous parle de tout le contraire justement. C'est un ange de gentillesse, vous n'allez pas la reconnaître.

– Vous êtes sûr qu'on parle de la même jument ?

– Sa vraie nature est complètement à l'opposé de ce que vous avez connu. Je vous expliquerai ce que j'ai fait, ce qu'il ne faut surtout plus faire et il n'y aura plus jamais aucun problème, je vous l'assure.

– Ah bon ?... Alors pourquoi personne n'a jamais vu ça en elle ?

– Je ne sais pas, posez la question à ceux qui l'ont eue entre leurs mains. Pourtant, il faut juste s'intéresser à elle et elle vous le rend au centuple, rien d'extraordinaire en fait.

– D'accord, je vais voir comment m'organiser pour passer un de ces jours.

– Vous savez, j'ai de la peine à comprendre que vous ne passiez jamais la voir ou que vous ne preniez jamais l'initiative de me demander de ses nouvelles.

– J'ai été très occupée avec le bébé, et j'ai eu des soucis avec ma voiture.
– Je comprends. Ça nous ferait plaisir de vous voir, essayez de trouver un moment pour passer, d'accord ? Vous changerez votre regard sur Kaline quand vous la verrez, croyez-moi.
– C'est d'accord, je vous appelle dans la semaine.

J'étais perplexe, triste et inquiet. L'excitation de lui annoncer les bons résultats avait cédé la place à de l'inquiétude et de la mélancolie. Pendant que j'observais Kaline dans le pré, insouciante, épanouie dans son nouvel environnement et sa nouvelle vie, je me demandais à quoi allait bien pouvoir ressembler son avenir. Le manque d'intérêt de la propriétaire était évident, tout comme son peu d'affection pour cette jument. J'étais vraiment contrarié par son manque de bonne volonté, et elle l'avait certainement compris dans le ton de ma voix.

Inutile de dire qu'elle n'appela pas la semaine suivante et qu'elle ne passa pas la voir non plus. Sans même prendre le temps d'envoyer au moins un message d'excuse.

Dans le courant du troisième mois, Kaline était définitivement devenue la mascotte de l'écurie. Tout le monde l'aimait, et elle, elle adorait avoir tout un tas de monde autour d'elle dans son box. Il nous était même arrivé de boire un verre autour d'elle, appuyés sur son dos comme sur le comptoir d'un bar. Comme elle aimait ça ! Elle continuait tranquillement à manger son foin en faisant bien attention de ne pas nous bousculer. Elle avait un regard doux et affectueux, reconnaissante de l'attention qu'on voulait bien lui accorder. Elle sortait de plus en plus en balade, abordait toute situation nouvelle avec curiosité. Afin qu'elle renforce encore sa relation avec les cavaliers en général, je l'avais fait monter en promenade par d'autres personnes de l'écurie. Je les accompagnais pour l'observer avec d'autres, et elle faisait preuve avec tous de la même envie de bien faire ce qu'on lui demandait, la même application qu'elle avait depuis le début avec moi. Mon travail avec elle arrivait à son terme, tout le reste se ferait avec l'expérience du terrain et les années.

Vers la fin du troisième mois, la responsable de l'écurie m'informa que les deux derniers mois de pension de la jument n'avaient pas été payés. Le premier mois avait été payé en main propre le jour de l'arrivée de Kaline, mais les deux suivants étaient dus. Elle avait bien essayé d'appeler la propriétaire, mais sans succès. Quelques jours après, le maréchal-ferrant passa à l'écurie pour prendre des nouvelles de la jument. Ses pieds allaient bien, les fourchettes avaient bien meilleure façon, il n'y avait plus trace de pourriture et tout semblait rentrer dans l'ordre. Il ajusta et rectifia le parage par quelques coups de râpe, puis me dit :

– *Tu as des nouvelles de la propriétaire ?*

– *Non, elle n'est jamais venue en trois mois. Pourquoi ?*

– *Parce qu'elle n'a jamais payé la facture.*

– *On vient de m'annoncer qu'elle n'a pas payé la pension de la jument non plus !*

– *Je sens le très mauvais plan arriver, me dit-il.*

– *Laisse-moi quelques jours pour éclaircir cette affaire et je te tiens au courant. D'une façon ou d'une autre, je t'assure que tu seras payé.*

– *La jument est devenue superbe, bravo à toi... cette femme ne la mérite pas, tu sais ce que j'en pense depuis le premier jour. Tiens-moi au courant avant que je lui lâche les chiens, me dit-il en partant, souriant malgré tout.*

Après son départ j'appelai le vétérinaire-dentiste et le vétérinaire-ostéopathe pour savoir ce qu'il en était les concernant. Aucune facture n'avait été réglée, malgré les rappels envoyés, restés sans réponse également. J'essayai d'appeler la propriétaire sans aucun résultat. Je tombais systématiquement sur son répondeur. Je lui laissai plusieurs messages lui demandant de me rappeler, qui restèrent sans réponse eux aussi. Un matin, je débarquai à l'improviste chez elle et tombai sur son mari qui m'expliqua qu'ils s'étaient séparés et qu'elle était partie en lui laissant le bébé sur les bras. Si elle avait été capable d'abandonner son enfant, je n'avais plus aucun doute quant au sort de la jument.

J'empruntai le portable d'un ami et comme par miracle, elle décrocha :

– Bonjour, lui dis-je, je crois que nous avons un problème à résoudre.
– Ah, c'est vous ? Je n'ai pas reconnu votre numéro.
– Normal, ce n'est pas mon numéro. Quand je vous appelle avec mon téléphone, vous ne répondez plus. C'est pareil pour la gérante de l'écurie, les vétérinaires et le maréchal...
– J'ai eu quelques soucis ces derniers temps.
– Je crois l'avoir compris, mais ce n'est pas ce qui me préoccupe pour le moment. Que va-t-il se passer avec votre jument, maintenant ?
– Je n'ai pas la tête à ça.
– Je l'ai également compris depuis longtemps, vous avez néanmoins des obligations à honorer.
– De toute façon, je ne la veux plus, c'est une carne !
– Non Madame, ce n'est pas une carne, c'est une belle et noble jument, douce et affectueuse qui mérite qu'on l'aime profondément.
– Je ne la reprendrai pas. Je n'ai ni l'envie ni les moyens... Elle aurait dû finir à la boucherie !
– C'est ça que vous attendiez de moi depuis le premier jour ? Que je vous donne mon aval pour l'abattre ? Mais quel genre de personne êtes-vous ?
– Vous pouvez penser ce que vous voulez, ça ne changera rien.
– Vous avez des dettes également, pensions, vétérinaire, dentiste, ostéopathe, maréchal, c'est une coquette somme... Quand et comment pensez-vous régler ces factures ?
– Je ne peux pas payer, alors vendez la jument puisqu'elle est si bien que ça et payez toutes les factures avec l'argent de la vente.
– Vous m'écœurez. Envoyez-moi une procuration me donnant toute légitimité de négocier la vente de la jument en votre nom et restons-en là. Je ne veux plus rien avoir à faire avec vous !
– Je fais ça tout de suite !

Je reçus la procuration le lendemain. Pour une fois, elle avait tenu parole.

J'informai toutes les parties impliquées de la situation et leur proposai de régler les factures de ma poche en attendant de trouver la meilleure solution pour la petite FM. Aucun n'accepta l'argent, ils pouvaient attendre. Je me sentais responsable de les avoir entraînés dans cette histoire, bien qu'honoré de leur amitié et de leur confiance.

Dans l'écurie, c'était l'effervescence. Tout le monde y allait de sa solution. L'idée qui prédominait était que Kaline devait absolument rester là. Personne ne voulait qu'elle parte, mais aucun ne pouvait assumer la charge d'un cheval supplémentaire. Après une analyse précise de la situation, devoir se séparer de la jument devint une évidence. Par contre, il fut accordé que je pouvais prendre tout le temps nécessaire afin de lui trouver la meilleure des places possibles, un cadre et un entourage lui garantissant un bel avenir. J'additionnai les factures en suspens et déterminai le prix qui serait demandé pour Kaline. Personne ne se ferait de l'argent sur son dos, le tarif serait ce qui était dû au centime près et rien de plus.

Je publiai une annonce sur plusieurs sites spécialisés dans la vente de chevaux. Le prix demandé la rendait attractive et les réponses ne manquèrent pas, dès les premiers jours. Il fallut séparer l'ivraie du grain, car au-delà de l'habituelle cohorte de maquignons alléchés par une possible bonne affaire, j'espérais trouver la bonne personne qui saurait regarder au-delà de l'attrait financier et montrer un réel intérêt pour la jument. Après une quinzaine de jours et plusieurs visites peu encourageantes, je reçus un téléphone qui m'interpella :

– Bonjour, c'est pour l'annonce de la jument FM. Elle est toujours en vente ?

– Bonjour, oui, elle est toujours là.

– Je vous raconte mon histoire et vous me direz si elle peut convenir, d'accord ?

– Je vous écoute.

– Je monte à cheval depuis toute petite. Il y a sept ans, j'ai eu un grave accident lors d'un concours de saut d'obstacles qui m'a valu plusieurs semaines d'hôpital, une longue et difficile rééducation, et des séquelles irréversibles au niveau de la hanche et du dos. Inutile de vous dire que je ne suis jamais remontée sur un cheval depuis. Pourtant j'adorais ça, mais la peur de rester paralysée a été plus forte.

– Je vous comprends parfaitement.

– J'ai aujourd'hui trente-cinq ans, mariée et deux petites filles de six et quatre ans. Mes filles me parlent d'équitation, elles regardent mes photos à cheval et elles me posent plein de questions. Dernièrement, l'envie de remonter m'est revenue. J'aimerais leur donner aussi cette chance d'être au contact des chevaux, mais j'ai toujours la crainte de l'accident en moi, je manque aujourd'hui de confiance et je ne veux pas leur transmettre ma peur. Alors je réfléchis à comment faire au mieux.

– Que puis-je faire pour vous ?

– C'est idiot, je le sais, mais depuis quelques semaines, je me suis mise à lire les annonces de vente de chevaux, pour me remettre dans l'ambiance, je ne sais pas trop pourquoi. Et puis je suis tombée sur la vôtre. Vous faites une description de cette jument, de son caractère, qui a attiré mon attention. Je ne sais pas trop pourquoi, mais l'idée de l'acheter m'a envahie. Depuis, je ne pense plus qu'à ça. Je lis d'autres offres, mais elles ne m'attirent pas. C'est cette jument qui m'attire. J'aimerais beaucoup la voir, que mes filles et mon mari la voient, comme si quelque chose pouvait se produire, un déclic peut-être, qu'en pensez-vous ? Je ne veux ni vous faire perdre votre temps ni vous ennuyer avec mes histoires.

– Vous ne m'ennuyez pas, au contraire, je trouve tout ceci très intéressant. Je pense effectivement que vous devriez passer la voir, il n'y a que le contact physique qui pourra vous donner la réponse que vous cherchez. Et puis, qui sait ce qui peut se passer ?

– Je vous remercie, je crois que j'en ai vraiment besoin, et pour mes filles également. Demain après-midi vous irait ?

– C'est parfait pour moi, disons quatorze heures ?

– Génial ! Vraiment je vous remercie !

– Il n'y a pas de quoi, à demain.

C'était une belle journée d'hiver, certes un peu froide, mais ensoleillée, un ciel bleu profond dégagé et une atmosphère limpide. La petite famille arriva, et après les salutations de rigueur, je les emmenai vers le pré où se trouvaient les chevaux.

– La voilà, leur dis-je en leur indiquant la jument.

Les fillettes partirent en courant dans sa direction, en poussant des cris d'enfants joyeux. La petite FM les regarda arriver sans bouger, intriguée. Une fois à sa hauteur, les petites se mirent à la caresser, lui toucher les naseaux qu'elles trouvaient doux, et s'accrocher au bas de son encolure sans réussir à en faire le tour évidemment. Kaline se laissait faire, ravie de ce subit intérêt jubilatoire et démonstratif qu'elle suscitait. Arrivés à sa hauteur, elle s'intéressa à tout ce petit monde qui l'entourait.

– Elle a l'air douce, remarqua la femme en lui caressant l'épaule.

– Elle l'est, je vous le confirme, et bien plus encore.

– Quelle est son histoire ? me demanda-t-elle.

– Sans vouloir entrer dans les détails pour le moment, disons qu'elle a une histoire similaire à la vôtre. Dans un sens, elle sort aussi d'un long et douloureux tunnel. C'est certainement aussi pour cela qu'elle sait apprécier les marques de douceur et l'affection à sa juste valeur. Elle sait au fond d'elle-même que le chemin de la vie n'est pas toujours pavé d'or.

– Je vois, répondit-elle en souriant.

Les fillettes étaient toujours collées à la jument, leurs petites mains posées sur ses naseaux, riant de son souffle chaud. Je lui passai le licol et les emmenai à l'anneau d'attache. Après la séance d'étrille que les petites effectuèrent avec application, je lui pris les pieds en leur expliquant qu'elle se laissait parfaitement manipuler, qu'il n'y avait aucun risque autre que celui d'être à côté d'un animal de six cents kilos qui peut vous marcher dessus s'il ne vous a pas remarqué, ou avoir un geste imprévisible propre à sa nature. Je la sellai et me dirigeai vers le carré, les enfants virevoltant autour de Kaline malgré les avertissements inutiles empreints d'inquiétude de leur mère... ocytocine, quand tu nous tiens...

Je la montai tandis que la femme remarquait l'absence du mors :

– Vous ne lui posez pas un mors pour la monter ?

– C'est mieux sans, le mors lui rappelle de mauvais souvenirs qui semblent tenaces. Ce n'est pas qu'elle vous éjecte, c'est juste qu'elle se crispe, tandis qu'avec un licol et des rênes, la tension disparaît. Regardez...

Et je fis faire quelques mouvements à Kaline, au pas, au trot et au petit galop, des arrêts, des reculés, des pas latéraux qu'elle exécuta parfaitement, comme à son habitude. Je mis les fillettes sur la jument et leur fis faire quelques tours du carré à la main, l'une après l'autre. Elles avaient le regard brillant et les joues rosies, convaincues que malgré une petite appréhension, elles faisaient quelque chose d'extraordinaire. Le père, qui avait apporté une petite caméra vidéo, n'en perdait pas une miette et filmait chaque instant passé avec la jument.

– Si vous m'expliquiez exactement ce qui vous trotte dans la tête depuis quelque temps, demandai-je à la mère des petites.

– Eh bien, elles me parlent de chevaux et j'aimerais leur transmettre ce virus, mais je cherche le meilleur moyen. Notre voisin a un cheval qui vit seul depuis peu, son compagnon de pré est décédé. Je me suis dit que nous pourrions acheter un bon cheval, posé, calme, gentil, pour lui tenir compagnie et voir comment nous organiser avec les filles pour qu'elles apprennent. Le voisin a également des enfants et une personne vient leur donner quelques cours d'équitation à domicile. Il a un petit carré sablé derrière sa grange. Il est partant pour un autre cheval. De toute manière, il doit trouver de la compagnie, il ne peut pas laisser son hongre seul, il déprime.

– Être seul pour un cheval est une torture psychologique, il lui faut la compagnie d'un congénère, pas d'une chèvre ou d'un âne.

– Oui, il le sait, il cherche une solution.

– Vous m'avez dit avoir eu un grave accident lors d'un parcours de saut, vous faisiez de la compétition ?

– Oui, à assez haut niveau. Je donnais également des cours de saut à de jeunes cavaliers pour payer la pension de mes deux chevaux au manège.

– Qu'est-il advenu de vos chevaux ?

– Celui de mon accident a été euthanasié sur place. Il s'est brisé un antérieur lors de la chute. L'autre a été vendu à une cavalière de mes connaissances qui cherchait un bon cheval de saut à former. Pour moi, tout ça s'est arrêté ce jour-là. Je ne veux plus entendre parler de saut, de dressage ou de compétition.

– Vous pourriez enseigner à vos filles comme aux enfants du voisin.

– J'y ai pensé, oui. Le voisin me l'a aussi suggéré bien qu'il connaisse mon histoire et que je ne sois plus remontée à cheval depuis mon accident.
– Je remarque pourtant que vous êtes venue en culotte d'équitation classique.
– Oui, mes vieux habits et les vieux réflexes. Je sais, c'est ridicule.
– Non, pas si vous montez sur la jument maintenant.
– Vous plaisantez ?
– Pas vraiment, non. Allez-y, montez, nous sommes à peu près de la même taille, les étriers sont à la bonne longueur.
– C'est une selle western, je ne suis jamais montée avec une selle western, me dit-elle la voix tremblante.
– Fuir indéfiniment n'est pas la solution, affronter vos démons et les vaincre, oui. Partez du principe qu'aujourd'hui est le premier jour de votre thérapie. Vous ne risquez absolument rien, je tiens la jument. Allez-y, un pied dans l'étrier, prenez les rênes et une touffe de la crinière dans votre main droite, ne vous accrochez pas au pommeau, l'autre main sur l'arrière de la selle et hop !
– Je ne me suis pas préparée à ça...
– C'est faux et vous le savez tout au fond de vous. C'est ce rêve qui vous a poussé jusqu'ici, alors juste pour retrouver la sensation d'être assise sur le dos d'un cheval, allez-y, montez !

La femme se hissa dans la selle, lentement, mais avec des gestes assurés. Il y a des choses, comme le vélo, qui ne s'oublient pas et ne s'effacent jamais vraiment ; le cheval en fait partie. Je l'observai du coin de l'œil, elle respirait fort, submergée par l'émotion, hésitant entre rire ou pleurer. Après quelques instants de silence :
– Prête pour quelques pas ?

Elle ne répondit pas, incapable de parler et ne sachant plus quoi répondre. Je mis Kaline en marche, lui expliquant doucement à l'oreille de faire très attention que la personne sur elle était très fragile, qu'elle devait la protéger. Après quelques tours à la main, elle avait retrouvé un peu de confiance et de ses repères également. J'avais libéré la jument de la longe, elle était libre de ses mouvements, mais toujours à l'écoute de sa cavalière qui, elle, était concentrée, comme dans un autre monde. Elle était ailleurs visiblement secouée par les souvenirs qui remontaient à la surface. Après quelques minutes, elle essaya même quelques foulées de trot. Elle arrêta la jument et descendit, rouge d'émotion :

– *Merci ! C'est un inattendu et magnifique cadeau, je n'aurais jamais imaginé en me levant ce matin que j'allais vivre cet instant. Merci beaucoup, excusez-moi, je suis très émue, toute remuée.*

– *Je vous laisse quelques minutes reprendre vos esprits avec votre famille et Kaline, je reviens.*

Je partis vers l'écurie préparer un cheval que je travaillais en extérieur depuis quelques mois déjà. Je le connaissais bien, calme et volontaire, il n'avait peur de rien et jamais d'hésitations, une sorte de « maître-guide » pour les autres chevaux. En revenant vers le carré, elle eut l'air surprise et inquiète de me voir arriver avec un cheval, je crois qu'elle avait déjà compris :

– *Allons faire un petit tour, je veux votre avis de cavalière expérimentée sur cette jument.*

– *Un petit tour ? Mais où ça ?*

– *Montez, ne vous en faites pas, vous venez de faire le plus difficile. Il ne reste que le plaisir à redécouvrir, faites-moi confiance, ce sera juste un petit tour.*

Après quelques secondes d'hésitation et plusieurs regards en direction de sa famille, elle remonta en selle. En sortant du carré, à hauteur de son mari, je lui soufflai doucement :

– *Ne soyez pas inquiet, on en a pour un peu plus d'une heure.*

– *Soyez tout de même prudent, je ne sais pas trop quoi en penser, me répondit-il tout bas*

– *Je vous le promets.*

Je dirigeai nos pas vers les berges du fleuve, Kaline était déjà passée par là et avait aussi souvent suivi le cheval que je montais, elle était en terrain connu. Je me retournais de temps en temps pour observer mon accompagnatrice qui à nouveau, semblait incapable d'articuler un mot. Elle me regardait en souriant et retrouvait un visage sérieux dans la seconde suivante. C'était beaucoup d'informations pour elle aussi, je le savais, mais elle inspirait confiance, tout comme la jument qui prenait soin d'elle. Je voyais bien que tout devait s'embrouiller dans son esprit, je n'osais imaginer les souvenirs qui devaient se bousculer dans sa tête à cet instant. Après un petit quart d'heure au pas, je lançai un petit trot. La petite FM se cala instantanément à l'allure du cheval de tête, la cavalière n'avait plus qu'à trouver le bon rythme sur le dos de la jument. Une alternance d'allures pas et trot, un passage par une petite forêt, quelques virages dictés par les troncs, un petit tour de l'étang, puis le retour au petit galop par le chemin bordant le canal d'irrigation. Nous fîmes les dernières minutes du retour au pas, tranquillement, je ne me retournais plus, je voulais la laisser seule avec la jument et ses pensées. Cette balade nous avait pris à peine plus d'une heure, mais je pense que la femme n'avait plus de notion du temps en arrivant à la ferme. Sa famille se tenait groupée près du portail d'entrée, les cris de joie des fillettes se mêlant aux gestes rassurés du mari, heureux de nous voir revenir. Une fois de retour dans le carré :

– Vous allez bien ? lui demandai-je

– Je me sens comme sur un nuage, c'était génial, une renaissance. Je me rends compte combien le cheval m'a manqué depuis ces années.

– Et physiquement ? Comment vous sentez-vous ?

– Un peu ankylosée quand même, la crispation du début et le manque de pratique, c'est une douleur que je reconnais. La selle me gêne un peu, les étriers, je ne retrouve pas ma position sur cette selle western, c'est différent de ce que je connais.

– Que pensez-vous de la jument ?

– Pfff... elle est géniale, vraiment extraordinaire, à l'écoute, attentive, on sent qu'elle veut bien faire, elle m'a aidée et facilité les choses, adorable, vraiment adorable ! Et sans mors ! J'ai de la peine à le croire.

– Alors allons encore plus loin, descendez.

Une fois à terre, j'enlevai la selle et le licol de Kaline. Je lui passai la longe nouée en une large boucle autour de l'encolure. La jument me regardait avec le même regard doux. Je veux croire qu'elle comprenait l'instant et la confiance déposée en elle. Elle devait sentir l'amour pour elle qui l'entourait à ce moment-là. Je la caressai et l'embrassai.

– Vous trouvez la jument géniale, eh bien vous êtes encore au-dessous de la vérité. J'aimerais que vous montiez à cru quelques instants.

– Mais avec quoi ? Il n'y a plus de direction !

– La selle vous gêne, alors on l'enlève, et pour la direction, cette simple corde autour de son cou.

– Vous ne croyez pas que c'est tenter le diable, c'est ma première fois en sept ans !

– Je veux que ce jour devienne la trace forte de votre mémoire. Toutes ces émotions laissent une empreinte. Ces empreintes liées aux émotions positives vont vous aider à endormir le traumatisme qui vous a marqué depuis votre accident, pas l'effacer, mais l'endormir. Essayez, vous verrez, c'est euphorisant et Kaline va vous aider. Donnez-moi votre jambe.

Une fois sur le dos de la jument, je lui expliquai le fonctionnement du collier en corde, comment bouger et jouer avec son poids pour renforcer la demande de direction, le basculement vers l'arrière pour l'arrêt, ne pas utiliser les talons, juste faire corps avec le cheval, l'image du centaure. Elles étaient belles à voir, les fillettes l'encourageaient depuis le portail, le mari enregistrait tout avec sa caméra. Après quelques minutes de cet exercice, elle s'arrêta et descendit précautionneusement de la petite FM. Une fois au sol, elle se retourna. On pouvait lire son bonheur sur son visage. Elle embrassait Kaline qui avait été son sherpa dans cette ascension du fond des ténèbres dans lesquelles elle était descendue depuis son accident. Le reste de sa famille l'avait rejointe au centre du carré et entourait la jument dans cet instant très fort.

Je m'éloignai avec mon cheval du jour, lui enlevai la selle et le ramenai dans le pré, puis revint vers eux chercher Kaline.

– Je vous laisse quelques instants, je la ramène dans le pré.

Les enfants m'avaient suivi, me posant plein de questions sur la petite jument tandis que les parents se tenaient à l'écart, en pleine discussion. Après les avoir laissés la brosser sommairement et leur avoir montré comment prendre un pied et le nettoyer, je la ramenai dans le pré, l'embrassai et l'assurai de mon admiration tant elle avait été exemplaire. Elle était calme et douce, tellement touchante et attachante.

De retour vers le couple qui se tenait près de leur véhicule.

– Journée intéressante, n'est-ce pas ? Les chevaux ont cette capacité de vous emmener dans une autre dimension, de vous toucher au plus profond de vous-même.

– Je n'ai pas de mots. Tout est tellement fort en ce moment, je vais avoir besoin de quelques jours pour me remettre de toutes ces émotions. Ça en fait beaucoup en une seule journée.

– Oui, je vous crois volontiers.

– Kaline est vraiment la jument idéale, maternelle avec les filles au début, puis avec moi ensuite. Vraiment, quelle belle âme ! Je ne pense pas pouvoir l'oublier, elle est à jamais liée à moi, à nous, à cette journée.

– Je comprends très bien ce que vous dites. Elle n'est pas là depuis longtemps et pourtant, elle m'a déjà laissé une empreinte très profonde. J'y tiens beaucoup et j'essaie de faire au mieux pour elle.

– Si vous êtes d'accord, nous aimerions qu'elle fasse partie de notre famille, ce qu'elle est déjà en quelque sorte et pour toujours. Nous désirons l'acquérir.

– Je crois que vous êtes les bonnes personnes, en effet. Je serais soulagé qu'elle parte vivre avec vous, et je pense que vous la comprendrez encore mieux quand je vous aurai raconté son histoire à elle.

– On en parle avec notre voisin et je vous rappelle pour voir avec vous comment procéder.

– C'est parfait comme ça, il n'y a pas d'urgence.

Avant de nous quitter, ils passèrent à nouveau dans le pré caresser Kaline et certainement lui dire qu'elle irait vivre avec eux prochainement, elle faisait déjà partie de la famille.

Je dois reconnaître que le jour du départ de Kaline, j'avais le cœur serré. Elle n'était restée que quatre mois, pourtant j'avais l'impression que je la connaissais depuis des années, une vie. Elle avait tellement changé, avait tellement confiance, si attachante, si touchante qu'il était impossible de ne pas être ému. Tout le monde l'aimait et tout le monde était venu lui dire au revoir. Je sais aussi que plus d'une personne a eu des larmes ce jour-là. Elle était passée dans nos vies comme un météore, et allait laisser une trace indélébile pour toujours dans nos cœurs.

La charger prit un peu de temps, elle ne voulait visiblement pas s'en aller. Elle me fixait avec un regard implorant et j'avais le sentiment de la trahir. Pourtant, cette nouvelle vie ne pouvait être que plus enrichissante pour la jument, plus stimulante. Elle allait pleinement pouvoir s'épanouir. Je savais bien que dans quelques semaines, elle se serait adaptée à son nouvel environnement, comme elle s'était si facilement adaptée ici. J'avais la certitude qu'elle serait entourée d'amour dans cette famille, et c'est tout ce qu'elle demandait, le reste viendrait avec le temps.

Quand ils sont venus la chercher, la femme m'a avoué qu'elle ne pensait plus qu'à la jument depuis le jour de sa visite, tout comme ses filles qui comptaient les heures les séparant de sa venue. Même son mari, qui pourtant n'était pas habitué aux chevaux, avait apprécié ce contact avec la petite FM et se réjouissait lui aussi de s'impliquer dans cette nouvelle aventure.

Il y a certains chevaux qui vous transpercent d'un seul regard, comme d'une flèche en plein cœur. Dès cet instant, vous êtes comme envoûtés par eux. Ceux qui ont vécu cette sensation le savent, vous ne pouvez plus les oublier, ils habitent votre mémoire pour toujours. Kaline était de ceux-là, de ceux qui vous habitent. Cette histoire date de près de vingt ans au moment d'écrire ces lignes, et je pense à elle très souvent, toujours avec le même amour teinté d'un peu de mélancolie, ce petit pincement au cœur de ne pas avoir pu la garder pour moi, rien que pour moi.

La chose la plus importante que vous enseignent les chevaux, à mes yeux, est le concept d'amour inconditionnel. Savoir aimer sans compromis, donner sans rien attendre en retour. Trop de gens s'attendent à des signes de reconnaissance, et n'en obtenant aucun ou pas suffisamment, d'après leurs attentes, ils sont déçus ou frustrés. Ils pensent que le cheval doit avoir un comportement similaire à celui du chien, et c'est simplement impossible. Ils sont les deux faces opposées de la même pièce du fait de leur architecture cérébrale. Le chien est un prédateur qui respecte le plus fort de sa meute ; le cheval est un animal de proie qui respecte le plus convaincant de son troupeau. Si les deux peuvent exprimer de la considération, c'est malgré tout de façon bien différente. Le chien aura une attitude plus servile, tandis que le cheval le vivra d'une manière générale, de façon bien plus intériorisée.

Cette petite jument Kaline est l'exemple type de ce qui peut se passer quand on souffre d'incompréhension caractérisée, comme cela a été son cas dans les premières années de sa vie. Personne ne s'est vraiment intéressé à elle, ni à son caractère, ni à ses besoins, ni à ses émotions. Elle subit le tristement et si répandu schéma du « *fais et tais-toi* » sans qu'à aucun moment, ses réactions devenant de plus en plus fortes jusqu'à en devenir dangereuses, quelqu'un ne se pose la question de savoir si quelque chose ne lui convenait pas, si ce qu'on lui proposait était mal suggéré, si le chemin emprunté n'était pas celui qui convenait à son tempérament. Je ne veux même pas revenir sur son état extérieur totalement négligé ou sur son bilan de santé déplorable, qui en dit plus sur ceux qui en étaient responsables que sur elle, ni sur le fait de l'avoir travaillée à l'attelage et montée au mors avec des dents de loup et une bouche dans un état déplorable. Tout ceci s'apparente plus à de la maltraitance animale qu'à autre chose. Pourtant, ces gens-là vont vous jurer qu'ils aiment les chevaux, mais comme je le répète souvent en faisant un parallèle avec les cas de violence conjugale, l'homme qui bat sa femme aussi prétend l'aimer. L'amour peut prendre bien des visages parfois, et pas toujours ceux espérés. Aimer quelqu'un, c'est s'intéresser à lui, vouloir son bien et comprendre que parfois son bien est indépendant de nous, l'ego dût-il en souffrir. L'amour n'est certainement pas imposition, coercition, obligation ou « *lui montrer à tout prix qui commande* » et j'en passe. La relation maître-esclave ne convient certainement pas à l'épanouissement d'une relation bilatérale respectueuse et de confiance.

La petite FM n'est qu'amour. C'est un cas particulier, certes, mais pas isolé non plus. Il a suffi de prendre soin d'elle, de lui donner beaucoup d'attention, d'empathie, de faire preuve de compassion pour qu'elle révèle sa vraie personnalité. Finalement, il a suffi de la placer au centre du sujet, d'être attentif à ses besoins pour que pratiquement instantanément, elle soit disposée à s'abandonner à vous. Comme on lui donne et qu'il ne lui est rien demandé en retour, elle vous donne tout à son tour. N'est-ce pas cela aimer ? Accepter l'autre tel qu'il est ? N'est-ce pas cela le respect ? Terme si populaire de nos jours et souvent galvaudé ?

Tout ceci est particulièrement vrai avec les chevaux souffrant d'un trouble comportemental fort. Ils expriment leur mal-être et la douleur de l'incompréhension de cette manière. Ils ne naissent pas « *mauvais* », le contact de l'homme les rend « *mauvais* ». Le plus simple est de s'en débarrasser et passer au suivant, alors qu'ils ont souvent un cœur énorme qui ne demande qu'à exprimer toute leur gratitude. Ceux-ci vous touchent profondément, vous désarment et vous marquent à vie. Comme toutes les histoires d'amour vrai.

QUATRIÈME PARTIE
– MISE EN SITUATION

Comme beaucoup d'autres animaux, les exemples étonnants ne manquent pas, le cheval a un sens de l'orientation extraordinaire, bien supérieur au nôtre. J'ai en mémoire des situations étonnantes qui m'ont toujours laissé perplexe, une en particulier à laquelle je pense souvent pour illustrer mes propos sur le sujet et dont voici le récit.

Il y a quelques années, je suis parti avec mon cheval barbe *Músico* pour une randonnée d'une journée dans une belle et grande forêt que je n'avais jamais visitée et qui m'attirait depuis longtemps. J'avais vu des photos de la région et les paysages appelaient irrésistiblement à l'évasion. J'ai donc chargé le cheval dans le van et nous sommes partis au petit matin pour un peu plus de deux heures de route. J'avais repéré une grande place où me garer, proche d'un sentier de randonnée. Arrivés sur place, je décharge le cheval, le selle, accroche mes sacoches et ma gourde, et nous voilà partis. C'était vraiment une magnifique journée ensoleillée, aux couleurs chatoyantes, comme seul l'automne sait les offrir. Nous traversions la région au hasard, choisissant les sentiers de façon aléatoire, rebroussant chemin si nécessaire pour en choisir un autre un peu plus loin. Après environ quatre heures de balade, j'avais choisi de m'arrêter dans une belle clairière traversée par une petite source, l'endroit idéal pour laisser le cheval brouter, boire et moi, manger ce que j'avais préparé dans mes sacoches. Après une demi-heure de pause, nous avons repris notre périple au rythme des chemins qui permettaient de beaux galops également, et Dieu sait si nous aimions ça tous les deux ! L'après-midi étant déjà bien avancée et ne sachant pas exactement où me situer par rapport à mon point de départ, je décidai qu'il était l'heure de songer au retour. Pour gagner du temps, et parce que l'on est toujours plus intelligent une fois l'erreur commise, je pris l'initiative de couper à travers bois, me retrouvant assez rapidement empêtré dans les troncs couchés, les ronces, une végétation dense qui nous obligeait à tout un tas de détours involontaires. Après une heure de cet exercice, j'étais totalement perdu, ne sachant plus du tout comment m'orienter, n'ayant plus croisé un seul sentier ou chemin emprunté durant la journée. Mon cheval Músico supportait tout ceci avec un admirable stoïcisme, et je ne veux pas imaginer la piètre image qu'il devait avoir de moi à cet instant, se demandant certainement ce que j'essayais bien de faire au milieu de cette forêt. En fin d'après-midi, la lumière commençant à baisser, je sentais l'inquiétude me gagner, maudissant l'idée que j'avais eue de chercher un raccourci alors qu'il aurait été si facile de rebrousser chemin par les mêmes voies empruntées à l'aller. Au galop, nous y serions certainement arrivés bien avant la nuit, alors que là, je nous voyais déjà passer la nuit à la belle étoile et je n'étais pas venu équipé pour ça. À un moment donné, comme par enchantement, nous avons débouché sur une petite clairière avec quatre tout petits sentiers de terre, étroits, distribués en étoile. Je scrutais le sol, essayant de deviner des traces de pas qui m'indiqueraient sur lequel m'engager. Perdu une première fois, ce n'était vraiment pas le moment de renouveler l'expérience une deuxième fois. Je me suis toujours vanté d'avoir un bon sens de l'orientation, mais à cet instant, j'avais une idée très vague de la direction à prendre. Le cheval avait certainement compris que je ne savais pas où nous allions depuis un bon moment déjà, et il devait sentir mon hésitation à cet instant précis. Je suppose qu'il a dû penser que tout ceci avait assez duré et qu'il était temps pour lui de prendre l'initiative, car il a commencé à donner des signes clairs de vouloir s'engager sur l'un des quatre chemins. Pour le tester, je faisais mine d'en choisir un autre et lui me ramenait invariablement sur son premier choix, alors je l'ai laissé faire. Moins d'une heure plus tard, à la nuit tombante, nous nous sommes retrouvés devant notre attelage.

Ce cheval m'avait déjà surpris par le passé, je m'étais égaré d'autres fois déjà. C'est la raison qui m'a poussé à le laisser choisir quel chemin emprunter. Je me souviens que la première fois que c'est arrivé, je me suis dit : « *quelle chance !* ». La seconde fois, je l'ai pensé également, mais le ton était déjà moins assuré. À la troisième, je me suis rendu à l'évidence, la chance n'a rien à voir là-dedans, c'est bel et bien une aptitude.

Que les hominidés avaient cette capacité, comme celle de la communication non verbale ou tout autre sens propre à certains grands mammifères, mais que nous n'avons plus aujourd'hui ? Je ne saurais le dire.

Que le langage articulé a pris une telle importance dans le cerveau d'Homo sapiens au détriment d'autres aptitudes qui, au cours de l'évolution, sont devenues moins déterminantes ? Certainement.

Tout ceci semble confirmer la théorie novatrice du biologiste anglais Rupert Sheldrake sur les « *champs morphiques* ». Très proche de la théorie quantique de non-localité, d'après l'hypothèse de Sheldrake, ces champs seraient la base à l'origine de l'interconnexion dans l'espace et dans le temps. Pour les animaux concrètement, les champs morphiques seraient alors ce qui relie les membres du même groupe, interespèces comprises, du moment qu'une liaison forte est établie. Ceci pourrait expliquer la relation si particulière que nous pouvons entretenir avec certains de nos animaux qui nous sont si proches. Fonctionnant comme des liens élastiques invisibles, les reliant aux membres du groupe ou aux lieux de vie, ces liens seraient les voies empruntées par la communication télépathique et non verbale, mais également ce qui pourrait expliquer ce sens de l'orientation si performant leur permettant de se repérer et de retrouver des congénères, des personnes ou des endroits dans lesquels ils se savent en sécurité.

Dans l'exemple de ma balade en forêt, la remorque sur le parking est l'endroit où il se sait en sécurité. Il est donc relié par un fil élastique invisible, à ce point. Où qu'il aille, il reste mentalement relié à ce point et sait à tout moment quelle est la direction à prendre pour y retourner. C'est le principe du sens de l'orientation, sauf que le sien est bien plus puissant que le mien.

Dans un autre exemple avec le même cheval, au détour d'un chemin, nous apercevons un beau et long sentier le long d'une lisière. Dans la seconde qui suit, je nous vois au galop, et instantanément je ressens une augmentation de l'énergie ambiante. À peine arrivés sur le chemin, sans que je ne demande rien, le cheval part au galop. Lequel de nous deux a vu le chemin le premier ? Lequel de nous deux a eu l'idée du galop et l'a transmise à l'autre ? Est-ce lui, qui adore galoper, qui me transmet son envie traduite en image chez moi, ou moi qui vois l'image et lui transmets l'envie ? Une tension musculaire, une variation du champ électromagnétique émis, du sien ou du mien, peuvent être interprétées par l'autre comme une invitation au galop à cet endroit. Ceci est également une forme de communication non verbale. On peut toujours tout renier ou tenter de trouver une explication qui rassure et banalise une situation, mais ce qui s'est passé ce jour-là — et ce n'est pas le seul exemple — a bien eu lieu. Ma lecture de la scène est que j'ai vu le chemin et que je me suis vu au galop. Peut-être a-t-il eu la même, ou alors l'un a transmis l'envie à l'autre, ou bien nous étions simplement sur la même longueur d'onde ou le même champ morphique.

Je pourrais remplir des pages d'exemples de phénomènes étranges vécus avec les chevaux ou d'autres animaux également. Même avec d'autres personnes, d'ailleurs. J'ai fini par les accepter comme une évidence. Même si je ne les comprends pas toujours, ces phénomènes restent pourtant bien réels.

C'est avant tout ce lien particulier qu'il faut tisser dans l'interaction avec le cheval, c'est par ce canal que l'on peut lui envoyer un grand nombre d'informations physiques et mentales, comme en recevoir de sa part également. Le dénominateur commun pourrait bien être le groupe d'ondes alpha, comme c'est déjà le cas pour la *Résonance de Schumann* et la *Pleine Conscience*, si les recherches à venir arrivent à déterminer la fréquence des *Champs Morphiques*. Car en définitive, chapeauté par la théorie des quanta de la physique quantique, tout ceci n'est finalement que matière, particules et ondes.

Les sujets traités ci-dessous sont des thématiques qui me semblent essentielles. Elles contiennent tout ce qui a été abordé et qui peut être expliqué par écrit. Le reste étant invisible à l'œil nu a davantage besoin d'être ressenti. Bien que compris, il n'y a que la pratique au travers de mises en situation multiples, qui permet de transformer ce qui est intellectuellement acquis en une seconde nature. C'est pourquoi je personnalise les gestes. Si chaque cheval est un monde, chaque personne l'est également ; chacun est libre de trouver sa voie et comment appliquer les connaissances acquises de façon plus personnelle. Tant que le contenu est juste, le contenant l'est certainement aussi.

MARCHER EN MAIN

Marcher avec un cheval en main est un acte important à mettre correctement en place. Il est significatif et doit se faire dans le respect de la culture équine, et non répondre à des codes arbitraires et culturels d'esthétique humaine. L'erreur première est de chercher à être considéré par le cheval comme hiérarchiquement supérieur, et de se comporter la plupart du temps comme un inférieur, par ignorance. D'une manière générale, le cheval de tête, mâle ou jument, est le guide, non un suiveur. Il ne se laisse pas dépasser et l'exprime assez clairement, particulièrement en ce qui concerne le mâle. Dans la culture équine, la tête et l'encolure déterminent logiquement qui est devant. Il est erroné pour une personne de marcher à côté, à hauteur d'épaule du cheval, c'est se comporter comme un suiveur et non comme un leader. Dans ce cas de figure, c'est le cheval qui marche en tête puisque son encolure et sa tête précèdent la personne. Il faut marcher devant le cheval et mettre entre lui et nous une distance de confort et de sécurité qui sera déterminée en fonction du tempérament et du comportement du cheval. Pour ceci, il faut être équipé correctement, la longe doit être suffisamment longue et le licol adapté à la situation.

Je préconise un licol en corde ainsi qu'une longe de trois mètres environ. Je tiens à rappeler ici que le licol en corde n'est en rien un licol « *éthologique* ». Le licol est un objet inventé par l'homme pour mieux contrôler le cheval et n'existe pas dans le monde équin. Il n'a donc absolument rien d'éthologique ! C'est uniquement l'ancêtre du licol plat d'aujourd'hui, les boucles en métal ayant simplement remplacé les nœuds. Le licol en corde a l'avantage d'avoir une fonction éducative. Les nœuds latéraux sont utiles pour accentuer une demande formulée et en alléger la réponse. Ensuite, si le cheval s'appuie dans le licol en corde, il va sentir la prise derrière les oreilles, mais il sera à ce moment-là responsable de l'action désagréable. Tandis qu'en s'appuyant sur la largeur du licol plat, il ne sentira pas grand-chose et pourra l'utiliser en sa faveur pour se dégager d'une situation qu'il jugera désagréable pour lui, comme dans le cas d'un refus de coopérer.

Contrairement à ces fines longes d'à peine plus d'un mètre, vendues habituellement avec les licols plats et qui ressemblent davantage à des cordelettes qu'à du matériel de travail, la longe d'environ trois mètres, une corde d'un diamètre assurant une bonne prise en main, permet de se dégager latéralement en cas de problème, tout en gardant une distance et le contrôle de la situation. Il est possible d'y faire un nœud à son extrémité pour ainsi pouvoir l'utiliser comme une butée et s'appuyer d'une ou des deux mains dessus en cas de difficulté. La longueur de la longe peut également être utilisée pour que le cheval respecte la distance de sécurité demandée en l'utilisant comme une queue, ce que fait naturellement un cheval pour signifier au suivant qu'il est trop près et qu'il n'apprécie pas cette promiscuité.

« MARCHER EN MAIN » DIX PRÉCEPTES :

- *Reste calme, fréquences basses, le cheval te ressent.*
- *Maîtrise tes émotions, contrôle-toi.*
- *Attention élargie et focalisée, observe tout.*
- *Ne te mets pas en difficulté, anticipe.*
- *Sois réactif, agis vite.*
- *Lis le cheval, regarde-le, ressens-le, la longe te relie au cheval, elle t'informe.*
- *Oublie l'ego, deviens cheval, sa perception de la réalité est différente de la tienne.*
- *Accepte ses difficultés, le cheval vit son passé dans l'instant présent.*
- *Tu es le guide, aide-le à vaincre ses peurs.*
- *Crée un lien fort, vous ne faites qu'un.*

LES PRESSIONS

Outre la pression kinesthésique à traiter séparément, il y a trois types de pressions possibles : visuelle, phonique, tactile. Avec son cerveau binaire, il comprend au maximum deux pressions simultanées, à partir de trois, nous le perdons et il devient difficile de savoir ce que sa réalité interne a enregistré, tout comme son inconscient. Toute la difficulté réside dans le dosage juste et précis entre la qualité et la quantité de pression exercée sur lui.

Dans la pression visuelle, il faut comprendre où nous nous situons dans l'espace par rapport au cheval. Si nous sommes près de lui, nous exerçons une pression plus forte, nous éloigner va diminuer l'intensité et lui donner du confort. Imaginons une fête foraine et le manège tournant de petits chevaux de bois, rattachés à un axe de rotation par une barre de bois. Dans cet exemple, nous sommes l'axe de rotation autour duquel tourne le cheval de bois, rattaché à nous par une barre de bois invisible partant de son épaule. En visualisant cette image, si quand il est en mouvement, nous nous déplaçons de cet axe latéralement vers l'avant-main, il aura tendance soit à s'arrêter, soit à faire demi-tour. En nous déplaçant de cet axe vers son arrière-main, nous l'incitons à accélérer ou à se tourner vers nous.

Dans la pression phonique, l'intensité et la fréquence des sons employés sont déterminantes. Le cheval comprendra comme de la désapprobation ou une réprimande un son du bas vers le haut ou dans les fréquences aiguës. Au contraire, il comprendra comme rassurant ou amical un son de faible intensité en basses fréquences et il interprétera comme une invitation à la détente un son partant du haut vers le bas.

La pression tactile peut être exercée avec une corde pour lui demander de s'écarter de nous ou se remettre en mouvement, comme outil de désensibilisation et de mise en confiance, comme un geste de contact amical avec une caresse de la main, ainsi que pour nous assurer de la bonne relation établie et de sa totale coopération, en acceptant le contact sur la tête, le corps et les membres, sans gestes de défense ou de fuite.

La dernière est la plus complexe et difficile à maîtriser, car quoi que nous fassions, elle est toujours implicite dans la pression visuelle, phonique et tactile. La pression kinesthésique contient l'énergie que notre corps dégage, cette partie invisible et pourtant capitale dans toute communication. C'est avant tout ce qui émane de nous et que le cheval perçoit en premier. À travers l'énergie, il détermine nos intentions, et dans le doute, il fuit. Un double message est interprété comme un danger potentiel. Avoir une attitude amicale, mais la rage au ventre ne le trompera certainement pas, du moins pas deux fois. La seconde fois, il priorisera un signal plutôt qu'un autre en fonction du résultat de la première expérience vécue. Il ne faut pas perdre de vue qu'il vit l'instant présent avec les stimuli du passé que la situation du présent a réactivés. Outre l'énergie, la posture est également importante. Se tenir droit sur les pattes arrière et les oreilles plaquées est un signe d'agression dans sa culture, il doit donc apprendre que ce n'est pas une absolue vérité dans la relation interespèce que nous entretenons avec lui. S'arrondir est un signe de non-agression. Un cheval baisse son encolure en signe de détente ou de soumission avec un congénère. S'accroupir peut s'avérer une bonne solution pour désamorcer une situation mal vécue. La vitesse de déplacement est également importante, se diriger vers un cheval en marchant vite ou en courant sera certainement perçu comme un danger potentiel, jusqu'à ce qu'il comprenne que ce n'est pas forcément le cas.

Il est important de bien avoir à l'esprit que toute interaction entre l'homme et le cheval est un choc de cultures antagonistes. Nous sommes et nous nous comportons comme un prédateur, et lui est un animal de fuite, une proie. Savoir maîtriser ses émotions, ses gestes, tout le langage corporel d'une façon générale est la clé de la réussite d'une relation construite sur des bases saines avec le cheval.

***« LES PRESSIONS » DIX PRÉCEPTES* :**

- *Empathie et compassion, intéresse-toi à lui.*
- *Sois juste, maîtrise tes gestes.*
- *Sois présent, demande son attention.*
- *Entre dans sa tête, pense comme lui.*
- *Abaisse ses fréquences, garde-le avec toi.*

- *Pense à tes postures, le cheval te lit.*
- *Attention focalisée, sois précis.*
- *Aide-le à vaincre ses peurs, nourris son ego.*
- *Refais le geste juste, chaque répétition laisse une trace dans sa mémoire.*
- *Sois flexible, oublie la tradition.*

LE ROND DE LONGE

Le rond de longe (ou *round pen*) est l'espace de travail dans lequel nous allons développer une relation fondée sur la considération et la confiance. C'est un lieu circulaire, aux dimensions réduites, nous permettant de simuler le fonctionnement de l'organisation sociale du groupe avec ses codes de langage spécifiques. Sa forme géométrique permet la liberté de mouvement en continu en cas de fuite volontaire ou qu'il soit chassé sans se retrouver enfermé. Les angles sont à éviter. C'est un espace confiné, sécurisé, qui permet de garder le contrôle d'une situation pouvant dégénérer suivant le sujet en présence. Contrairement à ce qui est généralement enseigné par ces techniques et ces méthodes qui mécanisent la marche à suivre, il est totalement contre-productif de faire courir en rond pendant des heures, un cheval en panique qui utilise la fuite comme stratégie de défense réflexe, sans aucun lien avec la demande de base. Comme il est absurde de chasser sans raison un cheval qui recherche et demande le contact avec nous de façon correcte et volontaire. Dans ce cas, attendons que le cheval commette une erreur pour le chasser et ainsi lui signifier notre désaccord. Il est important que le sujet comprenne l'origine de l'acte, comme cela se produit dans un groupe de chevaux au naturel. La mise en perspective de l'*action/réaction* et sa bonne compréhension sont essentielles dans la construction de la relation et des demandes à venir.

Je préfère le terme de « *décideur* » à celui de « *dominant* » qui repose sur un rapport hiérarchique de force qui peut devenir conflictuel. Il ne faut pas oublier que dans un rapport de force avec le cheval, nous sommes perdants et en danger. Pensons d'abord à notre intégrité physique. Ainsi, je préfère dire qu'il faut devenir « *le décideur* ». Comprendre qu'il s'agit d'une longue négociation bilatérale, qu'il va falloir faire preuve de diplomatie ; reconnaître l'effort consensuel de l'autre est crucial. Ce ne sont que des mots et c'est avant tout l'idée qu'il faut comprendre, mais ils ont également leur importance. L'interprétation que chacun fait des mots est ce qui rend la communication verbale si complexe et la raison de mauvaises interprétations.

Je ne cautionne pas non plus le terme de « *respect* » quand on parle de notre rapport avec le cheval. On entend trop souvent des phrases comme : « *il doit nous respecter* », « *il doit avoir du respect pour nous* » ; l'idée ne me semble aller que dans un sens unique et se rapproche dangereusement des dérives totalitaires et esclavagistes. Il y a derrière ce mot une connotation de rapport hiérarchique de force et de soumission qui me dérange. Bien que j'en comprenne l'idée, je la trouve trop proche du « *il faut lui montrer qui commande* » utilisée depuis trop longtemps, avec les succès discutables qu'on lui connaît. Je préfère de loin le terme de « *considération* » qui à mon sens, est plus en accord avec le « *mieux vaut convaincre que vaincre* », plus conciliateur et durable dans la relation. Le cheval doit nous *considérer* comme un ami, un protecteur, un allié, un partenaire de confiance sur qui il peut se reposer et sentir qu'il est lui-même considéré de la même façon. On observe beaucoup de gens trop autoritaires, trop brusques et trop agressifs avec les chevaux, ceci dès le premier contact. Cet irrépressible besoin d'autorité ou de domination cache la plupart du temps une peur inavouée. Je préconise au contraire de donner sa chance au cheval en faisant preuve d'une autorité courtoise : « *auriez-vous l'obligeance de bien vouloir tourner à gauche, merci* ». S'adapter ensuite à la situation me semble plus judicieux qu'une entrée en matière agressive qui annonce déjà la couleur peu engageante du rapport à venir.

Dans la recherche de cette considération et de devenir le référent, il y a deux messages capitaux à lui transmettre et pour cela le rond de longe est très utile. D'abord, « *ne me fais pas ce que tu ne veux pas que je te fasse et je ne te ferai pas ce que je ne veux pas que tu me fasses* » ; ensuite, « *je suis celui qui te protège en toutes circonstances, ne me perds pas de vue* ».

Dans le cas d'un cheval qui, d'entrée, ne prête pas attention à nous, qui nous ignore, ce qui reste une manière de nous étudier et de nous classer dans sa hiérarchie, il faut d'abord contrôler les pieds si nous voulons contrôler la tête. Provoquer une mise en mouvement, d'abord le laisser aller à sa guise puis prendre petit à petit le contrôle de la direction et de l'allure. Lui demander le contraire de ce qu'il décide de faire : il veut aller à gauche, alors nous lui demandons d'aller à droite et vice versa ; il veut accélérer, alors nous le ralentissons et inversement ; il veut venir vers nous, nous le maintenons à distance ; puis nous lui imposons la direction et l'allure, entrecoupées d'arrêts pour lui permettre d'intégrer l'information avant de le remettre en mouvement. Il pourra nous rejoindre, quand il y sera invité et non quand il le décide. C'est comme cela qu'agit un cheval dominant dans le groupe, il incarne avant tout le *décideur*.

Les individus avec un trouble de comportement devront être abordés selon le type et l'intensité du trouble. Il est indispensable d'individualiser le travail et de s'adapter à la problématique. Ceci demande beaucoup d'expérience et de pratique. Je conseille à tous ceux qui se retrouvent avec un cheval présentant un trouble comportemental de faire appel à une personne qualifiée et de se laisser guider dans la recherche d'une solution. Plus le trouble est diagnostiqué tôt, plus sa solution sera abordable dans le temps. Attendre trop longtemps ou essayer par soi-même quand on ne possède ni l'expérience ni les compétences requises c'est s'assurer d'aggraver le problème et de se mettre physiquement en danger.

Partager des expériences avec le cheval est le bon moyen d'obtenir sa confiance et de construire une bonne relation. Concrètement, en l'exposant à des situations liées à la peur et en l'aidant à les résoudre. Le dosage de l'exposition doit être maîtrisé afin de ne pas le laisser céder à la panique. Il faut s'arranger pour faire monter ses fréquences cérébrales et l'aider à les redescendre en intégrant l'information et en gardant une bonne trace mnésique de l'événement. La relation doit être pensée comme un triangle isocèle ; sur un angle de la base se trouve le cheval, nous sur l'autre angle, et sur l'angle supérieur repose l'image d'un centaure, le couple que nous formons avec lui, mi-homme, mi-cheval. D'abord abandonner notre ego, il est le centre du sujet ;

améliorer l'image qu'il a de nous, le rassurer, le protéger. Puis, nourrir son ego, sa capacité à surmonter les épreuves, lui transmettre le message qu'il est brave et courageux, lui donner confiance en lui, lui prouver qu'en notre présence, il ne lui arrive jamais rien. Notre objectif est d'atteindre le sommet de ce triangle, cette figure du centaure. Il doit avoir une confiance aveugle en nous, nous en lui ; il doit avoir de la considération pour nous et nous pour lui. Pour cela, nous pouvons utiliser tout ce qui nous passe par la tête : corde, drapeaux, bâche, tapis de selle, plots, barres, obstacles, sacs plastiques, parapluies ; tout objet et tout bruit est une expérience, c'est la porte ouverte à l'imagination. Le mettre en situation, lui apprendre à maîtriser sa peur, ne pas céder à la panique, à se contrôler afin d'aborder la problématique et la surmonter. N'oublions pas que nous sommes là avant tout pour l'aider à exprimer son potentiel. Nous serons probablement sur son dos un jour, il aura notre vie entre ses sabots, car celui qui saute l'obstacle, monte et descend la montagne, traverse la rivière ou marche le long d'une route fréquentée, c'est lui, et notre sécurité dépend de sa bonne préparation à affronter les difficultés, quelles qu'elles soient.

***« LE ROND DE LONGE » DIX PRÉCEPTES* :**

- *Maîtrise-toi, reste calme, le cheval te ressent.*
- *Travaille ton attention, ici et maintenant.*
- *Fais preuve d'altruisme, il est le sujet.*
- *Adapte-toi à lui, chaque cheval est un monde.*
- *Ressens le cheval, son corps exprime ses émotions.*
- *Cherche la solution, il n'y a ni technique ni méthode.*
- *Sois réactif, comprends et corrige tes erreurs.*
- *Deviens le décideur, contrôle ses mouvements, ses allures, ses intentions.*
- *Deviens le guide, celui qui le protège.*
- *Gagne sa considération, ne lui mens jamais.*

LE VAN

Le van, ou remorque, est une mise en situation intéressante et très utile, mais qui peut s'avérer compliquée si elle est mal abordée. En effet, certaines caractéristiques de l'objet lui-même sont en contradiction avec la nature profonde du cheval qui est grégaire, claustrophobe et n'apprécie pas les sols instables ni d'être secoué. Alors que dans un van de base, on lui demande de monter une rampe qui bouge et fait du bruit, d'entrer dans un espace confiné sans issue alternative, d'être enfermé souvent contre son gré et secoué pendant le déplacement, pour finalement en descendre dans un lieu qu'il ne connaît pas, où il n'a plus de repères. Mettons-nous à sa place, ce n'est pas forcément une simple affaire quand on n'a pas de capacité de projection du « *moi* » dans le temps et dans l'espace. Au vu de l'état de certaines de ces remorques, sales, sombres et malodorantes, je n'y monterais pas de bon cœur non plus. Le cheval est souvent forcé ou contraint, ce qui va augmenter l'état de tension, le refus de coopérer pouvant passer de la défense forte à l'attaque dans certains cas. C'est une situation qui peut mettre l'incompréhension et la coercition en lumière et devenir un authentique cauchemar avec la répétition d'un mauvais paradigme, ce qui ne fera qu'amplifier le conflit jusqu'à ne plus être gérable dans bien des cas.

C'est pourtant une problématique qui peut être très bien acceptée si elle est abordée avec empathie et compassion, même dans les cas de troubles graves. Il faut pour cela la diviser en plusieurs phases et s'assurer que chaque phase est bien intégrée avant de passer à la suivante.

Phase 1 : *entrer - sortir*
Phase 2 : *entrer - rester à l'intérieur - sortir*
Phase 3 : *entrer - rester à l'intérieur enfermé - sortir*
Phase 4 : *entrer - rester à l'intérieur enfermé - déplacement - sortir (lieu de départ initial)*

Pour finalement arriver à la version circulaire et complète du phénomène,

Phase 5 : *entrer - rester à l'intérieur enfermé - déplacement - sortir (ailleurs) - action - remonter - déplacement - sortir (lieu de départ initial)*

Idéalement, afin de vérifier la bonne intégration du van et du déplacement, il faudrait, quelques minutes après la fin de la phase 5, remonter et ressortir le cheval. Dans toutes les phases, il peut exprimer son désaccord à l'invitation, jamais de façon ostentatoire et agressive, mais coopérer et accéder à la demande malgré tout. L'objectif du découpage en cinq phases est qu'une fois chaque partie bien acceptée, le van ne doit plus poser de problème, le cheval peut le vivre plus ou moins bien selon sa nature et sa propension au stress, mais sans aucun traumatisme.

L'inviter est infiniment mieux que le contraindre. Il faut lui laisser le temps de comprendre qu'il peut sortir s'il en ressent le besoin. Inutile d'essayer de l'appâter avec de la nourriture à l'intérieur. Cela peut éventuellement fonctionner, mais que se passera-t-il le jour où vous n'en avez pas ? Si l'idée de monter vient de lui et qu'il se sent en sécurité à l'intérieur, alors il n'opposera aucune résistance et se montrera parfaitement coopératif. Ceci est également valable pour l'enfermement, sachant que voyager seul lui est plus difficile qu'avec un congénère. Tout dépend du congénère également, la peur pouvant être communicative.

Personnellement, je préconise un van sans rampe et avec une sortie à l'avant, surtout pendant la phase d'apprentissage. Une sortie à l'avant avec une rampe permet en plus de travailler dans les deux sens ; monter sans la rampe depuis l'arrière et avec la rampe depuis l'avant. Une remorque claire, large et lumineuse facilite grandement les choses. Comme dans le cas de la marche en main, si l'encolure et la tête sont devant, le corps est devant également. Pour le van, c'est la même chose, l'avantage de ne pas avoir de rampe de chargement, c'est qu'au moment où le cheval va se retrouver avec les canons des antérieurs touchant le bord de la remorque, son encolure et sa tête seront déjà à l'intérieur, dans sa logique le corps l'est également. Le problème, qui n'est pas insoluble, se situe souvent au niveau de la rampe. Il lui faut passer ce cap avant que sa tête ne se retrouve au niveau de l'entrée, sans parler de son encolure qui va lui demander l'effort d'un ou deux pas de plus, se retrouvant souvent en déséquilibre, les antérieurs stables, à plat à l'intérieur et les postérieurs instables, en pente sur la rampe à l'extérieur.

Tout ceci demande du calme, du bon sens, beaucoup de patience et la conviction d'y arriver. Le temps investi au départ sera rendu au centuple à la fin quand vous vous retrouverez avec un cheval qui monte seul, qui attend sagement à l'intérieur et qui gère bien les voyages.

Faire le tour de l'attelage, le lui présenter sur les deux yeux, le laisser observer l'ensemble, l'entrée et la sortie est une bonne façon de commencer. Se positionner à bonne distance de l'entrée, faire quelques pas dans la direction de la remorque puis, si le cheval suit, entrer et sortir tranquillement, plusieurs fois. S'il ne monte pas tout de suite, il faut lui faire comprendre qu'il peut sortir. Pour cela, il faut une corde d'au moins cinq mètres lui permettant de vous observer entrer et amorcer un mouvement de quelques pas vers la sortie, tout en l'invitant à vous suivre. Il devrait alors commencer par poser un pied dans la remorque, puis deux, observer, renifler les odeurs, pour finalement vous suivre à l'intérieur et ressortir à votre suite sans trop de difficulté. S'il recule après avoir posé les pieds à l'intérieur, laissez-le faire puis recommencez. Rester calme, faire preuve de patience et recommencer l'opération est une des clés de la réussite de l'opération. Une fois qu'il sera rentré et sorti la première fois, sans y être forcé, il sera capable de le refaire à répétition sans problème et de plus en plus calmement. Rendez alors la chose ludique, entrez par la sortie et ressortez par l'entrée, montez, mais obligez-le à rester dehors puis invitez-le à vous suivre. Plus tout ceci sera diversifié, plus cela deviendra banal. Encouragez et félicitez le cheval avec conviction, il faut lui faire comprendre qu'il vient d'accomplir quelque chose d'extraordinaire et que vous êtes fier de lui. Au-delà de vos gestes et de vos mots, c'est votre système nerveux entérique qui va l'exprimer le mieux, et de son côté, il va le ressentir et l'enregistrer. Ensuite, vous pouvez passer à la phase suivante en l'abordant de la même façon. Ne brûlez pas les étapes, vous pouvez parfaitement vous contenter de ce résultat pour une première séance de travail et la répéter encore quelques jours plus tard avant de passer à la suivante, n'oubliez pas que chaque répétition laisse une trace dans sa mémoire et que plus cette trace est saine, plus elle renforce sa conviction de l'absence de danger.

Comme toujours, c'est dans la difficulté qu'il va falloir faire preuve de plus de tact, de psychologie, plus de main « *équine* ». Le chargement en van est une problématique dans laquelle on peut rencontrer de très fortes réactions de la part des chevaux, du refus entêté à la peur panique pouvant faire dégénérer une situation de manière dramatique. Les réactions peuvent être vives, brusques, voire agressives. Dans des cas de troubles profonds, il est important d'essayer d'établir un diagnostic sur les raisons qui en sont la cause. La plupart du temps, les propriétaires ne connaissent pas l'intégralité de l'histoire de leur cheval, et encore moins quand il s'agit de problèmes avérés, répétés à outrance dans de mauvaises conditions, renforçant le mal, allant parfois jusqu'à provoquer la vente de l'équidé. Dans un processus de thérapie et de recherche de correction d'un trouble comportemental, il va falloir à un moment donné provoquer le trouble à nouveau pour mieux aider le cheval à s'en sortir et lui montrer que ce qu'il est convaincu d'être la réalité ne l'est en fait pas forcément, qu'il existe une autre réalité bien plus confortable, et qu'elle lui est également accessible. Dans des cas complexes, mieux vaut faire appel à un bon professionnel et ne jamais prendre d'initiative ou suivre les conseils de gens bien intentionnés dont ce n'est pas le métier. Le bon sens doit vous conseiller de ne jamais laisser une situation dégénérer devant vos yeux sans intervenir et au besoin, y mettre un terme. Dans l'interaction avec un cheval, surtout si c'est le vôtre, vous êtes entièrement responsable de ce qui se passe. Mieux vaut ne rien faire ; ne rien faire est déjà faire beaucoup pour un cheval qui a été contraint toute sa vie.

Savoir s'adapter à une situation, savoir la lire, la juger, la jauger, modifier vos actions, être flexible et ne pas s'enfermer dans une méthodologie qui ne donne aucun résultat probant est l'attitude correcte. Savoir quand le cheval a peur ou simplement refuse de coopérer est également important, savoir être le médiateur ou avoir cette autorité courtoise au moment juste est difficile et demande beaucoup d'expérience. Trop de personnes pensent que le cheval les « *teste* », qu'il se moque d'eux dans toutes les situations où il ne collabore pas comme ils l'espèrent et ce n'est très souvent pas le cas.

Cette attitude de méfiance est toujours à l'origine de la mauvaise interprétation du comportement du cheval dans les situations plus complexes. S'il peut effectivement se comporter comme « *et si je fais ça, que se passe-t-il ?* », il exprime très souvent son mal-être et son désarroi, c'est un animal profondément honnête. Se méfier systématiquement de lui est une attitude anthropomorphique. Il a dû l'exprimer progressivement, mais le manque d'écoute et d'empathie poussant un interlocuteur suspicieux à augmenter les moyens coercitifs, immergé dans la culture du « *fais et tais-toi* », est le véritable coupable.

Une fois de plus, mieux vaut convaincre que vaincre ; la violence comme unique solution n'est qu'un aveu d'impuissance.

***« LE VAN » DIX PRÉCEPTES* :**

- *Reste calme, maîtrise tes émotions, ne deviens pas un problème de plus.*
- *Sois patient, le temps n'existe pas.*
- *Invite-le, l'idée doit venir de lui.*
- *Encourage-le, nourris son ego.*
- *Sois convaincant, ne pas le contraindre.*
- *Adapte-toi, chaque cheval est différent.*
- *Trouve ce qui lui convient, il n'y a ni méthode ni technique.*
- *Accepte la difficulté, tu es là pour lui.*
- *Refais-le encore, la répétition renforce l'idée.*
- *Prends soin de lui, il te fait confiance.*

MONTER EN SELLE

Si l'on se place du point de vue du cheval, se laisser monter est un acte de don de soi d'une extrême générosité, car contrairement à ce qu'il m'a été donné d'entendre, il n'a pas été créé pour cela. Au contraire, s'accrocher à lui est un acte de prédateur qui, dans son inconscient cognitif, réveille tous les indicateurs d'alerte signalant une agression. Contraint ou forcé et pris de panique, il faut s'attendre à une violente défense de sa part dans le but de se débarrasser de l'ennemi potentiel qui ne veut pas lâcher prise. Par chance et contrairement au taureau, une fois l'agresseur au sol il fuit, tandis que le taureau va se retourner pour revenir au combat et achever le travail. Comme quoi, il faut se méfier des idées toutes faites, tous les herbivores de proie ne font pas preuve de la même idiosyncrasie. Pourtant, comme toujours avec le cheval, si l'idée lui est proposée correctement, de manière à ce qu'il l'accepte de son plein gré, les risques d'incident diminuent radicalement, voire disparaissent complètement selon les individus.

Les chevaux, d'une manière générale, sont montés trop jeunes ; ils manquent de la maturité nécessaire pour comprendre ce qui leur arrive et bien intégrer l'information. Rares sont les personnes qui attendent la fin de la croissance et la consolidation des cartilages avant de leur exiger de porter un poids sur le dos et de faire des efforts avec cette charge supplémentaire. L'exigence mentale cumulée à celle physique est à l'origine de bien des maux, tant comportementaux qu'anatomiques, et particulièrement au niveau articulaire.

En présence d'un cheval jeune en formation, je m'imagine dans un futur que je ne saurais déterminer, chevaucher en forêt, traverser des plaines, des rivières et je tiens à ce que tout ceci se passe en parfaite harmonie. Donc, tout ce qui est entrepris depuis son jeune âge est effectué dans le but de renforcer la relation et sa capacité mentale à gérer les difficultés à venir, quelles qu'elles soient. Le temps nécessaire ne doit en aucun cas être le critère déterminant, c'est la qualité du résultat qui compte. Si dans un acte généreux, il accepte qu'on lui monte sur le dos et de nous porter pendant des heures, il faut également garder à l'esprit que nous allons, de notre côté, mettre notre vie entre ses sabots. Ce n'est pas une donnée à négliger. Le temps investi et la qualité du travail fourni sont l'expression de beaucoup de considération, de compréhension et d'amour pour le cheval, mais ils sont également un bon indicateur de la valeur que l'on donne à notre propre vie. Monter sur un cheval et partir en promenade avec lui n'est pas un acte à prendre à la légère. L'impondérable existe, et celui qui peut vous sortir d'un mauvais pas, c'est en premier le cheval sur lequel vous montez.

La mise en confiance se travaille dès le plus jeune âge. Il faut l'exposer à un maximum d'objets, de situations, le manipuler, qu'il nous accepte et nous reconnaisse comme celui sur qui il peut se reposer et compter. Devenir celui qui le protège en toutes circonstances, que rien ne peut lui arriver en notre présence. Évidemment, s'il est important de construire cette relation dès les premiers contacts, ceci est réalisable à n'importe quel moment. De bonnes traces mnésiques laissées dans la mémoire d'un poulain seront simplement des empreintes plus fortes sur lesquelles il pourra s'appuyer le reste de son existence. Le cheval nous étudie, nous observe, nous jauge et nous classe selon sa logique dès que nous sommes dans son champ de vision, pas uniquement quand nous décidons que c'est une séance de travail. Mieux vaut alors aller le voir dix fois cinq minutes dans la journée et interagir un peu avec lui, qu'une heure dans un carré de sable l'après-midi. Dans un cas, il nous aura vus dix fois et enregistré dix messages, tandis que dans l'autre il ne nous aura vus qu'une seule fois. Comme quand on travaille un instrument de musique, c'est la répétition périodique du geste juste qui importe. Quinze minutes tous les jours sont plus utiles que deux heures un après-midi et puis plus rien le reste de la semaine.

Il faut d'abord travailler, améliorer et nourrir la confiance qu'il nous porte, l'image qu'il a de nous. Puis, développer sa confiance en lui, son ego, sa capacité à vaincre sa peur et surmonter les situations. Lui servir de guide au sol dans les difficultés crée un lien fort qui s'entretient au travers des expériences vécues ensemble. Une fois cette base construite, nous pouvons envisager de lui monter sur le dos. Il a un important travail à réaliser de son côté, celui de comprendre que le référent à pied se trouve maintenant sur lui. Comme il ne nous voit plus et que son encolure et sa tête se trouvent devant nous, il doit être capable d'assumer sa place aux avant-postes. Un cheval qui doute de ses capacités sera plus facilement sur l'œil et hésitant qu'un cheval sûr de lui, qui ne doute pas. C'est tout l'enjeu du travail préparatoire au sol, bien le former et le convaincre qu'il est invincible, alors, il sera capable de vous emmener au bout du monde.

Pendant sa préparation, nous lui avons frotté sur le corps de petits drapeaux et une bâche, pour l'habituer à divers contacts et les banaliser. Ensuite, nous avons posé et enlevé un tapis de selle, nous l'avons fait marcher avec ce tapis qui sera certainement tombé, puis remis sur son dos. Nous l'avons laissé brouter avec ce tapis. La multiplicité des expériences et leur banalisation sont un élément important. Poser un tapis sur son dos avec un geste ample par-dessus sa croupe est déjà lui enseigner la jambe qui passera par-dessus son arrière-main au moment de s'asseoir en selle. Personnellement, dans une recherche d'introduction à la selle de façon lente et progressive, j'aime utiliser un tapis de monte à cru sur lequel je peux attacher de petits étriers légers, et une selle sans arçon. Le tapis de monte à cru permet la désensibilisation au sanglage léger et aux mouvements désordonnés des étriers. La selle sans arçon ajoute du volume et un peu de poids, oblige à un sanglage un peu plus serré, les étrivières et les étriers étant également plus importants. Je ne monte jamais sur le tapis de monte à cru, il n'est qu'un outil d'enseignement à mes yeux. Je peux utiliser la selle sans arçon pour m'asseoir sur le dos du cheval les premières fois, en faisant très attention au moment de mettre du poids dans l'étrier ; sur des chevaux ronds, ces selles tournent et peuvent provoquer du stress chez un cheval inexpérimenté. Dans les deux cas, je les marche en main et maîtrise le petit trot. Je veux surtout éviter un moment de panique ou de défense avec des objets qui ne sont pas suffisamment sanglés et dont je n'ai pas la certitude qu'ils resteront en place avec des mouvements forts et désordonnés. C'est une phase délicate de l'apprentissage pendant laquelle une situation apparemment sans difficulté majeure peut se transformer en moment de panique incontrôlable, en un claquement de doigts. Il est très important que ces premières fois se déroulent en aidant le cheval à maîtriser sa peur naissante due à l'inconfort du sanglage, de l'objet qui s'accroche et au mouvement des étriers. À nouveau, le mot d'ordre est la répétition de phases courtes, mais répétées souvent. Quand tout ceci est bien intégré et vérifié, alors on peut passer à la selle avec arçon, sanglage définitif et étriers lourds.

Il va se défendre, c'est sûr. Rares sont les cas qui ne réagissent pas, et je préfère nettement qu'ils le fassent uniquement avec la selle qu'avec moi sur leur dos. Sauf dans des cas d'individus au tempérament particulier, je me méfie d'un cheval qui n'a pas un instant de défense volontaire, même bref. Je m'arrange pour le mettre au galop et essaie de le provoquer afin d'évacuer la tension accumulée. Si vraiment le cheval ne réagit pas après une bonne dizaine de tentatives, alors je me fais une raison. Personnellement, je monte et travaille avec des selles américaines de type *western* qui sont des selles de travail et d'extérieur. Elles sont effectivement plus lourdes, mais offrent l'avantage de répartir le poids du cavalier sur une large zone du dos du cheval, et se placent plus bas que les selles *classiques* qui, pour moi, sont trop proches de la colonne, sur une zone plus sensible. De plus, ces selles américaines sont des selles conçues pour rester des heures à cheval. Avec une bonne selle, bien adaptée et un bon tapis épais, il est impossible de blesser un cheval. Outre le poids, supérieur au tapis de monte à cru et selle sans arçon, c'est sa structure plus rigide associée au sanglage plus fort qui est la difficulté à surmonter pour le cheval et qui va provoquer une réaction. Dans sa tentative de se débarrasser de l'objet, la selle va bouger de façon désordonnée sur le dos du cheval et les étriers vont taper sur ses flancs. Il va lui falloir un moment pour comprendre que finalement, s'il ne réussit pas à s'en débarrasser, ce n'est pas douloureux pour autant, alors il va l'accepter. C'est probable qu'il essaie à nouveau les fois suivantes, donc avant de monter dessus il est important de le laisser s'exprimer et bouger librement. Une fois l'objet enregistré il n'en fera plus cas. Tapis de selle, n'importe quelle selle sanglée, cavalier, tout ceci peut se résumer finalement à « *avoir quelque chose sur le dos* ».

Mettre du poids dans l'étrier, progressivement, se hisser lentement, rester en équilibre quelques secondes puis redescendre. Laisser le cheval intégrer ce qui vient de se passer. Le caresser, l'embrasser, l'encourager, lui dire combien il est brave et combien nous sommes fiers de lui. Le cheval ressent notre joie, il la lit au travers de notre système entérique, alors exprimons-la avant de recommencer. Une fois cette première étape comprise, des deux côtés, alors nous pouvons passer la jambe libre par-dessus et la poser sur son dos. Attendre quelques secondes et redescendre. Lui laisser quelques instants avant de recommencer, plusieurs fois, des deux côtés. Chaque tentative est une trace qui renforce la précédente, alors il est important de garder le cheval dans des fréquences basses, calme et attentif. Puis, la dernière étape, passer la jambe par-dessus son dos, s'asseoir dans la selle, attendre quelques secondes et redescendre. Attendre quelques instants avant de recommencer, pour finalement mettre l'autre pied dans l'étrier, bouger un peu sur la selle, mais en restant toujours à l'arrêt, le mouvement viendra ensuite.

Il faut être à l'écoute du cheval, c'est lui qui fait l'effort, qui dicte son rythme d'apprentissage, et il faut savoir le respecter. S'arrêter à temps, ne pas lui demander davantage que ce qu'il est capable de donner permettra de le garder dans un bon état d'esprit pour les prochaines séances. Comme toujours, sa coopération volontaire est un facteur essentiel. Avec certains, on peut aller encore plus loin dès la première fois, avec d'autres c'est déjà beaucoup. Il faut savoir s'adapter, chaque cheval est un monde. Les premiers pas sont un moment important également. Savoir se contenter de peu est faire preuve de sagesse. Finalement, un, deux, dix pas, n'est qu'une question de patience, comme une, deux ou dix minutes sur son dos ne signifient rien de plus que « *quelqu'un sur son dos* », là aussi ce n'est qu'une histoire de patience.

Ne pas le forcer ou le contraindre, ne pas mettre de la force dans la demande. Je ne suis pas un adepte des coups de talons ni des coups de cravache qui sont en contradiction avec les deux messages de l'accord tacite que je passe avec le cheval dès les premiers instants, et particulièrement ceux passés dans les séances de travail du rond de longe : « N*e me fais pas à moi ce que tu ne veux pas que je te fasse* » et « *Je suis celui qui te protège en toutes circonstances* ». Alors, soyons cohérents !

***« MONTER EN SELLE » DIX PRÉCEPTES* :**

- *Deviens le référent, tu es celui qui le protège en toutes circonstances.*
- *Prends le temps, le cheval n'a pas de montre.*
- *Comprends ses peurs, c'est dans sa nature.*
- *Gagne sa considération, et il te donnera tout.*
- *Rassure-le, il fait beaucoup d'efforts.*
- *Encourage-le, c'est important pour lui.*
- *Écoute-le, il te parle en silence.*
- *Accepte ses erreurs, comme il excuse les tiennes.*

- *Sois reconnaissant, il te fait don de lui.*
- *Prends soin de lui, il est celui qui te porte.*

EN EXTÉRIEUR

Une fois que le cheval a accepté la selle, le cavalier, et effectué ses premiers pas dans le rond, je préfère travailler le reste en extérieur, en situation réelle. Le cheval sait marcher, trotter, galoper, aller en avant, en arrière, à gauche et à droite de naissance, alors que lui enseigne-t-on ? Eh bien, nous construisons un langage commun en relation avec tout ceci. À nous de lui formuler correctement la demande, et à lui de la comprendre dans ses codes de langage propre. Inutile de s'agacer ou de s'emporter quand nous lui demandons d'aller à droite ou à gauche et qu'il ne le fait pas. Peut-être que la demande est simplement mal formulée ou mal comprise. Il suffit de le vérifier avant de procéder autrement. Évidemment, il est tellement plus facile de lui jeter la pierre et de l'accuser de tout ce qui ne fonctionne pas, comme de récolter tous les lauriers de ce qui fonctionne. Gardons à l'esprit que nous sommes un couple et qu'il n'y a pas un seul coupable. Un peu d'humilité ! Si quelque chose ne se fait pas correctement, nous avons également notre part de responsabilité. L'accepter est déjà faire une grande partie du chemin.

Après lui avoir posé la selle, je pars le promener à la main, de manière aléatoire, seul ou avec un ou des congénères. L'indépendance s'apprend, s'expérimente et se nourrit. Il est primordial que dès le début, le cheval soit capable de partir seul, sinon cela va devenir frustrant et difficile à gérer pour un cavalier inexpérimenté. Personnellement, je m'arrange pour que les deux ou trois premières sorties en extérieur monté en selle, le cheval soit encadré par deux autres chevaux expérimentés, calmes et sûrs. Un devant, un autre derrière. La première sortie d'une heure environ, je pars d'abord à pied, puis une fois suffisamment éloigné du lieu de vie, je monte. Exposer le cheval à des terrains variés, d'abord au pas, un peu de trot, traverser un village, une route, un petit cours d'eau, chaque examen passé avec succès est une étape de franchie. La deuxième d'une heure et demie commence de la même façon, à pied, puis une fois à distance, je monte.

Du pas, plus de trot que la première fois, et si le cheval est en de bonnes dispositions, éventuellement un petit galop maîtrisé sur un chemin canalisé et sur une montée pas trop forte. J'alterne également la position du cheval, parfois devant, au milieu, puis derrière. Terrains et configurations connus et nouveaux. La troisième est déjà plus exigeante, plus longue également. Je commence à travailler la séparation et les retrouvailles, éloigner le cheval ou partir dans une direction opposée, puis rejoindre les autres. Je choisis une pente plus exigeante, longue si possible, et après un départ au galop retenu, je lance le cheval à pleine vitesse. Je sais qu'il n'a pas la condition physique pour tenir l'allure jusqu'au bout, il va faiblir. Je lui demande à ce moment de continuer au trot ou au pas, puis de reprendre le galop. En général, une fois l'adrénaline déchargée, il ne part plus aussi fort. Ce n'est qu'avec le temps qu'il appréciera l'effort soutenu et le plaisir de courir seul ou en compagnie. Les tempéraments se révèlent alors, si c'est un compétiteur dans l'âme ou s'il n'aime pas trop se fatiguer. À partir de cette troisième sortie, j'alterne les randonnées, seul ou accompagné, avec des chevaux qu'il connaît et d'autres qu'il ne connaît pas. Je le charge pour changer d'endroit et le rassurer en revenant au lieu de départ. Puis j'organise une randonnée sur deux ou trois jours, avec des nuits ailleurs et de bonnes journées de voyage dans de nouveaux paysages, de nouvelles aventures. Il n'y a que l'expérience et les kilomètres parcourus qui forment un bon cheval et qui forgent une relation forte avec son cavalier.

Pour moi, l'équitation se pratique en extérieur, dans la nature. Je forme et travaille des chevaux pour et en extérieur. Construire une relation avec un cheval est une source de bonheur, de joie, de satisfaction difficile à exprimer. Vaincre ensemble les difficultés que propose la nature comme un ruisseau, une forêt, la campagne, une montagne ; ou celles de la main de l'homme, comme un pont, une route, une zone urbanisée, sont ce qui nourrit et renforce cette relation. Tout est prétexte et bon à prendre. Cela produit des endorphines et de l'ocytocine en nous, chez le cheval également ; en d'autres termes, c'est euphorisant et cela resserre les liens. Pour cela, il est inutile de se mettre en danger. Il n'y a aucune gloire à rester sur un cheval qui panique ou se défend. Le but premier est de prendre soin de notre intégrité physique à tous les deux. En cas de problème ou de doute, mieux vaut descendre, reprendre le contrôle de la situation, marcher un peu, laisser les fréquences redescendre, et remonter plus loin plutôt que de nourrir une situation qui peut mal se terminer et générer du doute ou de la peur. C'est totalement contre-productif de monter à cheval avec la peur au ventre. Il la ressent et ne l'interprète pas comme une faiblesse, mais plutôt comme un danger potentiel. Il se demande quel peut bien être le danger pour que celui qui est sur son dos, qui est censé être le référent, ait peur. La peur est communicative. Dans sa logique d'animal de proie et en cas de peur panique, entre fuir ou se battre, il choisira certainement d'abord la fuite. Le retenir de force en restant sur lui, en s'accrochant, en poussant des cris ou à coups de cravache ne fera qu'augmenter la peur et les défenses de chacun. Le message ne sera pas bon, tout comme la trace enregistrée dans sa mémoire. Ne pas se mettre en danger, ne pas le mettre en danger. Il est essentiel de garder son calme, d'anticiper et d'éviter toute situation conflictuelle.

Il faut nourrir l'ego du cheval, le rendre fort, sûr de lui, et ceci s'obtient avec l'expérience du terrain, les kilomètres parcourus et la diversité des situations vécues ensemble. Garder en tête ce triangle avec cette image du centaure au sommet, parfois corps de cheval et tête d'homme et d'autres fois corps d'homme à tête de cheval. Dans la difficulté, il faut être capable d'affirmer : *il a confiance en lui, il a confiance en moi* ; *j'ai confiance en lui, j'ai confiance en moi* ; *nous avons confiance dans le couple que nous formons, nous sommes le centaure.* Il faut être patient, tout ceci prend du temps, parfois toute une vie. On peut toujours s'améliorer comme le cheval s'améliore également. Nous apprenons ensemble, petit à petit, c'est ce qui crée et renforce ce lien si fort qui nous unit.

« EN EXTÉRIEUR » DIX PRÉCEPTES :

- *Ne te mets pas en danger, en cas de doute descends du cheval.*
- *Ne le mets pas en danger, tu es celui qui le protège.*
- *Nourris son mental, rends-le plus fort.*
- *Progresse petit à petit, apprenez ensemble.*
- *Augmente la confiance mutuelle, essentielle.*
- *Ne ressens pas de peur, il la perçoit comme un danger.*

- *Évite la routine, stimule-le.*
- *Renforce les liens, expériences et kilomètres.*
- *Maîtrise tes émotions, reste clairvoyant.*
- *Vis l'instant présent, ici et maintenant.*

Je me souviens d'une personne qui m'avait appelé pour un problème qu'elle avait eu en randonnée avec sa jument. En retard à un rendez-vous et pour gagner une heure sur le chemin du retour, elle avait décidé de prendre un raccourci qu'elle n'avait jamais emprunté.

Après une quinzaine de minutes, elle s'était retrouvée face à un pont assez étroit, fait de lattes métalliques laissant apparaître le vide au-dessous, sans protections latérales, juste deux mains courantes de chaque côté faites d'un tube métallique également. Impossible de contourner ailleurs la petite faille de cinq mètres de profondeur et dix mètres de long. Deux choix possibles, soit traverser le pont et gagner une heure, soit rebrousser chemin et manquer son rendez-vous. Elle avait choisi de traverser le pont.

N'étant pas convaincue de son choix et devant les refus répétés de la jument à entamer une traversée de cette construction inquiétante, le doute et la peur s'étaient installés en elles. La personne avait alors décidé de le traverser à pied et non en selle. La tension était palpable. Après plusieurs hésitations, la jument semblait enfin décidée, mais à peine avait-elle franchi les trois premiers mètres et posé les quatre pieds dessus que le bruit de ses fers sur les lattes métalliques l'avait apeurée. La panique n'attendant que le premier prétexte pour entrer en action, elle avait reculé de travers, un postérieur passant dans le vide, la situation était devenue extrêmement tendue en quelques secondes. Ce qui aurait pu tourner en drame n'avait fini par chance qu'en quelques instants très désagréables. La jument avait par miracle posé le pied à nouveau sur les lattes, et non le second postérieur dans le vide, et réussi à reculer jusqu'à la terre ferme sans trop comprendre comment. Après quelques minutes pour retrouver son calme et ses esprits, la personne avait finalement décidé de rebrousser chemin tout en remerciant la providence qui avait évité une catastrophe majeure. Que se serait-il passé si prise de panique au milieu du pont, la jument avait reculé de la même façon et passé les deux postérieurs dans le vide ?

Depuis ce jour, à chaque fois qu'elle était repassée à cheval près de l'endroit et qu'elle avait voulu retourner sur place, à la vue du pont, la jument refusait de s'approcher à moins de dix mètres. Après avoir écouté son récit, je lui avais proposé de venir avec mon cheval barbe pour qu'elle m'emmène sur les lieux afin que je puisse me faire une idée plus précise du problème rencontré.

Arrivés à l'endroit décrit, sa petite jument refusa effectivement d'aller plus loin.

— *Dans ce genre de situation, Madame, on se rend tout de suite compte en observant la conception du pont que ce n'est pas une franche bonne idée que de tenter sa traversée, surtout s'il existe une alternative. Admettons qu'on y soit obligé pour je ne sais quelle raison. Il faut d'abord s'assurer de la solidité de la structure. Je vois des traverses métalliques importantes et les lattes ont une bonne épaisseur également, de ce côté-là, ça va, il a l'air solide et stable. Clairement, le problème majeur est cette main courante haute et sans protections latérales. C'est exactement ce qui vous est arrivé. En cas de recul de travers, un petit cheval a de fortes chances de passer l'un ou les deux postérieurs dans le vide. Il ne pourra pas être retenu et finira au fond du ravin. Le bon sens doit toujours dicter les actes, ne pas se mettre en danger inutilement et ne pas mettre en danger le cheval non plus. Pour se lancer dans l'aventure, il faut être sûr de soi, sûr du cheval, et convaincu de la réussite de l'opération. Restez ici et je vais le voir de plus près.*

— *Oh, mais je ne bouge pas d'ici, la jument n'ira pas plus loin,* me dit-elle en souriant.

Je monte toujours en extérieur avec le licol en corde sous la bride et sa longe de trois mètres fixée au pommeau de ma selle. Quand je suis au sol, je ne tiens jamais le cheval par les rênes reliées au mors, comme je ne l'attache jamais par les rênes. En cas de problème, le risque de blessure à la bouche est trop important.

Ce jour-là, je descends de cheval et m'approche du pont en le tenant à la longe. Arrivé devant, je l'arrête, je fais deux pas sur le pont, lui montre le vide de chaque côté des mains courantes et me mets à sauter sur les lattes pour qu'il ne soit pas surpris par le bruit. Puis je reviens vers lui. Je le laisse regarder, renifler, étudier la situation selon sa logique. Puis, sans me retourner, je m'engage sur le pont d'un pas décidé en l'invitant à me suivre. J'entends ses fers taper le métal au rythme régulier de sa démarche derrière moi. En moins de dix secondes, nous nous retrouvons de l'autre côté. Je le félicite, l'embrasse et fais demi-tour, pareil en sens inverse. Je le félicite encore, monte et l'invite à traverser le pont qu'il connaît maintenant. Il s'exécute sans aucune hésitation, à l'aller comme au retour. Je retourne vers la personne.

— Il vous suivrait en enfer sans se poser de questions ! Ça se voit !

— Effectivement, il me suivrait en enfer, et je suis convaincu qu'il m'en sortirait également.

— Que voulez-vous dire ?

— Je veux dire que pour se lancer dans la traversée de ce pont, il faut un cheval avec un mental d'acier, avec beaucoup d'expérience, et convaincu de sa capacité à vaincre toutes les difficultés. Il faut être sûr de soi également, de son jugement et convaincu de la réussite de l'opération. Pas de place au doute ou à la peur ici. En cas de doute ou de peur, mieux vaut faire demi-tour. Avez-vous une confiance aveugle en vous et en la jument ?

— Non, elle est craintive et je ne suis pas toujours rassurée.

— Alors ce n'était pas une bonne idée de vous lancer sur ce pont. À votre place et dans les mêmes conditions, je ne l'aurais certainement pas fait. La jument n'est pas prête, vous non plus, le couple que vous formez n'est pas prêt.

— Quoi faire alors ?

— J'ai une confiance aveugle en ce cheval et je sais qu'il a une confiance aveugle en moi également, nous ne faisons qu'un devant la difficulté. Il accepte de faire des choses que son instinct de survie lui dicte de ne pas faire, parce que c'est moi qui les lui demande. Et moi je les lui demande parce que je sais que je ne risque absolument rien avec lui. C'est une question de confiance absolue et mutuelle. Ceci se construit, se travaille et se nourrit

avec de la patience et au travers des expériences. Avec le cheval finalement, tout n'est qu'une question de confiance et d'amour inconditionnel.

POSTFACE

Ce livre m'a pris beaucoup de temps, des années en fait. Pas dans le cadre d'une rédaction en continu, mais parce que je l'ai laissé de côté plusieurs fois pendant de longues périodes, ayant le doute de son utilité dans un milieu malgré tout réactionnaire, le doute de l'intérêt des gens du monde du cheval à profondément revoir la manière de l'aborder. J'ai donné beaucoup de stages d'introduction à l'éthologie équine appliquée, et souvent, je me suis demandé ce que les gens retiraient de tout ceci et ce qu'il en subsistait dans leurs pratiques rien qu'un an plus tard. La plupart viennent dans l'intérêt de trouver la *solution miracle* qui va résoudre rapidement tous les problèmes qu'ils rencontrent avec les chevaux. Peu ont l'envie d'étudier, d'investir du temps dans un travail qui demande de s'engager sur une longue période, avec les sacrifices que cela implique. Nous vivons une époque dans laquelle tout doit être accessible facilement et tout de suite. Alors apparaît un florilège de cours, de formations aux contenus superficiels et douteux, sur un, deux ou trois week-ends, des tutoriels divers et variés sur Internet. Ces publics sont convaincus que cela suffit à les rendre légitimes, que cela fait d'eux des experts et qu'ils peuvent partir sur la route prêcher leur bonne parole, au plus profond mépris de formations académiques sérieuses et professionnelles sur du long terme. Si des années d'études et de pratiques ne peuvent vous garantir obligatoirement de faire de vous un bon praticien, alors que penser d'un, deux ou trois week-ends ? Sans parler de tous ceux qui s'affublent de titres et dons divers sans jamais avoir ouvert un livre sur le sujet ni participé à une quelconque formation, même médiocre. Comment peut-on remettre un être vivant entre les mains d'une personne dont on n'a pas la certitude qu'elle est compétente ? Ces gens osent faire avec le cheval ce qu'ils n'osent pas faire avec leurs voitures. Quand ils ont une panne de moteur, ils l'emmènent chez un garagiste qui a en évidence sur son mur la preuve de sa légitimité reconnue et qui a pignon sur rue. Quand ils ont un souci de santé, ils vont consulter un médecin qui a également sur son mur un diplôme bien en vue attestant de sa formation. Mais avec le cheval, ils se contentent de rumeurs sans en vérifier les fondements :

– *On m'a dit qu'un tel sait faire...*, ou

– *J'ai entendu dire que dans la région il y a un gars qui...*, ou encore

– *Mon voisin monte à cheval depuis longtemps, il s'y connaît, demande-lui...*

Quand finalement les résultats ne viennent pas et que vous leur demandez s'ils se sont interrogés sur la formation et la légitimité de celui qui est intervenu, ils vous répondent avec une candeur désarmante :

– *Il s'y connaissait mieux que moi, alors j'ai pensé que...*

Nous ne sommes pas si éloignés des croyances du Moyen Âge finalement, des pouvoirs attribués aux sorcières et leurs potions à base de bave de crapauds, ou des devins qui pouvaient prédire l'avenir dans des entrailles de poissons. Ceci est avant tout motivé par l'envie d'y croire, de penser que quelqu'un d'autre a un pouvoir que vous n'avez pas, une réponse toute faite et que le problème va disparaître définitivement en moins de deux heures. Pourtant, comprendre que nous sommes une composante du problème et qu'une grande partie de la solution est en nous également, aurait non seulement une incidence salutaire sur notre façon d'appréhender ce qui nous entoure, mais permettrait d'éviter bien des difficultés avec les chevaux ou de mieux les aborder. Par contre, ce travail sur soi en profondeur commence par une sincère envie de comprendre, d'étudier, de travailler, d'en accepter les difficultés, les échecs pour finalement en récolter les succès. Faire preuve de plus d'humilité est déjà prendre un bon départ.

À ce jour, cela fait plus d'une décennie que j'étudie des domaines qui semblent n'avoir rien à voir avec le cheval, mais qui pourtant ont tellement de liens avec lui. Ce paradigme que je résume sous le titre « ***Hypothèse des Ondes et Fréquences dans la Communication non verbale*** » et qui comprend l'architecture cérébrale, le système nerveux entérique, les fréquences et ondes des champs électromagnétiques émises par le corps, l'indice de cohérence cardio-cérébral, le rôle essentiel de l'ocytocine, la fréquence de Schumann, la pleine conscience, les champs morphiques, les théories élémentaires de physique quantique sur le comportement de la matière. La prise de conscience de nos différences avec lui pour mieux les intégrer à ma pratique dans une plasticité comportementale adaptative est à mon sens, la clé des succès obtenus. Car finalement, c'est le cheval qui nous dit si nous avons raison ou tort, et c'est au moment où j'ai réussi à intégrer tout ceci comme une seconde nature, dans mon inconscient cognitif, que les résultats sont arrivés, sans effort, comme un flux naturel. Tout ceci peut paraître au départ très abstrait, difficile d'accès, mais quand les pièces de votre puzzle mental se mettent petit à petit en place et que tout semble tellement évident au point que vous vous demandez comment vous n'y avez pas pensé plus tôt, alors vous sentez le changement opérer en vous. Vous vous comportez autrement et le cheval se comporte également autrement. C'est une sorte de ballet invisible qui prend forme. Vous sentez qu'il vous regarde différemment, il vous comprend et vous le comprenez, le geste, l'intention et l'instant sont justes, c'est implicite, mais bien présent. Le plus stimulant est de comprendre que cette danse n'a pas de fin, vous pouvez toujours vous améliorer, encore et encore, il suffit de s'y appliquer. Les débuts sont une épreuve toujours difficile, mais la ténacité paie. Au bout du chemin, on n'y pense plus, la connaissance circule de manière fluide dans une parfaite plasticité comportementale.

Soyons clairs, le monde du cheval est un microcosme difficile. Ce merveilleux animal semble avoir cette capacité unique d'exacerber les sensibilités, de mettre à jour la susceptibilité des uns et l'intolérance des autres. Quand vous parlez du cheval avec son propriétaire, il prend souvent la remarque comme une attaque personnelle. Comme si le cheval était une extension de lui-même, incapable qu'il est de dissocier les deux entités. De tout temps et de toutes les cultures, le cheval a été l'objet de revalorisation personnelle, et c'est toujours le cas aujourd'hui dans pratiquement tous les milieux équestres. La tradition a la vie dure, les idées aussi. Non, ce n'est pas un monde dans lequel prédominent la tolérance et l'ouverture d'esprit. C'est un monde régulé par les sophismes, par les arguments *ad populum* qui justifient une opinion par le simple fait d'être largement répandue. Toute idée nouvelle est regardée avec suspicion, surtout si elle demande un effort de compréhension, une remise en question de la tradition et un changement de paradigme.

Soumettre une simple idée, suggérer un changement, proposer une théorie ou toute autre hypothèse qui demande à l'interlocuteur une profonde réflexion et l'acceptation du fait qu'il puisse s'être trompé, déclenchera probablement une réaction virulente. Faire son *mea culpa*, reconnaître ses torts, ses limites n'est pas chose facile chez l'*homo sapiens*, encore moins quand sa relation au cheval et sa pratique sont concernées. Ceci est particulièrement le cas aujourd'hui, à l'ère d'Internet et des réseaux sociaux, véritables fléaux de la désinformation, au travers desquels tout un chacun se croit légitime et autorisé à s'exprimer sur tout, sans en avoir ni les compétences ni les connaissances. Je garde toujours à l'esprit une pensée de Confucius qui a inspiré cette citation attribuée à l'écrivain Jules Claretie :

« *Tout homme qui dirige, qui fait quelque chose, a contre lui ceux qui voudraient faire la même chose, ceux qui font précisément le contraire et surtout la grande armée des gens d'autant plus sévères qu'ils ne font jamais rien du tout* ».

La raison de ce travail n'est pas la recherche de reconnaissance, bien qu'elle soit toujours agréable, j'ai également mon ego, j'en conviens. C'est avant tout le besoin irrépressible d'exprimer mon amour profond, sincère et inconditionnel pour le cheval, ma manière de lui rendre hommage, de le remercier d'avoir rempli et embelli ma vie de son omniprésence. J'ai fait ce que je pensais devoir faire, dit ce que je pensais devoir dire, je suis en paix avec ma conscience. Comme dans la fable amérindienne citée dans la préface de ce livre, à l'instar du colibri : « *je fais ma part* ».

BIBLIOGRAPHIE

ADAMS, O. R., *Les boiteries du cheval*, Paris, Maloine, 2005

ANDRÉ, Christophe, *Imparfaits, libres et heureux*, Paris, Odile Jacob, 2006

ANDRÉ, Christophe, *Psychologie de la peur*, Paris, Odile Jacob, 2005

ANDRÉ, Christophe, *Méditer jour après jour*, Paris, L'Iconoclaste, 2011

ANSERMET, François, MAGISTRETTI, Pierre, *À chacun son cerveau*, Paris, Odile Jacob, 2004

AGÜERA, Eduardo, SANDOVAL, José, *Anatomia Aplicada del caballo*, Madrid, Harcourt Brace, 1999

BARONE, Robert, *Anatomie comparée des mammifères domestiques. Neurologie I*, Tome 6, Paris, Vigot, 2004

BARONE, Robert, *Anatomie comparée des mammifères domestiques. Neurologie II*, Tome 7, Paris, Vigot, 2004

BEATA, Claude (sous la direction de), *L'attachement*, Marseille, Solal, 2009

BECK, Andy, *The secret life of the horse*, Wellsford, AD Beck, 2006

BEUDANT, Étienne, *Extérieur et haute école*, Nouvelles Éditions Jean-Michel Place, 2011

BEUDANT, Étienne, *Main sans jambes*, Nouvelles Éditions Jean-Michel Place, 2011

BETTELHEIM, Bruno, *Psychanalyse des contes de fées*, Paris, Pocket, 1999

BLAKE, Henry, *Je parle aux chevaux... ils me répondent*, Paris, Zulma, 1997

BLAKE, Henry, *Penser Cheval*, Paris, Zulma, 1998

BRAGER, Émile, *Techniques du voyage à cheval*, Paris, Nathan, 2005

BRANDENBURGER, C., DROZ, J.-P., JOSS, F., SALZMANN, R., WÄFLER, P., WOHLFENDER, P., *L'élevage du cheval*, Zollikofen, LMZ, 1985

BREUNING, Loretta G., *Vos hormones du bonheur en lumière*, Inner Mammal Institute, 2014

CABRERA, Angel, *Chevaux d'Amérique*, Paris, Éditions du Rocher, 2004

COLLIN, Bernard, *Anatomie du cheval*, Liège, Derouaux Ordina, 1993

DAMASIO, Antonio R., *Le sentiment même de soi*, Paris, Odile Jacob, 2002

DARWIN, Charles, *L'origine des espèces*, Bruxelles, UltraLetters Publishing, 2013

DE FONTENAY, Élisabeth, *Le silence des bêtes : La philosophie à l'épreuve de l'animalité*, Paris, Fayard, 1998

DE LA GUERINIÈRE, François R., *Manuel de Cavalerie*, Paris, Jacques Collombat, 1733

DE LUBERSAC, Renée, *Thérapies avec le cheval*, Vincennes, Éditions F.E.N.T.A.C., 2000

DE PLUVINEL, Antoine, *L'instruction du Roy en l'exercice de monter à cheval*, Paris, Pierre Rocolet, 1625

DESHIMARU, Taisen, *Zen et vie quotidienne. La pratique de la concentration*, Paris, Albin Michel, 1985

DIGARD, Jean-Pierre, *Une histoire du cheval*, Arles, Acte Sud, 2007

DORRANCE, Tom, *True unity*, Bruneau, Give-It-A-Go, 2003

FREUD, Sigmund, *Psychologie des masses et analyse du moi, Œuvres Complètes Vol. 16*, Paris, PUF, 1991

GAWAIN, Shakti, *Techniques de visualisation créatrice*, Paris, Le Courrier du Livre, 2008

GAYON, Jean, *Darwin et l'après Darwin : Une histoire de l'hypothèse de la sélection naturelle*, Paris, Éditions Kimé, 1992

GENTILI, Bino J., FRANCHINI, Maria, *La méthode Gentili*, Paris, Zulma, 1997

GENTILI, Bino J., *Imprinting-Horse (Educazione Etologica Aplicata al Cavallo)*, Roma, Edizione Disparate e Disperate, 2005

GENTILI, Bino J., *La scuola di cavalli del maestro-cane*, Roma, Edizione Disparate e Disperate, 2008

GERSHON, Michael D., *The second Brain*, New York, Harper, 1998

HADDEN, Will A., *Horseman's veterinary encyclopedia*, Guilford, The Lyons Press, 2005

HANSON, Rick, MENDIUS, Richard, *Le cerveau de Buddha*, Paris, Pocket, 2013

HARRISON, Lorraine, *Les chevaux dans l'art, la photographie et la littérature*, Köln, Taschen, 2000

HEUSCHMANN, Gerd, *Dressage moderne, un jeu de massacre ?*, Paris, Belin, 2009

HUNT, Ray, *L'homme et le cheval en harmonie*, Arles, Acte Sud, 2002

JEANGENE VILMER, Jean-Baptiste, *Éthique animale*, Paris, Presses Universitaires de France, 2008

JOLY GOMEZ, Francisca, *L'intestin, notre deuxième cerveau*, Paris, Marabout, 2014

JOUSSAIN, André, *Psychologie des masses*, Paris, Flammarion, 1937

JUNG, Carl Gustav, *Ma vie*, Paris, Gallimard, 1973

KARL, Philippe, *Dérives du dressage moderne*, Paris, Belin, 2006

KIKKULI, *L'art de soigner et d'entraîner les chevaux*, Lausanne, Favre, 1998

KLEIN, Étienne, *Petit voyage dans le monde des quanta*, Paris, Flammarion, 2004

LANGEN, Barbara, SCHULTE WIEN, Beatrix, *Ostéopathie du cheval*, Paris, Maloine, 2005

LE BON, Gustave, *L'équitation actuelle et ses principes*, Paris, Firmin-Didot, 1892

LE BON, Gustave, *Psychologie des foules*, Paris, PUF, 1963

LEDOUX, Joseph, *Neurobiologie de la personnalité*, Paris, Odile Jacob, 2003

LEDOUX, Joseph, *Le Cerveau des émotions*, Paris, Odile Jacob, 2005

MARKS, Isaac, *Traitement et prise en charge des maladies névrotiques*, Chicoutimi, Gaëtan Morin Editeur, 1985

MILLER, Robert M., *La Nature du cheval*, Arles, Acte Sud, 2003

MIRIC, Dragoslav, *Évolution et troubles de la personnalité*, Wavre, Mardaga, 2012

MOUSSAIEFF MASSON, Jeffrey, McCARTHY, Susan, *Quand les éléphants pleurent*, Paris, Albin Michel, 1997

MORRIS, Desmond, *Le singe nu*, Paris, Éditions Bernard Grasset, 1968

PARELLI, Pat, *Natural Horse-Man-Ship*, Paris, Zulma, 1999

PERRIOT, Françoise, *Chevaux en terre indienne*, Paris, Albin Michel, 1997

PICQ, Pascal, *Lucy et l'obscurantisme*, Paris, Odile Jacob, 2007

PIGANI, Erik, *La communication animale*, Paris, JC Lattès, 2007

PONY BOY, Gawani, *Horse Follow Closely*, Irvine, BowTie Press, 1998

POWELL, Sam, CARTER, Lane, *Juste un murmure*, Paris, Éditions France Agricole, 2004

POWELL, Willis J., *Tachyhippodamia*, Philadelphia, W. R. Charter, 1872

RAREY, John Solomon, *The modern art of taming wild horses*, London, G. Routledge & Co., 1858

RAS, Patrice, *La communication non verbale*, Genève, Jouvence, 2008

REEVES, Hubert, *Oiseaux, merveilleux oiseaux*, Paris, Éditions du Seuil, 1998

REIWALD, Paul, *De l'esprit des masses : Traité de psychologie collective*, Neuchâtel, Delachaux et Niestlé, 1949

REGAN, Tom, *Les droits des animaux*, Hermann Éditeurs, Paris, 2012

RIZZOLATTI, Giacomo, SINIGAGLIA, Corrado, *Les neurones miroirs*, Paris, Odile Jacob, 2011

ROBERTS, Monty, *L'homme qui sait parler aux chevaux*, Paris, Albin Michel, 1997

ROMAN, José D., *La communication non verbale appliquée*, Paris, Publibook, 2005

ROSSIER, E, (Ouvrage collectif), *Maladies des chevaux*, Paris, Éditions France Agricole, 1994

ROUX, E. J., *Le cheval Barbe*, Paris, A. Maisonneuve, 1987

ROVELLI, Carlo, *Sept brèves leçons de physique*, Paris, Odile Jacob, 2015

RUINI, Carlo, *Anatomia del cavallo, Infermita et sue remerii*, Venise, Fiorauante Prati, 1618

SACKS, Oliver, *L'homme qui prenait sa femme pour un chapeau*, Paris, Éditions Points, 2014

SANDER, David (sous la direction de), *Le monde des émotions*, Paris, Belin, 2015

SCARANI, Valerio, *Initiation à la physique quantique*, Paris, Vuibert, 2006

SCHRÖDINGER, Erwin, *Qu'est-ce que la vie ? De la physique à la biologie*, Paris, Seuil, 1993

SHELDRAKE, Rupert, *Ces chiens qui attendent leur maître et autres pouvoirs inexpliqués des animaux*, Paris, Éditions du Rocher, 2001

SWANSON, Terry, *Understanding lameness*, Colorado Springs, Western Horseman, 2008

UVNÄS MOBERG, Kerstin, *Ocytocine : l'hormone de l'amour*, Gap, Souffle d'Or, 2015

WARING, George H., *Horse behaviour*, Norwich (États-Unis), William Andrew Publishing, 2003

WATZLAWICK, Paul, BEAVIN, Janet H., JACKSON, Donald D., *Une logique de la communication*, Paris, Éditions du Seuil, 1972

WEISS, Brian L., *Many Lives, many masters*, New York, Simon & Schuster, 1988

WILLIAMS, Santiago W., *Arte de amansar i domar caballos i mulos*, Cochabamba, Imprenta Nacional, 1861

WOLPE, Joseph, *Pratique de la thérapie comportementale*, Paris, Masson Éditeurs, 1975

WOLTER, Roger, *Alimentation du cheval*, Paris, Éditions France Agricole, 199

XENOPHON, *De l'art équestre*, Paris, Les Belles Lettres, 2002

Structures éditoriales du groupe L'Harmattan

L'Harmattan Italie
Via degli Artisti, 15
10124 Torino
harmattan.italia@gmail.com

L'Harmattan Hongrie
Kossuth l. u. 14-16.
1053 Budapest
harmattan@harmattan.hu

L'Harmattan Sénégal
10 VDN en face Mermoz
BP 45034 Dakar-Fann
senharmattan@gmail.com

L'Harmattan Cameroun
TSINGA/FECAFOOT
BP 11486 Yaoundé
inkoukam@gmail.com

L'Harmattan Burkina Faso
Achille Somé – tengnule@hotmail.fr

L'Harmattan Guinée
Almamya, rue KA 028 OKB Agency
BP 3470 Conakry
harmattanguinee@yahoo.fr

L'Harmattan RDC
185, avenue Nyangwe
Commune de Lingwala – Kinshasa
matangilamusadila@yahoo.fr

L'Harmattan Congo
219, avenue Nelson Mandela
BP 2874 Brazzaville
harmattan.congo@yahoo.fr

L'Harmattan Mali
ACI 2000 - Immeuble Mgr Jean Marie Cisse
Bureau 10
BP 145 Bamako-Mali
mali@harmattan.fr

L'Harmattan Togo
Djidjole – Lomé
Maison Amela
face EPP BATOME
ddamela@aol.com

L'Harmattan Côte d'Ivoire
Résidence Karl – Cité des Arts
Abidjan-Cocody
03 BP 1588 Abidjan
espace_harmattan.ci@hotmail.fr

Nos librairies en France

Librairie internationale
16, rue des Écoles
75005 Paris
librairie.internationale@harmattan.fr
01 40 46 79 11
www.librairieharmattan.com

Librairie des savoirs
21, rue des Écoles
75005 Paris
librairie.sh@harmattan.fr
01 46 34 13 71
www.librairieharmattansh.com

Librairie Le Lucernaire
53, rue Notre-Dame-des-Champs
75006 Paris
librairie@lucernaire.fr
01 42 22 67 13

www.ingramcontent.com/pod-product-compliance
Lightning Source LLC
LaVergne TN
LVHW011301061026
849535LV00005B/1344
* 9 7 8 2 3 3 6 4 4 6 6 3 9 *